HISTOIRE

DU

CIEL ET DE LA TERRE

HISTOIRE

DU

CIEL ET DE LA TERRE

NOUVELLE PHYSIQUE CÉLESTE

PAR

AUGUSTE FIÉVET.

> Il est saint d'étudier les œuvres de la nature ; car
> c'est converser avec Dieu. Il est bien d'apporter à la
> science de nouvelles données ; car chacune d'elles est
> une pierre posée à l'œuvre du bien-être public.
>
> (*Deuxième Quart,* pag. 99.)

PARIS

CHEZ BACHELIER, LIBRAIRE

DU BUREAU DES LONGITUDES ET DE L'ÉCOLE POLYTECHNIQUE,

Quai des Augustins, n° 55.

—

1849

Épernay, imprimerie de Victor FIÉVET.

PRÉFACE.

. . . . . . Cœli enarrant gloriam Dei.
Videbo cœlos tuos opera digitorum tuorum,
lunam et stellas quæ tu fundasti.

DAVID.

La science astronomique, aujourd'hui comme aux âges antiques où elle se cachait sous les voiles mystiques de la théologie, est l'initiation des hommes aux grandes œuvres de la nature.

Ce livre, plus que tout autre, dévoile à l'humanité d'importants mystères du ciel; et sa *Préface au lecteur* peut ressembler à cette exhortation que le grand-prêtre païen, debout sur le seuil du temple des initiations, adressait au néophyte qui demandait que la lumière de vérité lui soit faite :

« O Musée, lui disait-il, dans son langage symboli-
» que ; toi qui es descendu de la *Brillante Séléné* (1),
» sois attentif à mes accents : je t'annoncerai des vé-
» rités imposantes.

» Ne souffre pas que des préjugés et des affections
» antérieures t'enlèvent le bonheur que tu souhaites de
» puiser dans la connaissance des vérités mystérieuses,
» volontés du ciel.

» Considère la nature divine ; contemple-la sans cesse.
» Règle sur cette contemplation ton esprit et ton cœur ;
» et, marchant dans une voie sûre, admire le Maître de
» l'univers : il est un ; il existe par lui-même. »

Dans notre œuvre, dont le but est aussi la révélation
des mystères de la nature, nous avons toujours suivi
religieusement cette sage exhortation du prêtre païen,
théorème de la philosophie humaine. Et, après être sorti
victorieux de la lutte contre les préjugés que nous avait
donnés l'éducation de notre enfance, nous avons été
chercher la vérité partout où nous avons présumé qu'elle
se trouvait.

---

(1) Nom mystique de la lune. Dans les mystères religieux de la philosophie égyptienne, on dénommait les générations nouvelles par filles de
la lune, pour les distinguer des générations antiques existantes avant que
notre satellite ait été attaché aux flancs de la terre. Pour plus d'un lecteur, il peut paraître fort extraordinaire d'avancer ici que des nations
puissantes étaient formées depuis longtemps dans l'humanité avant que
la lune soit. Ce fait planétaire est si loin d'être un paradoxe historique,
qu'il fût la base mystérieuse de toutes les théogonies humaines ; il est
encore de nos jours, plus évidemment que jamais, celle du christianisme.
La terrible conséquence du don fait à l'humanité de la *Femme céleste* (de
la lune), fut toujours religieusement voilée au vulgaire, sous l'allégorie,
par les prêtres qui, dans les âges antiques, étaient les seules savants ; et

Déchirant les voiles des théologies, qui prétendaient nous dérober la lumière sous le fallacieux respect d'un droit imaginaire, nous avons exigé du ciel la promulgation de ses mystères et de ses lois.

Armé du scalpel, nous avons ouvert le sein de la terre pour y arracher les pages sanglantes de son histoire.

---

la cause astronomique de cette infortune de l'homme, qui s'éternisait dans les générations, ne fut jamais autre que ce fameux et inviolable secret des théogonies anciennes, et dont les grands-prêtres seuls étaient les dépositaires. Car la philosophie antique, mère de toutes les religions que l'homme s'est données, regardait comme un grand intérêt humanitaire à ne pas divulguer parmi les peuples la vérité de ce grand fait planétaire, qu'elle croyait devoir se reproduire à la fin d'une grande période astronomique. Ce n'est pas seulement cachée sous les symboles des théogonies que nous découvrons cette grande vérité : l'existence de l'homme civilisé avant que la lune fût donnée à la terre ; nous la retrouvons, en termes précis, dans une tradition qui se perpétua, au travers des révolutions, chez les peuples dont l'antique civilisation se perd dans la nuit des temps, et dont les distances énormes entre eux et l'obstacle de vastes mers affirment qu'ils n'eurent jamais de relations.

La race grecque la seule indigène, et dont on voudrait traiter de fables l'antiquité et l'histoire, quoique les restes des monuments gigantesques qui jonchent encore les lieux qu'elle habita, lui accusent une civilisation antédiluvienne, est la race d'où sortirent les peuples de l'intérieur du Péloponèse et les Arcadiens. Les monuments gigantesques et antédiluviens, les plus antiques comme les plus puissants qui nous restent dans les deux Amériques, sont ceux dont les débris s'étendent sur les plateaux les plus élevés des régions équatoriales. Le plateau de Bogota se distingue entre tous par les restes gigantesques de ces monuments ; c'est là aussi où les Européens trouvèrent une nation très-puissante dans les Muyscas, alors maîtres du plateau entier, et qui, quoiqu'en décadence, accusaient cependant encore une antique civilisation dans leur littérature et dans leur savante théogonie analogue à celle de la mystérieuse Égypte. Or, ce peuple de race rouge et les anciens de race blanche du Péloponèse avaient conservé une antique tradition d'un temps où la lune n'accompagnait pas encore la terre, et où tous les hommes jouissaient alors d'une félicité pure. Cette tradition, dont l'idée ne renferme aucun sens symbolique, comment aurait-elle pu se perpétuer en traversant les tourmentes planétaires postérieures, au milieu des conflits et de la mort des nations, si elle n'était pas une de ces vérités incrustées dans les chairs de l'humanité?

Et c'est au milieu de ce riche butin, que nous convions les hommes à la science nouvelle, qui doit enfin donner à l'humanité la puissance à laquelle Dieu l'a destinée dès l'origine ; car si la nature nous fit animal, la science seule nous fait homme.

La France, nous n'en doutons pas, aura des citoyens qui répondront à notre appel. Qui mieux, en effet, que notre belle patrie a fait l'expérience que les productions de génie ont toujours été la prospérité des peuples, la source des bonnes lois et la gloire des bons gouvernements ?

C'est calomnier Dieu que de dire que la pureté des mœurs, le maintien des lois et la sûreté des états sont intéressés à réprimer l'essor des facultés de la raison humaine ; car ces facultés élèvent toujours l'homme qui les cultive, aux vertus civiques et à la grandeur d'âme.

Comme le disait Cicéron, de sa voix toute puissante : « Elles ne dégradent les esprits que lorsque, envahies » par les images d'une molle sensualité ou d'une mysti- » que sensibilité, elles rétrécissent les sentiments et » énervent les caractères. »

La philosophie grecque ne reconnaissait que deux études auxquelles l'homme devait s'appliquer : l'étude de la nature pour éclairer l'esprit, et l'étude de la morale pour régler le cœur.

Dans les temps modernes, la philosophie étant devenue le domaine exclusif de la scolastique, et celle-ci, ne trouvant puissance que dans le prestige d'un savoir qu'elle n'avait pas, mais que l'ignorance des peuples lui présumait, répudia l'étude de la nature pour adopter le culte d'une morale, qui sait se plier aux vices et aux despotismes sociaux : ce que refuse de faire la science.

La morale?... Expliquez-moi ce que c'est.

En Europe, je vois le fils, l'œil morne, conduire son père à sa demeure dernière; puis, aussitôt que quelques pelletées de terre ont fermé le trou de l'éternité, il court à la maison mortuaire; et, l'œil maintenant en feu, il se dispute avec ses frères, avec sa mère!... les dépouilles du défunt. Cet homme est *moral :* il est dans la loi.

Aux îles asiatiques, j'ai vu le fils engloutir dans son estomac, comme dans un sépulcre très-pieux, les chairs de son père défunt. Cet homme était *très-moral :* il était dans la loi.

La vertu d'une jeune fille, en Europe, est de se laisser vendre au plus offrant enchérisseur; et, parce qu'on décore d'un titre pompeux cet esclavage ignoble de l'être le plus saint, ce trafique sur la beauté et la jeunesse est *très-moral :* il est légal. On ne veut pas voir qu'il y a prostitution réelle du corps et de l'âme de la pauvre jeune fille, en la forçant *moralement* d'accepter tel homme dans sa couche, lorsque son cœur l'en repoussera toujours !

Chez nos antipodes, la maternité est pour une fille un titre très-glorieux qui attire de nombreux prétendants à sa main; à Paris, c'est pour la jeune fille, quoiqu'alors presque toujours victime d'un machiavélisme infernal ou vendue par sa misère, un opprobre qui en fait une réprouvée dans la société.

En Chine, nation doyenne en civilisation humaine, la femme que la nature rendit trop souvent mère, peut impunément et sans honte jeter à la voirie son nouveau-né. En France, ce fait la conduirait sur le sanglant échafaud.

Moïse permettait le vol envers les nations étrangères ; mais il le punissait entre concitoyens...

Il n'y a rien chez l'homme qui contienne en soi plus de contradictions, que ce qu'on décore du nom de *morale*.

Nous voyons la morale n'être chez tous les peuples que l'exigence d'un intérêt public ; d'où il résulte que ce qui est un crime à Paris est une vertu chez ses antipodes.

Il n'y a réellement pas de morale innée en l'homme ; il n'y a chez lui que le sentiment de soi, de sa conservation et le désir de son bien-être. Je suis vertueux, parce que les lois de mon pays et un intérêt personnel me forcent à l'être. Tout le secret du cœur humain se trouve dans cette pensée qu'aucun homme n'est sans avoir jamais eue.

Les misères, les crimes sociaux naissent, non pas parce que l'homme est méchant (il est né ni bon ni méchant), mais parce qu'il trouve fermer, par les lois sociales sous lesquelles il vit, l'issue que son intelligence demande pour travailler à l'acquisition de son bien-être et de l'estime publique.

Quoiqu'en puissent dire certaines écoles, l'égoïsme humain, loin d'être un vice de notre nature, est l'élément essentiel, le moteur unique de notre volonté et de nos actions, de nos crimes comme de nos vertus, selon la direction que la loi sociale lui fait prendre.

L'arracher du cœur humain, ce serait castrer l'humanité : ce serait la réduire à l'inaction et la faire périr. Mais cette entreprise est ridicule; car sa réussite est impossible. L'égoïsme de l'homme est immortel, parce que l'humanité est éternelle.

Rejetons loin de nous, ainsi qu'une vieille défroque désormais impuissante à nous couvrir, l'ancienne philosophie, qui depuis tant de siècles cherche une sagesse introuvable dans un prétendu sens moral résidant en l'homme; car nous sommes ce que nous nous faisons, c'est-à-dire ce que la loi de notre pays nous fait.

Il est avéré par l'expérience des siècles que la morale n'a toujours été et ne sera toujours que la satisfaction de l'intérêt collectif des citoyens. La philosophie nouvelle, la recherche du meilleur gouvernement de l'homme par l'homme, ne doit plus être un recueil plus ou moins gros d'adages et d'axiomes plus ou moins vrais. C'est dans l'étude de la nature que nous trouvons la vraie doctrine.

La morale dont l'humanité doit suivre désormais les lois, n'est plus l'ancienne, morale toute conventionnelle, qui se plie toujours aux passions de quelques privilégiés : courtisane d'une complaisance éhontée pour la caste assez riche pour payer ses prostitutions : morale au cœur corrompu et qui croit que la fonction que lui impose le nom usurpé qu'elle porte, est uniquement de savoir, quoique souillée de ses orgies sociales, se tenir devant le peuple fièrement drapée du manteau de la vertu !...

C'est dans les mouvements qui animent l'œuvre universelle, que l'homme peut trouver les mouvements que le Créateur imposa à la gestion de la chose humaine ; car c'est à la garde incorruptible des vérités mathématiques, c'est dans la science immortelle que Dieu déposa la morale humaine, afin que la bave impure des vices sociaux et de la superstition, ignoble progéniture de l'ignorance et du crime, ne puisse jamais atteindre cette vierge puissante, future mère des vertus et de la félicité humaines.

Un grand génie de notre siècle, et le plus grand peut-être de l'humanité, Charles Fourier, ne retira-t-il pas des mathématiques les lois véritables et réellement divines qui doivent désormais régir les sociétés humaines ? car, en dévoilant à l'homme les lois sociales qui savent faire des devoirs publics autant de plaisirs particuliers, Fourier s'est élevé à la conception la plus haute que l'homme puisse atteindre.

Fourier, seul jusqu'alors, comprit l'intelligence divine dans la volonté première qui animait Dieu créant humanité, lorsqu'il comprit que l'égoïsme de l'homme l'attraction humanitaire) était le moteur de toutes les choses humaines, lorsqu'il déclara que tout le secret de la philosophie et d'une bonne organisation sociale n'était pas de chercher à l'arracher du cœur de l'humanité, ce qui était humainement impossible, mais que c'était l'art de le faire fonctionner au profit des masses.

Notre siècle tua la vieille doctrine, qui ne savait apporter avec elle que la suffisance doctorale et le doute. A sa place s'élève une jeune et puissante philosophie, sur le front de laquelle brille la flamme immortelle. Fille austère, elle ne se laisse pas aborder par l'ignorance; et de ses lèvres s'échappent, contre l'ignare profane, ces paroles, jadis écrites sur la porte de Pythagore : « *Oudeis ageometrêtos eisitô.* »

En effet, les lois mathématiques sont les seules que l'homme puisse accepter en philosophie; car elles ne le trompent jamais. Parmi ces vérités, l'astronomie tient le premier rang. Cette science, traitée d'inutile par l'ignorance qui ne peut apprécier ses bienfaits, ne nous donne pas seulement la puissance de franchir les océans et de poser des limites au temps; mais elle vient apporter à l'humanité la loi organique de ses sociétés.

Newton prouva mathématiquement que les mouvements des globes du firmament provenaient d'une loi d'attraction. Charles Fourier prouva mathématiquement la répétition de cette loi dans les mouvements sociaux de l'homme; et Newton et Fourier ont tous deux atteint à des vérités mathématiques qui existeront tant que vivra la création. Ces vérités sont immortelles.

C'est devant ces puissantes conséquences retirées de la science astronomique, qu'il nous appartient bien de dire avec Platon « *Nolite ignorare astronomiam, sapientissimum quiddam esse.* »

Ce n'était pas seulement Platon, qui, dans un autre passage du même ouvrage (*Philosophus*), avance encore

que les yeux ont été donnés à l'homme à cause de l'astronomie, mais bien tous les hauts génies de l'antiquité
qui firent le plus grand cas de l'astronomie.

Ovide partageait cet enthousiasme de Platon et de tous
les anciens philosophes pour cette science ; et il le tra-
duisit par la poésie de ces vers :

> Finxit in effigiem moderantum cuncta Deorum,
> Pronaque cùm spectent animalia cætera terram,
> Os homini sublime dedit, cœlumque tueri
> Jussit, et erectos ad sidera tollere vultus.
>
> (OVID *Met.* 1. 83).

« Lorsqu'on demandait à Anaxagore pour quel objet
» il était né, nous dit Diogène Laërce ; il répondait que
» c'était pour contempler les astres. » Cette aspiration
qu'ont toujours eue vers les vérités astronomiques les plus
beaux génies, n'est-elle pas une preuve irréfragable que
l'homme, en tout temps et quelle fut son ignorance, comprit instinctivement que c'était dans la connaissance des
lois mathématiques qui régissent la grande œuvre de
Dieu, que l'humanité trouverait ses lois sociales.

L'homme doit retirer de l'astronomie, non-seulement
des secours pour sa vie animale, mais aussi de grands
enseignements sur le futur organisme social vers lequel
aspire l'humanité. Aussi, dans ce livre entièrement consacré à l'étude du ciel et de la terre, nous avons fait
tous nos efforts pour populariser l'astronomie.

Afin que tous puissent aisément l'aborder, nous avons
éliminé les difficultés mathématiques, les équations al-
gébriques même et les termes par trop scientifiques,
autant toutefois qu'il nous fût possible de le faire sans

nuire à l'intelligence des grands phénomènes astronomiques que nous avons traités.

Cette tâche, qui nous força à nous servir de circonlocutions pour expliquer et résoudre les problèmes géométriques les plus difficultueux, lorsque nous tenions la solution au bout d'une riche formule, était, comme tout mathématicien le comprendra, cent fois plus pénible que le travail mathématique par lui-même.

Cette difficulté immense que nous avions à vaincre à chaque page, était encore d'autant plus grande que nous n'avions pas à traiter de choses déjà expliquées avant nous par de nombreux auteurs astronomes et physiciens. Nous avions à faire comprendre au lecteur des résultats scientifiques nouveaux, à nous propres, et dont l'ensemble doit l'initier à une nouvelle théorie touchant l'astronomie, l'électricité, le magnétisme et l'optique.

Notre style a souffert non-seulement des circonlocutions, mais il a quelquefois reçu, des fréquentes répétitions, une monotonie qui pourra effrayer quelques timides lecteurs. Mais les hommes de cœur ne se laisseront pas vaincre par si peu.

Ce n'était qu'après avoir donné, par de laborieuses épreuves, les témoignages d'une persévérance invincible, que l'aspirant aux connaissances des vérités mystérieuses de la philosophie égyptienne, voyait s'ouvrir pour lui le temple de la lumière.

La science est une vierge sévère; elle ne se livre pas à l'homme lâche et indolent. Ses faveurs ne s'acquièrent que par des travaux pénibles ; et toujours elle exige de son amant un culte persévérant et le courage viril.

Notre mérite, si toutefois nous avons quelque mérite, est, non-seulement d'avoir beaucoup étudié, mais aussi d'avoir vaincu la misère qui prétendait étouffer chez nous les germes que la nature déposa dans notre sein.

Notre tête était grosse de conceptions scientifiques, mais leur enfantement semblait impossible, tant il devait être laborieux. Il ne fallait rien moins que des voyages lointains qui nous transportassent des régions glacées des pôles aux régions brûlantes de l'équateur, pour nous permettre de réaliser, par l'expérimentation, les vérités scientifiques qui n'étaient encore chez nous qu'à l'idéal.

La fortune, dont les prostitutions journalières témoignent qu'elle ne se pique pas d'une vertu très-farouche, fut cependant pour nous d'une cruelle sévérité. Sachant bien que nous n'aurions toujours d'elle que des dédains insultants, nous lui rendîmes mépris pour mépris : nous sûmes nous passer de ses services. Mais nous devions payer par le travail des bras ce qu'elle nous refusait, et elle nous refusait tout ; car nous ne devons notre pain quotidien qu'à notre travail de chaque jour.

L'immensité des mers que nous avions à sillonner pour vérifier par nous-mêmes nos données scientifiques, était, pour un faible ouvrier que la nature avait fait naître avec trop d'idées et loin de tout port de mer, un obstacle qui semblait venir de l'enfer.

Combien ne payâmes-nous pas de fatigues et de misère notre premier voyage qui, au travers des départements de la France, nous conduisait de notre ville natale au Havre! Et nous prétendions explorer le globe!...

Quoique ces premiers pas vers le but que je m'étais donné fussent bien pénibles, ils ne firent pas faiblir ma volonté. Debout et solitaire sur les rochers de la falaise dont la mer battait les flancs, je pleurais lorsque mon regard, planant tristement sur la plaine de l'océan, voyait des navires déployer majestueusement leurs voiles et prendre leur vol vers des contrées lointaines. J'enviais le sort du plus modeste matelot de ces navires.

Eh! quoi, me suis-je dit, ne puis-je aussi me faire marin? Les difficultés ne m'ont jamais effrayé; car j'ai toujours été convaincu que la persévérance apporte la victoire. Je me mis dès lors à étudier courageusement les mathématiques et l'hydrographie. La tâche était pénible; les professeurs me manquaient : je ne pouvais les payer! Le temps me tint lieu de maître; et au bout de dix-huit mois d'études solitaires et de veilles incessantes, j'avais acquis la puissance de diriger astronomiquement un navire au travers des déserts de l'océan : j'avais vaincu, et je m'embarquai, avec les avantages d'un officier, sur un navire marchand qui, de prime-abord, me transporta sur les côtes équatoriales de l'Amérique.

Ce ne fut que lorsque nous fûmes possesseur d'une riche collection d'observations locales, que nous quittâmes la marine, dont nous n'avions pris la carrière que comme moyen de pérégrination, mais qui alors nous offrait une position sociale avantageuse, comme pour nous tenter et nous faire faillir à notre volonté première.

Nous connaissions la misère et les fatigues nouvelles qui nous attendaient en France en redevenant ouvrier; mais nous avions à élaborer en silence un système nouveau de physique céleste, dont nos observations nous avaient affirmé la vérité et les grands intérêts humanitaires qui doivent en naître. Il y aurait eu lâcheté de notre part en nous arrêtant aussi près du but.

Seule, la mort pouvait me faire interrompre mes travaux; mais la mort seule me respecta. Ce n'est qu'après sept ans de la vie obscure et laborieuse d'ouvrier passées à Paris, sept ans que je traite de sept années de travaux forcés (car le jour j'arrachai mon pain du travail de mes bras, et je consacrai une partie du repos de la nuit à l'étude et aux calculs astronomiques), que je puis offrir ici le plan et quelques puissants résultats d'une nouvelle théorie astronomique.

Ce livre, dont le concours obligeant de mon frère m'aida à sa publication, est littéralement le fruit de mes veilles succédant à des journées de travail du corps; aussi son style offre-t-il quelquefois des lourdeurs et des expressions fatiguées qui sont autant de témoins accusant que, lors du premier jet qui porta mes pensées sur le papier, l'esprit luttait péniblement chez moi contre la lassitude du corps.

Ces quelques détails sur ce que nous sommes et sur ce que nous avons été, étaient nécessaires pour que le lecteur puisse nous accorder autant d'indulgence que nous en avons besoin, et qu'il sache surtout que ce n'est pas à un de ces nombreux et plats copistes des idées et des travaux des autres qu'il a à faire, mais bien à un homme dont toute la vie n'est qu'une aspiration vers des vérités nouvelles.

Nous devons faire ici, comme auteur, un aveu que peu d'écrivains se sentent le courage de faire à leurs lecteurs. Rien de ce qu'on va lire ne provient des rêves de notre imagination, de ce travail fiévreux que l'on nomme génie.

Il ne faut pas s'attendre ici à des efforts d'un travail inventif. Les causes les plus connues, les plus ordinaires nous mèneront d'elles-mêmes aux imposantes combinaisons intellectuelles que nous allons traiter.

Et, cependant, on puisera dans cet ouvrage des idées neuves, dont les conséquences ne tendent à rien moins qu'à changer de face l'étude des sciences, et à remplacer les bases mauvaises sur lesquelles reposent à faux les puissances des états sociaux.

Les cieux, en nous donnant le complément des lois astronomiques, ont ouvert une nouvelle voie à l'intelligence humaine. Et, désormais, l'astronomie peut résoudre ses problèmes déclarés jusqu'à ce jour insolubles, et apporter enfin, à l'humanité, les services que les peuples ont toujours réclamés de ses travaux.

A la météorologie, nous avons trouvé une base invariable, qui, de cette science, jusqu'ici rebelle aux calculs, doit bientôt en faire une science mathématique, de laquelle l'agriculture pourra retirer le bienfait des prévisions météorologiques.

Nous avons écarté les ténèbres épaisses qui couvraient le travail de l'enfantement des mondes. Et l'histoire de notre planète et de ses habitants se déroule à nos yeux avec ses terribles épisodes.

La récapitulation des éléments de la matière, considérés dans les propriétés physiques et chimiques de leurs multiples combinaisons, nous dévoila les secrets de l'organisme animal et les causes de la sensibilité physique et morale de l'homme, d'où lui vient sa spiritualité.

Les résultats de ces études chimiques donneront à la médecine une direction nouvelle; et cette science doit en recevoir une impulsion qui la portera à l'apogée de sa puissance. Car nous n'avons négligé aucun des labeurs qui nous promettaient un intérêt humanitaire à satisfaire.

Ce livre est consacré spécialement, 1° à l'explication de notre *Nouvelle Physique céleste;* 2° à des solutions astronomiques et météorologiques; 3° et aux recherches sur l'histoire de notre planète.

Déjà il ramène toutes les sciences à une base universelle; et il commence cette immense chaîne scientifique, dont nous envelopperons toutes les connaissances humaines, pour en faire sortir une seule et grande science.

Si la Providence nous en donne le pouvoir, nous compléterons, par un second volume, le nombre déjà grand des solutions importantes qu'on trouve dans ce premier livre.

RESUMÉ

DES MATIERES TRAITÉES DANS CE LIVRE.

PRÉLIMINAIRE.

ATTRACTION ET RÉPULSION.

PREMIER QUART.

MOUVEMENTS MAGNÉTIQUES.

DEUXIÈME QUART.

RUDIMENTS ASTRONOMIQUES.

TROISIÈME QUART.

MOUVEMENTS PLANÉTAIRES.

QUATRIÈME QUART.

LUMIÈRE ET CHALEUR SOLAIRES.

CINQUIÈME QUART.

MÉTÉOROLOGIE.

SIXIÈME QUART.

NOUVELLE

PHYSIQUE CÉLESTE

NOUVELLE

PHYSIQUE CÉLESTE

PRÉLIMINAIRE.

— Eh ! monsieur, malgré votre prétention, comme savant marin, à l'honneur d'être un jour membre correspondant de l'Académie française, vous ne connaissez en astronomie que la moitié des choses.

— Votre présomption est si grande, mon petit monsieur, que je ne doute pas qu'elle vous pousse jusqu'à vouloir traiter d'étourdis les plus hauts génies dont la science astronomique se glorifie d'avoir fait surgir de l'humanité.

— Que savez-vous en astronomie? Je ne parlerai pas des influences planétaires sur la météorologie : une de nos plus grandes célébrités scientifiques a trop hautement avancé, dans l'*Annuaire du Bureau des Longitudes* de l'an 1846, que la météorologie « NE SERA JAMAIS UNE BRANCHE DE L'ASTRONOMIE PROPREMENT DITE, » pour que moi, obscur observateur du ciel, j'osasse donner brusquement un démenti à cette assertion si hautement faite par un homme dont la réputation de savoir beaucoup est si solidement établie, qu'il ne serait pas sans croyants, s'il annonçait que le soleil et la lune ont permuté leur rôle.

1

» Ainsi, grâce à cette déclaration si explicite du même auteur : « JAMAIS, *quels que puissent être les progrès des sciences, les savants de bonne foi et soucieux de leur réputation ne se hasarderont à prédire le temps,* » voilà, par un trait de plume tenant lieu d'un trait de génie, l'astronomie bien vite débarrassée de sa plus épineuse difficulté, du problème à la solution duquel les plus hautes intelligences humaines se sont usées. Pauvres Galilée, Képler, Wallis, Wren, Hugiens et Newton, etc., vous ne vous attendiez guère à ce qu'il viendrait un jour où serait traité de marotte ce désir brûlant d'être utile à l'humanité; désir qui vous portait à la recherche de l'enchaînement mystérieux des aspects célestes aux mouvements de la météorologie. Pauvres sots! nous faisons mieux, nous modernes savants. Fi! donc, nous ne prétendons pas vieillir comme vous sur la tâche pénible! Nouveaux Alexandre, nous n'essayons même pas à délier ce nœud Gordien de la science, nous le retranchons du catalogue des découvertes à faire.

» Et toi, illustre Lalande, toi si fier de la réputation que te donna ta science vraie, combien, si elle n'est pas encore descendue des régions de l'atmosphère pour animer un second homme de mérite, doit gémir ta grande âme en voyant tes ingrats successeurs, que tes travaux revêtent du manteau de la gloire, argumenter que dans ta science tu n'étais pas *de bonne foi et soucieux de ta réputation;* car, loin de croire que les mouvements des corps célestes n'avaient pas d'influence sur la météorologie de notre planète, tu prétendais, oh! comble de ridicule! qu'ils enfantaient des maladies, ainsi que le crurent les plus grands philosophes de l'antiquité. Dans ton esprit béotien tu allais jusqu'à présumer que ces mouvements étaient la cause du retour des crises chez les malades; et tu conseillais aux médecins d'établir un catalogue où seraient précisé le jour et l'heure de ces crises, afin d'en retirer par l'astronomie des conséquences précieuses pour l'humanité.

— Lorsqu'on a récapitulé toutes les observations météorologiques faites pendant des siècles, et qu'il fût impossible à nos hommes de science de pouvoir en faire sortir une conséquence qui puisse faire correspondre les mouvements planétaires au retour des mêmes phénomènes météorologiques qui primitivement coïncidaient à ces aspects célestes, on peut, je pense, fortement présumer que la solution du problème est impossible !

— Il ne faut pas croire qu'une chose est impossible par cela seul que nous ne savons pas comment elle peut se faire. Je ne vois que de l'orgueil blessé de son impuissance dans celui-là qui ose limiter l'intelligence humaine et prétendre que « JAMAIS, *quels que puissent être les progrès des sciences,* » une chose ne pourra être faite parce qu'il ignore comment elle se fera.

— Vous êtes sans pitié pour une expression malheureuse.

— Je suis sans pitié pour quiconque doute de la puissance de l'humanité. Eh, quoi ! peut-il appartenir à des hommes de dire : là doit s'arrêter le regard de l'homme ! Dieu lui-même se l'est défendu en donnant l'infini pour limite à l'intelligence humaine.

— Sur ce point de vue, nos savants ne seraient encore qu'à l'A B C des connaissances naturelles.

— En astronomie ils sont loin de posséder même les principaux rudiments de cette science. Pouvez-vous m'expliquer la cause de cette force mystérieuse que vous nommez attraction parce qu'elle enchaîne irrévocablement entr'eux les globes célestes? D'où vient cette autre puissance diamétralement opposée d'effet à l'attraction, et qui fait fuir de l'un de l'autre ces globes que l'attraction précipite les uns sur les autres? Vous connaissez quelques effets de ces deux forces opposées, parce que les mouvements célestes vous les ont matériellement dévoilés; mais vous êtes loin de pouvoir apprécier leurs effets les plus intimes, et leurs causes sont toujours pour vous des mystères incompréhensibles. Or, comme la révélation des lois de la météorologie est intimement liée à la connaissance parfaite des effets et des causes qui produisent les puissances attractive et répulsive qui gèrent les mondes célestes, il n'est pas étonnant que nos astronomes, qui ne sont pas encore arrivés à cette connaissance, ne puissent pas trouver dans l'astronomie les lois qui régissent la météorologie. Toute votre science astronomique, avouez-le, n'est jusqu'ici que l'art de calculer certains mouvements planétaires.

— Est-ce que cela n'a pas sa sublimité ?

— Sans doute, *auprès du peuple;* mais le premier élève venu de la marine de la République française en sait autant que vos astronomes ; et je ne vois pas, sauf l'utilité que seuls nous en retirons, nous autres marins, que votre science astronomique, telle que vous la possédez, soit d'un grand intérêt moral et physique pour le reste de l'humanité. Pour les peuples vous ne faites marque d'existence comme savants que lorsque vous leur annoncez le spectacle inutile d'une éclipse ; et cependant il y a, selon moi, d'assez beaux et imposants modèles dans le gouvernement du ciel pour 'que l'astronomie ne restât pas seulement une science de chiffres, mais pour devenir science morale et politique. Dieu en permettant que le génie de l'homme puisse atteindre à l'intelligence de la grande œuvre de la création, ne voulut pas que notre curiosité fût seule satisfaite, mais que l'humanité retirât de grands et utiles enseignements de la connaissance des rouages qu'il imposa à la matière; car étant nous-mêmes matière, nous ne pouvons découvrir aucune de ses propriétés et des lois qui la régissent sans que nous ne trouvions en nous de ces propriétés, et dans la production de notre volonté qui enfante nos actions, une obéissance instinctive aux lois imposées par Dieu à la gestion éternelle de la matière.

» Considérée sous ce point de vue, l'astronomie ne peut plus être qu'une science de chiffres, une science à part, mais bien la science unique, la science morale et politique qui un jour doit régir les peuples; car le gouvernement du ciel est l'image complète du gouvernement le seul immuable, le seul applicable aux peuples de l'humanité, que Dieu dans sa bienveillance offre aux yeux de l'intelligence de l'homme. L'humanité est donc en droit, comme jadis le demandaient les peuples de l'antiquité, de se faire expliquer par les astronomes les volontés du ciel.

— Bon ! monsieur Arago et compagnie ont grand tort de ne pas prendre le haut bonnet de l'astrologue et de prophétiser dans les rues.

— Vous jouez sur les expressions ; ce n'est pas dans ce sens absurde que l'astronome doit expliquer les volontés du ciel ; je n'en veux pas faire un devin, comme il le fut jadis en prenant la fausse voie de la science, mais seulement un imitateur de la céleste politique qui gouverne les sphères.

— C'est-à-dire que vous voudriez de la science de vérité faire la science des utopies.

— Je vous arrête là, capitaine ; cette supposition est trop indigeste pour que je ne puisse pas m'apercevoir de la lourde erreur qu'elle renferme. L'astronomie telle que nous la possédons maintenant est-elle bien la science de vérité? Est-ce une vérité de dire que lorsque la terre, notre planète, est un verger agréable de fraîcheur, Mercure est un monde brûlant sur lequel nos métaux seraient à l'état de liquides et nos liquides à celui de vapeurs, et cela parce que Newton, Laplace et tous messieurs de l'Observatoire ont avancé et soutenu cette bévue scientifique! Est-ce une vérité de dire que lorsque la température de Mercure offre assez bien celle du fourneau d'un fondeur de cuillères, le brillant Jupiter, masse énorme d'un volume 1,470 fois plus grand que celui de la masse de la terre, est un immense glaçon dont le froid serait 27 fois plus considérable que celui des régions polaires de notre planète? Il faut croire à cette seconde bévue comme à beaucoup d'autres en astronomie, parce que des hommes illustres les ont avancées. Et ce pauvre Saturne, de quelles glaces ne couvrez-vous pas, toujours d'après les calculs de messieurs de l'Observatoire, la surface blafarde de ce vieillard, dont le froid de ses longs hivers est 90 fois plus grand que celui des hivers de la terre !

» Il faut l'avouer, vous êtes ici conséquent dans votre erreur ; il est juste qu'Uranus, père de Saturne d'après la

Fable, ait sa température plus froide que celle de monsieur
son fils; aussi l'avez-vous faite 4 fois plus basse. Ce qui porte
le froid de cette planète, reléguée aux dernières limites connues du système solaire, à 360 fois plus intense que celui de
la terre, seule dans l'empire du soleil qui soit si heureusement privilégiée; car toutes les autres planètes du même
système sont ou trop chaudes ou trop froides, toujours d'a-
près messieurs de l'Observatoire, pour qu'elles puissent être
honorées de l'intime faveur de produire et de nourrir sur
leurs surfaces un animal aussi raisonnable que l'homme.
Oh! ridicule pygmée, homme de la terre, serais-tu dans
l'infini le seul être pensant sorti de la matière? Si cela était,
tu ne serais pas pour ton Créateur un splendide sujet d'orgueil. Allons, avouez-le; tous ces creux calculs de vos astronomes n'ont-ils pas produit les plus ridicules utopies,
desquelles ne peut sortir que les conséquences les plus dangereuses pour la théologie et la philosophie nouvelles qui
doivent naître de la science du ciel, si ces utopies n'étaient
pas tuées par leur trop grande absurdité; car la raison seule
réfute ces erreurs grossières. L'idée qu'on se fait de la sublime prévoyance du Génie créateur défend d'y croire.

» D'ailleurs la science, mais la science vraie, c'est-à-dire
l'observation, suffit pour les réduire à leur nullité. Vous ac-
cordez à Jupiter une lumière 27 fois moindre que celle de la
terre; et Jupiter, malgré sa grande distance de nous, laquelle
diminue, pour un observateur de notre planète, l'éclat de Jupiter comme augmente le carré de cette distance, nous paraît une des planètes les plus brillantes, lorsqu'il devrait se
montrer à nous sous une lumière très-faible. Nous pourrions
dire à peu près la même chose de Saturne, qui devrait ne
pas être vu de la terre à l'œil nu, puisque la lumière qu'il
reçoit du soleil est 90 fois moindre de celle que reçoit la terre
du même astre; et la distance de Saturne à la terre étant
très-grande, diminue encore considérablement la somme de
lumière réfléchie que Saturne nous envoie. Ainsi l'astronomie est jusqu'ici bien loin de toucher à l'élément qui
doit en faire la science de vérité; elle repose encore sur des

bases fausses, parce qu'elle enfante des utopies et donne jour
à des hypothèses erronées. Il n'est nullement étonnant que
de toutes les sciences elle soit pour notre siècle la plus ar-
riérée, et que ses fruits soient presque nuls pour le bien-être
de l'humanité.

— J'avoue que les calculs de Laplace sur la lumière et la
chaleur que chacune des planètes reçoit du soleil donnent
d'étranges conséquences; mais pouvez-vous trouver mieux?

— Si je ne croyais pas pouvoir le faire, je me tairais. Le
système des ondulations inventé par Descartes et celui d'é-
mission par Newton sont tous deux aussi inconséquents,
aussi inexplicables, quelque grande que vous fassiez sur sa
lumière et son calorique la mystérieuse puissance expulsive
du soleil, par lui-même toujours brûlant miraculeusement,
et quelque grande rapidité que vous donniez au tournoie-
ment des tourbillons surnaturels de Descartes. Ces deux
systèmes sont trop riches d'imagination pour qu'ils puissent
être vrais; la nature est plus simple dans ses œuvres, et c'est
dans cette simplicité d'action que je reconnais la sublimité
du Génie créateur. Ce n'est pas se retirer d'embarras et répondre aux choses que de rendre compte d'une difficulté par
une difficulté non moins grande et non moins inexplicable,
comme le firent Descartes, Newton et leurs disciples.

— Eh! monsieur, vous montrez là une audace bien téméraire! Du plus grand géomètre, de Laplace, vous voudriez
presque en faire un étourdi et de Newton un inconséquent.

— Tel n'est pas ma pensée. Je veux seulement vous convaincre que ces deux grands génies ont eu des distractions
intellectuelles vraiment extraordinaires chez des hommes
d'une si haute conception. D'ailleurs l'histoire de toutes nos
célébrités scientifiques et philosophiques ne nous démontre-
t-elle pas que c'est en quelque sorte le cachet du plus haut
génie que de laisser se faufiler une erreur dans l'enfantement des plus grandes vérités. Il semble que la Providence
veuille que l'homme, dans son essor vers les régions célestes
de la lumière conserve toujours quelque chose de la fai-

blesse humaine, afin qu'il ne puisse oublier dans ses triomphes les plus grands qu'il est homme avant tout. Dieu seul est infaillible, parce qu'il est...

— Bon! vous voilà lancé dans vos phrases!... Foi d'ami, vous seriez mieux placé dans une chaire de théologie que sur un ban de quart. Un marin prédicateur, la chose est vraiment plaisante!... c'est un phénomène rare, et je vous remercie de m'en avoir fourni le spectacle!

— Oubliez-vous que nous traitons de Dieu, puisque nous parlons de la grande œuvre, de la création. Trêve de plaisanteries sur mes expressions professorales, car je ne pourrais sans elles atteindre mon but : vous convaincre que Dieu voulût qu'il n'y eût dans notre système planétaire, empire du soleil, aucune planète de premier ordre qui ne soit physiquement en tout semblable à la terre, soit dans son degré de calorique et de lumière émanés de l'action solaire, soit dans tous les phénomènes météorologiques et par ce organiques; enfin, qu'il n'y a aucun monde privilégié dans le monde de l'infini, pas même les brillants soleils, sur lesquels nous vivrions aussi bien à notre aise que sur notre petite planète.

— Ainsi, ce qui s'est passé, se passe et se passera sur la terre, a eu lieu, a lieu et aura lieu sur les autres sphères du firmament?

— Lorsqu'on voit dans un monde se produire les effets météorologiques et les mouvements extérieurs qui ont lieu pour un autre globe, nous devons croire que pour tous doivent résulter les mêmes conséquences physiques, puisqu'elles ont les mêmes moteurs. »

Cette discussion est une des mille discussions que j'eus dans ma traversée de l'Europe à l'Amérique] méridionale avec le capitaine du W..... de New-York, homme vraiment de science et sous les ordres duquel j'étais alors.

La navigation dans les moyennes latitudes est toujours très-animée par les manœuvres fréquentes qu'exigent les déplacements nombreux des vents variables. La vie du marin est alors des plus actives. Mais lorsqu'on aborde les régions tropicales, le beau ciel de ces climats et la majestueuse tranquillité de l'océan sur la surface azurée duquel soufflent des zéphirs constants n'ont des charmes que pour les premiers jours : c'est l'image du bonheur parfait, et comme de lui, on se fatigue bien vite de cette vie uniforme. Il faut du contraste, il faut des tempêtes pour chasser la monotonie de cette navigation qui donne le spleen.

Il n'existe pas, je crois, d'existence plus fastidieuse que celle d'un officier de marine dans une longue traversée sous la zône torride, lorsque le ciel, d'une sérénité ennuyeuse, lui refuse la distraction d'un ouragan. Vous le voyez, le visage aussi sinistre que celui du traître de mélodrame, courir de l'arrière à l'avant et *vice versâ* sur l'étroit passage que lui laisse le pont de son navire; dans la pantomime de cette promenade fiévreuse il sue de tous ses pores l'impatience et la fureur impuissante du lion captif dans sa cage. Il menace du regard le ciel, qui d'un calme imperturbable cloue, par un vent fatalement uniforme, la voile sur une amure constante. Son pied frappe la planche qui le porte, comme pour narguer par une audace insultante la mer dans sa beauté, afin de la forcer à s'irriter contre le téméraire, espérant au milieu de ses flots courroucés perdre avec l'immobilité physique l'immobilité morale qui le consume. Il demande la tempête avec la même ardeur que le prisonnier demande la liberté.

Depuis que nous avions atteint les vents alizés, le ciel, pendant de longs jours, ne nous avait pas encore gratifiés de quelques tempêtes, bruyants plaisirs de la mer, et nous nous ennuyons, comme c'est l'ordinaire. Il est vrai que le capitaine et moi nous nous étions forgé des distractions dans des piques de calculs nautiques; nous nous étions donné à résoudre l'un à l'autre des difficultés géométriques touchant la recherche des latitudes, des amplitudes et des longitudes, et c'étaient des jours de fête que les jours où nous pouvions faire les observations des distances. Mais après avoir épuisé tout le répertoire de notre *Hydrographie* et y avoir même ajouter en appendice quelques découvertes de notre crû, nous retombions insensiblement dans le gouffre que nous voulions éviter, dans l'ennui.

Il fallut aviser à un autre expédient pour faire renaître les disputes et les contradictions; et comme nos caractères avaient trop de sympathie pour ne pas faire de nous deux amis, que non-seulement ne pouvaient pas désunir quelques chicanes dans l'administration du navire, mais qui ne permettaient même pas qu'elles pussent naître, ce n'était que dans la philosophie et dans la science que nous pouvions trouver en nous quelques discordances d'opinion. Nous conseillerons à tous les marins ce procédé de distractions; il est inépuisable.

Notre état de navigateurs et le beau ciel des régions torrides, où le firmament possède ses mondes célestes les plus brillants, nous portaient naturellement aux discussions astronomiques, et un jour nous voulûmes savoir si le ciel était réellement ce que MM. de l'Observatoire nous le disent. Le capitaine de notre navire, quoique naviguant alors pour la marine marchande des États-Unis, était un savant; il avait beaucoup étudié, et pouvait passer pour un astronome *ferré*. Quant à moi, j'étais loin d'être aussi riche; mais si j'avais moins appris, je crois que j'avais plus pensé que lui. Il n'est donc pas étonnant que je devais remplacer par le travail de la réflexion ce qui me manquait en science apprise.

Les éléments que chacun de nous apportait à la discussion devenaient ainsi des plus féconds et des meilleurs pour ne pas la laisser mourir. Si tous deux nous eussions été au même degré de science acquise dans les auteurs, et que nous eussions pris ces derniers à la lettre, comme faisait notre capitaine, qui avait pour les célébrités astronomiques un respect religieux, nos conversations n'auraient toujours été que de longs mémoratifs de découvertes d'autrui et anciennes, et la dispute n'aurait plus été que dans la possession de la parole pour les rapporter. Nous aurions ainsi toujours continué à nous ennuyer, et cela parce que nous aurions tous deux été savants au même degré.

Nos discussions astronomiques furent si vives et prirent un degré d'intérêt si puissant, que non-seulement nous ne les abandonnâmes pas dès que nous pûmes nous en passer pour nous distraire, mais nous les continuâmes longtemps encore après. Or, maintenant nous sommes arrivés à un autre genre de discussion : nous prétendons tous deux avoir raison. Pour moi, je présume être arrivé à un tel degré de triomphe sur notre capitaine, que je crois avoir remporté sur lui une victoire complète; mais, en adversaire obstiné, il résiste encore. Sa confiance dans les retranchements abattus que lui avaient fournis les systèmes de Newton et de Laplace est si grande, qu'en les voyant détruits il n'en peut croire ses yeux. Aussi, il ne veut pas avouer sa défaite, et se tient toujours pour n'être pas tout à fait vaincu.

Pour décider entre nous deux, nous résolûmes de prendre pour juge un tiers compétent; ce tiers ne peut être que le collectif des hommes de la science astronomique. Pour n'influencer personne, nous ne rapporterons ici de chacune de nos discussions scientifiques que le dialogue aussi exact que s'il avait été sténographié par un auditeur.

Le capitaine venait de secouer les cendres de son cigare. J'en fis autant; car ce geste était toujours chez lui le prélude d'une attaque, et je me tenais prêt à la riposte.

— Savez-vous, monsieur, me dit-il, que si vous prouvez la réalité des choses que vous promettez à l'astronomie, vous ferez marque de la plus belle imagination dont un homme puisse être orné.

— Il est, capitaine, une vérité de laquelle doit se pénétrer tout homme qui travaille à l'œuvre de la progression des connaissances humaines, c'est que l'esprit de l'homme, loin de pouvoir ouvrir par le seul travail de l'imagination des voies nouvelles à la science, s'égare toujours et recule l'époque des grandes découvertes.

— Vous niez ainsi à l'homme le pouvoir d'invention, et par ce la puissance de son génie.

— La nature, plus bienveillante pour l'espèce humaine que bien des rêveurs inutiles le déclament, en créant l'homme intellectuel n'eut pas en vue de produire un émule du Grand Être, et dont le génie aurait le don de la création. L'homme, étant une créature et non un créateur, ne peut trouver que des choses existantes, créées avant même son espèce. Mais Dieu se montra si bienveillant dans l'organisation humaine, qu'il voulût qu'elle fût telle qu'elle puisse, par l'unique travail de l'observation des mouvements des choses et par la récapitulation de ces mouvements, s'élever à la plus haute intelligence que puisse atteindre une chose créée, à l'intelligence de la création.

— Vous faites de l'homme une machine.

— Vous prenez l'opposé de ma pensée. L'homme est de sa nature vain et paresseux; il lui est plus facile d'imaginer que de trouver par le travail pénible et fastidieux de l'expérience. Aussi son imagination est toujours féconde en splendides systèmes. Quelques-uns de ces systèmes, en flattant l'orgueil de l'homme ou en l'éblouissant par un vain éclat, devinrent chacun le ralliement d'une école; mais ces grands systèmes, fils de l'exaltation d'une imagination en travail, se détruisent mutuellement; car sous leurs noms retentissants se cache le mensonge. La vérité, toujours modeste, s'avance silencieuse; née de l'observation, elle croît avec elle et par elle. Devant ses lumières progressantes, les brillants systèmes du passé pâlissent et s'évanouissent.

— Cette splendide péroraison me ferait presque pencher vers votre opinion.

— Ce mouvement progressif de la vérité est insensible, et malgré elles entraîne les générations. L'homme qui veut ne trouver que le vrai, doit donc se méfier principalement de l'exaltation de son imagination, car elle est son plus dangereux ennemi. Imbu de cette pensée et instruit par l'histoire des siècles, les choses nouvelles dont je veux vous démontrer l'existence sont loin d'être le produit de mon imagination; j'ai analysé et récapitulé tous les faits de la science d'observation, afin d'en retirer des résultats applicables à la mécanique céleste. Je n'admets dans le fond rien de nouveau, et je ne traite que de choses déjà bien connues, et desquelles doivent cependant rejaillir de nouvelles et d'importantes vérités.

— Oh! oh! vous voulez donc, vous aussi, faire votre petit système planétaire?

— Pourquoi pas? les anciens sont-ils assez parfaits pour qu'on puisse désespérer d'en produire un meilleur?

— J'espère que vous en gratifierez l'humanité par une généreuse publicité?

— J'accepte votre plaisanterie. Oui, je le publierai. » Ainsi fais-je par ce présent opuscule, qui n'est que le prélude d'un grand ouvrage terminé touchant l'histoire du ciel et de la terre, et dont il renferme les bases.

En le publiant avant ce dernier, mon but est de faire un appel aux savants dont la France est fière autant que de ses gloires militaires. Nourri de leurs doctes recherches, je viens leur demander si les conséquences que j'ai tirées de leurs travaux sont exactes et assez justifiées. C'est un de leurs élèves qui leur rend compte de leurs leçons; et si de ces combinaisons intellectuelles, que la récapitulation de leurs travaux a fait naître en moi, surgissent de nouvelles propositions, de nouvelles données pour les sciences, la gloire leur en appartient de droit.

Si mes calculs m'ont trompé, si mon imagination m'a tendu quelques pièges auxquels je n'ai pu échapper, je réclame leurs conseils. Toutefois, si dans ce que j'avance il ne se trouve pas la vérité entière, je pense cependant qu'il doit y avoir quelque chose de la vérité, qui, en soulevant un peu plus le voile de la nature, aidera les générations futures à l'arracher en entier. Cette seule pensée me décide à publier de nouvelles bases à la mécanique céleste, lesquelles, si elles n'étaient pas absolument les réelles, seraient au moins les plus vraisemblables de la physique des mondes.

L'idée de la puissance divine amène à l'esprit de l'homme une conséquence, un axiome, qui devient la première base de la physique céleste. Nous ne pouvons reconnaître puissance suprême que celle qui se suffit à elle-même et n'a nul besoin d'une multiplication de ressorts. Le mécanicien auquel nous reconnaissons une suprématie de génie est celui qui obtient le plus de mouvements par le moins d'éléments; tandis que celui qui a recourt à la multiplicité d'agents moteurs, obtient toujours un très-mauvais résultat, et nous démontre la faiblesse de son intelligence et de sa prévision. Le Créateur, être intelligent par excellence, dût tout obtenir par une seule force, par une loi unique. Admettre une autre pensée ce serait admettre, ce qui est impossible, une faiblesse dans la Puissance créatrice. Donc, tous les globes de l'infini ont dû être créés de la même manière et par les mêmes éléments, et sont régis par la même loi qui gouverne notre chétive planète.

Ici de profonds savants... en théologie, vont s'écrier, soutenir même avec une audacieuse impiété que Dieu s'est complu à produire des mondes différents. Or, une telle assertion est impie, insultante (si Dieu pouvait être insulté par les folies théologiques), car elle assimilie le créateur à l'homme qui, par le sentiment de sa faiblesse, se complaît à éprouver l'étendue de sa puissance limitée : action qui n'est que le stigmate de l'impuissance innée et de l'orgueil. Dieu connaît toute sa puissance, et n'a nullement besoin d'en varier les effets pour en apprécier l'étendue. Nous sommes loin de cette orgueilleuse philosophie mosaïque, qui admet que la création est faite pour l'homme; d'où résulte cette conséquence absurde, que la terre n'a été créée uniquement que pour quelques atomes qui végètent sur sa surface, et que les astres gigantesques du firmament sont pour notre demeure des ornements réduits à leur plus faible diminutif.

Si Dieu s'était complu à varier la physique des mondes, il n'aurait pas eu l'intention de nous donner, à nous ridicules pygmées d'ici-bas, une idée des effets de sa toute puissance; car nous a-t-il donné le pouvoir de nous transporter matériellement de notre planète sur Vénus, Mars, Jupiter, Uranus, etc., pour y explorer la diversité de ses œuvres? Si chaque globe avait sa physique particulière, ce serait une richesse des plus inutiles dont le spectacle nous serait refusé. Donc les mondes de l'infini seraient loin d'être créés pour nous donner une idée de toute l'étendue de la puissance divine. Alors ces créations gigantesques, enfants des caprices d'une puissance bizarre, nous donneraient du Créateur une idée fausse et indigne de lui.

Par l'effet même de sa puissance suprême, Dieu n'eut besoin que d'un seul mouvement, que d'une seule loi pour tout créer, tout régir dans l'infini de l'infini. C'est alors seulement que l'homme est réellement convié, par le Créateur lui-même, au grand spectacle de la nature, spectacle où il lui est permis de jouir de la vue de toute l'étendue de la puissance suprême. De cette sublime action qui se déroule devant lui s'émane la plus pure morale, devant laquelle s'évanouit la morale factice des temps modernes, fille batarde du miraculeux et de la superstition.

Alors Dieu, dans toute sa glorieuse puissance, se montre dépouillé des ordures du spiritualisme; et l'homme peut le voir lui tracer du doigt la route qui seule peut nous conduire au but, aux biens réels pour lesquels nous fûmes créés.

Faire l'étude de notre planète, l'explorer dans ses moindres phénomènes, c'est donc étudier, explorer en même temps tous les mondes matériels de l'infini aussi bien que le monde moral.

L'astronomie plus que toute autre science a eu ses moments de léthargie. De nos jours, où ses lumières se répandent même dans la classe plébéienne, qui croirait qu'il règne chez les hommes les plus initiés dans cette science la plus funeste prévention qu'une science puisse fournir? car ces hommes, oracles de la science, prétendent que nous sommes parvenus à ce moment suprême et si désolant à la fois pour les âmes ardentes de découvertes, à ce moment enfin où nous n'aurions plus rien à désirer en astronomie, et où serait écarté autant que l'homme puisse le faire, le voile mystérieux sous lequel se cache la gestion des sphères du firmament.

Ce sentiment que nous avons vu émettre par des professeurs n'est que le stigmate de notre ignorance touchant les phénomènes qui régissent les mondes. D'ailleurs, pouvons-nous croire à une chose dont nous ne nous doutons même pas de l'existence? Il n'est que les sensations reçues de choses analogues, qui, par leur récapitulation dans notre esprit, c'est-à-dire mémoire, puissent se combiner entr'elles pour produire de nouvelles données intellectuelles, données aussi anciennes dans le monde que les premières impressions intellectuelles, mais nouvelles conquêtes pour notre intelligence.

En effet, aucun homme ne fut amené spontanément par une exaltation de son imagination à une découverte quelconque sans qu'il y fût entraîné par la chaîne des connaissances où était arrivé son siècle. L'homme de génie n'est uniquement qu'un homme instruit sur une branche quelconque de la science, et qui sait le mieux récapituler par la réflexion tout ce qu'il a étudié, avec l'intention de faire surgir de ce travail interne de nouvelles combinaisons intellectuelles. Les connaissances acquises sont les matériaux, et la réflexion l'esprit ordonnateur dont l'homme se sert pour édifier ses immortels ouvrages.

L'homme ne naît pas prédestiné, et lui-même se fait ce qu'il est; il parvient à la sublimité de l'intelligence humaine si réellement il en a la ferme volonté. L'histoire de l'astronomie en donne dans ses pages des preuves manifestes.

Pour trouver les premières causes qui créèrent l'astronomie, il faudrait remonter à l'histoire des premiers âges de l'homme. Chaque siècle est venu apporter à cette science ses travaux et ses découvertes; et nous voyons déjà quelques savants de l'antique Égypte, puis de la Grèce, reconnaître dans la gestion du ciel et de la matière terrestre deux principes: l'un d'amour, de création, c'est-à-dire attracteur; l'autre de mort, de désorganisation, c'est-à-dire répulseur. Mais il était réservé à Képler, à cet esprit d'ordre et d'exécution, de réunir tous ces documents d'une physique à demi-éclose et de les dépouiller de leurs expressions mystiques. Il les assimila aux observations célestes que les siècles lui avaient léguées, pour faire éclore par leurs combinaisons intellectuelles une nouvelle pensée, pensée qu'il cultiva pendant toute son existence, et il mourut sans avoir même pu la pousser à toute sa maturité.

Képler est l'homme qui fit le plus pour l'astronomie; il recula par elle les bornes de l'intelligence humaine. Ses savantes méditations esquissèrent une route nouvelle aux essors intellectuels de l'homme. Képler ne fit cependant qu'appliquer aux astres ce dogme admis par tous les philosophes du vieux monde pour tout ce qui est matière : un principe d'amour, créateur, et un principe répulseur et de mort.

Ces deux puissances, quoique également admises par le paganisme et le christianisme pour deux êtres animés, indépendants l'un de l'autre et ainsi chacun maître de ses volontés et de ses actes, Képler, ainsi que les prêtres d'Osiris, d'Oromaze, de Jupiter et du Christ, reconnaissait, comme tous les savants de la chrétienté du moyen âge, une fatalité, un Zerwan ou temps sans bornes, un destin, un Être suprême enfin, unique maître de tout l'univers, sous les décrets duquel fléchissaient toutes les puissances du ciel et de la terre, même les deux principes secondaires antipathiques, proposés par le Grand Être, le destin, l'un à l'empire céleste, l'autre à l'empire infernal.

Cette faible lueur de vérité, l'unique que semble avoir possédée l'ancienne physique, suffit pour pousser Képler à la plus grande découverte. Animé par un ardent désir, mais désir que rend ridicule la philosophie de nos jours, noble fille pourtant des travaux même de Képler, ce grand homme, imbu des erreurs de son temps, voulait arracher aux mouvements des cieux les lois supposées à la fatalité auxquelles il croyait être enchaînées les destinées humaines. Le problème ne pouvait se résoudre que par la connaissance parfaite des mouvements célestes.

Képler se mit à l'œuvre, et à l'aide des nombreuses observations de ses devanciers et des siennes propres, il trouva que toutes les planètes tracent autour du soleil une courbe elliptique. Ce mouvement, en effet, rend parfaitement compte d'une lutte incessante entre deux puissances ennemies, l'une d'amour et de création, rattachant toutes les planètes à un foyer commun, à une âme unique, le soleil, et l'autre de répulsion, éternellement antipathique à la volonté de la première.

Cette vérité, connue jusqu'alors que métaphysiquement, se matérialisait; elle devint un pas de géant sur le chemin de la réalité. Il ne restait plus qu'à trouver la loi des mouvements qui résultaient de la lutte de ces deux forces opposées. Cette recherche devenait toute matérielle; elle rentrait dans le domaine de l'observation.

Képler avait reçu de Tycho le plus bel héritage que puisse avoir un amant de la nature. Il était riche des travaux de cet astronome célèbre, le plus grand observateur que le ciel eut jamais. De tels matériaux sous la main ingénieuse de Képler devinrent une mine précieuse. C'est à l'aide de leurs données que, nouveau Colomb, il s'élança à la découverte d'un monde inconnu, et ce monde était l'empire des cieux ; noble conquête dont les fruits étaient la réhabilitation et l'affranchissement moral et physique de l'homme, lorsque la découverte des Amériques ne nous apporta que l'élément de la corruption qui dégrade l'âme et fait traîner au corps des chaînes avilissantes.

Pendant près de vingt ans nous voyons Képler, soutenu ainsi que Colomb par les seules prévisions de l'existence de l'inconnu, errer à sa recherche au travers d'un océan d'observations astronomiques de toutes les générations. Noble martyr de la science, c'est au milieu de ce dédale d'idées et d'hypothèses, dans lequel jamais ne s'offrait à ses yeux fatigués une lueur de lumière consolante, que, courbé sous la fatigue des veilles et la main tremblante de la fièvre que donne la faim, il cherchait, en tâtonnant comme l'aveugle, la loi qui meut l'univers, loi qu'il comprenait devoir être renfermée dans un rapport constant entre les nombres des distances des planètes à leur foyer commun et ceux de leurs révolutions périodiques autour de ce centre.

Longtemps il chercha en vain cette loi si désirée en comparant leurs racines et leurs puissances; mais dans un de ces moments de déception, qui par dégoût semble jeter l'esprit fatigué d'un long travail infructueux vers une futilité, Képler compara, comme dans la certitude d'une nouvelle déception, les carrés des temps des révolutions avec les cubes des distances. C'en était fait, il avait atteint le but poursuivi avec tant de fatigues et de courageuse persévérance; il venait enfin de trouver dans la comparaison de ces nombres ce rapport constant si laborieusement cherché depuis si longtemps; Képler venait d'arracher aux cieux la loi secrète de leurs mouvements.

Il s'écria alors, avec cette joie divine qui épanouit l'âme devant la découverte d'une grande vérité : « *Les rayons vecteurs des planètes décrivent des aires proportionnelles aux temps, et le carré de leurs révolutions périodiques autour du soleil sont comme les cubes de leurs distances moyennes à cet astre.* »

C'était assez pour un seul homme : Képler venait de s'élever au-dessus des connaissances de son siècle. Ses sublimes découvertes étaient des fruits prématurés; aussi la voix de cet homme, s'éteignant dans les angoisses de la faim, resta-t-elle un demi-siècle sans réponse, sans écho.

Ce ne fut que lorsque les travaux de Galilée, de Wallis, de Wren et d'Huygiens eurent enrichi la physique céleste, que nous voyons Newton, aussi heureux qu'ingénieux, comprendre enfin Képler, analyser et traduire mathématiquement ses découvertes. Il prouva par la géométrie la plus rigoureuse que les lois de Képler n'étaient que des corollaires d'une force attractive dont il affirmait lui-même l'existence.

En effet, si les planètes décrivent autour du soleil des aires proportionnelles aux temps, la force qui les retient dans leur orbite doit être dirigée vers le centre de cet astre;

si les orbites des planètes sont des ellipses, ces astres doivent graviter vers un des foyers de cette courbe en raison inverse du carré de leur distance à ce foyer; si les carrés de leurs révolutions périodiques sont comme les cubes de leurs distances moyennes, toutes les planètes, supposées à égale distance du soleil et abandonnées à leur pesanteur, tomberaient sur lui avec une vitesse égale.

Partant de là, Newton, afin de vérifier la justesse de ses calculs, se demande : si les corps célestes tournent autour du soleil par l'effet d'une force centrale ou de gravité, il faut pareillement que la lune tourne autour de la terre en vertu de la même force, différente seulement de la pesanteur des corps à la surface de la terre, en ce qu'elle doit être sensiblement diminuée à cause de la distance où la lune est de nous.

Il sait que la lune est éloignée de la terre d'environ 60 diamètres de la terre; son orbite doit donc être 60 fois plus grande que la circonférence du globe autour duquel elle tourne. Il sait aussi que sa révolution sidérale se fait en 27 jours 7 heures 43 minutes $=$ 39343 minutes; elle doit donc parcourir 187900 pieds de son orbite en une minute de temps. Carrant cet arc, qui est sensiblement égal à sa corde, et divisant ce carré par 2464992000 pieds, diamètre de l'orbite lunaire, le quotient 15 pieds sera la pesanteur de la lune vers la terre, ou l'espace qu'elle parcourrait en une minute de temps, si la force de répulsion, qui lutte constamment contre celle de gravitation, cessait de la retenir à la même distance où elle est de nous.

Newton connaît aussi que, d'après les découvertes de Galilée, les corps en tombant librement sur la surface de la terre parcourent 15 pieds à la première seconde de temps, 3 fois 15 à la troisième, etc., qu'enfin leur mouvement accéléré suit la loi de la progression $\div$ 1. 3. 5. 7. 9. 11. etc., donc ils doivent parcourir 54000 pieds à la première minute; mais 54000 pieds sont 3600 fois plus grands que 15; de plus, 3600 est le carré de 60, distance de la lune à la terre; donc *la pesanteur diminue comme le carré de la distance augmente.*

En combinant, en généralisant les découvertes connues de son siècle, Newton venait de faire éclore une nouvelle pensée, dont le germe lui avait été légué par les travaux de Képler. Il fallut à ce fruit imposant de l'intelligence humaine deux siècles et demi d'études, d'observations et de découvertes successives pour parvenir à toute sa maturité. Chaque pas que nous faisons dans la science astronomique vient confirmer l'exactitude et l'universalité de cette loi de gravitation ou pesanteur générale des corps.

Bientôt deux siècles se sont écoulés depuis la découverte de Newton, et la marche progressive des connaissances humaines apporte de nouvelles combinaisons ou découvertes à la physique céleste, écarte davantage le voile qui revêt les mystères de la nature, et résout de nouveaux problèmes du mécanisme des cieux.

Jusqu'à ce jour pour se rendre compte des phénomènes dont les causes restaient inconnues, on les déclara inexplicables, et on eut recours à l'impie dogme des miracles. L'explication de la seconde force qui meut les sphères de concert avec la puissance attractive se trouvant jusqu'ici impossible, on l'attribua à un miracle, à la projection des sphères lors de leur échappement des mains du créateur.

On voit combien l'ignorance porte d'orgueil en elle. Au lieu d'avouer cette ignorance, l'homme osa porter sur la Divinité l'outrage le plus manifeste; puisqu'il désigne le Génie créateur forcé d'appeler à son aide de miraculeuses combinaisons contraires à ses vues primitives, afin de remédier aux fautes de son premier plan. Une telle supposition ne pourrait que faire croire une faiblesse en Dieu; en effet, admettre le moindre miracle dans la gestion des mondes, n'est-ce pas accuser la Divinité d'imprévoyance, en trouvant une imperfection dans son œuvre, qu'elle serait obligée de corriger par des mouvements contraires aux lois qu'elle imposa dès le principe à ce qui est matière?

La nature, cette fille aînée du Génie créateur, nous prouve elle-même à chaque instant qu'il est impossible d'obtenir

régularité et durée dans un mouvement par plusieurs moteurs. Voudrions-nous, en dépit de tout ce que nous voyons
chaque jour, admettre une exception pour les mouvements
des sphères? L'universalité d'une loi unique qui se suffit pour
tout engendrer et tout mouvoir dans les champs de l'infini,
nous prouve mieux la sublimité du grand Architecte dans
sa prévision, que le plus grand nombre de ressorts dont on
pourrait prétendre qu'il se servit pour animer les choses.

La nature répudie toujours le dogme des miracles; c'est
elle-même qui châtie l'humanité de l'outrage qu'elle ferait
par l'admission du merveilleux à la Puissance divine, si
notre faible organisation pouvait, sans ridicule, s'élever
jusqu'à cette impiété. Que la théologie, cette prétendue
science qui n'est que le recueil des vanités et des folies humaines, admette les miracles dans ses rêveries religieuses,
dès lors naissent le fatalisme et la superstition, vers rongeurs
du cœur de la société humaine, et dont les plaies sont toujours purulentes et mortelles. Avec quelle audace sacrilège
ne voyons-nous pas l'orgueilleux théologien, ne pouvant
s'élever à la divinité, faire descendre cette essence sublime
à la boue de l'homme. Et pour se faire croire à quoi a-t-il
recours? au dogme du miracle, du prédestiné, qui, s'il était
vrai, rendrait Dieu injuste, bizarre, puisqu'il montrerait de
la préférence pour quelques hommes plus que pour des milliards d'autres.

Mais la nature, comme Dieu, a en horreur toute impos-
ture; il est impossible à l'homme, qui lui aussi fait partie du
grand tout, de se soustraire à ce sentiment rectiligne qui
maintient l'ordre des choses. Dès l'instant qu'un mensonge
est admis en politique, naît un crime, un fait outre-nature,
un état de gêne, de torture dans la société humaine, qui ne
cesse que quand notre esprit est rentré dans le vrai, son état
normal.

Que le fatalisme et la superstition s'agitent dans le sein de
l'humanité, ces dogmes impies insultant à la Divinité, à la
nature, Dieu se venge à l'instant; les crimes ou états de gêne
des sociétés surgissent sur l'humanité maudite, jusqu'à ce

que de terribles réactions politiques rétablissent l'équilibre, c'est-à-dire le vrai.

Chose sublime de prévoyance! c'est dans le poison que se trouve le remède. Superstition, fatalisme deviennent les bourreaux vengeurs des crimes qu'ils ont fait naître. Si Dieu permit que l'humanité puisse souffrir, ce n'est que pour le maintien éternel de ses lois, ce n'est que pour avertir l'homme qu'il est sorti du chemin qui doit le conduire au but, au bien-être réel pour lequel il le créa. Aussi nos maux ne sont-ils que les résultats de nos déviations de la voie de la nature, et ils sont toujours proportionnés à la distance dont nous nous en tenons écartés.

Il n'y a que l'ignorant, cette dupe d'une société corrompue et égoïste, qui ne sait pas comprendre, que le lâche qui ne veut pas voir l'égale portion que Dieu lui a réservée ainsi qu'à ses frères au banquet de la nature, qui souffrent et sont misérables. Si le premier est malheureux parce qu'il ignore, le devoir de l'homme ami de l'homme, de l'homme vraiment de Dieu, est de lui ouvrir les portes du temple de la science, où brille la lumière vivifiante; l'instruire des choses de la nature, c'est lui parler de Dieu et lui faire connaître, c'est le mettre sur le chemin de la vérité et du bien-être. Pour le second, pour le lâche, loin de le plaindre, nous le méprisons, comme la nature, comme Dieu le méprise, car le créateur ne veut pas, dans chacun son espèce, d'êtres faibles et inutiles dans son œuvre de grandeur et de vie.

Aussi voyons-nous toujours la nature apporter les misères sociales aux êtres qui n'ont pas le courage de s'y soustraire collectivement, si la force individuelle est impuissante. La nature n'a en vue que la conservation du beau et de la puissance du collectif, et quiconque n'y travaille pas individuellement ne tarde pas à être, lui avec ses fils, la première victime de son lâche égoïsme. A lui, à sa famille sont réservés les maux, les souffrances qui apportent la désorganisation et la mort; car la mort n'est qu'une métamorphose des éléments, qui détruit pour reconstruire aussitôt. Agent actif et impitoyable de la création, son ministère est le maintien de l'équilibre et la conservation du beau, du grand de l'œuvre de Dieu. Des combinaisons usées et inutiles elle fait surgir de jeunes combinaisons pleines de force et d'utilité.

Une erreur est toujours mère d'une autre erreur, et un miracle ne peut jamais être appuyé que par un nouveau miracle. Le miracle de la projection des globes étant admis, il fallut plusieurs autres miracles ou erreurs pour le soutenir. D'abord on admit le vide dans l'espace qui sépare les globes entr'eux, comme si le Génie créateur n'avait accordé la vie qu'à de petits globules tels que nos mondes, que sépareraient des millions de lieues d'étendue d'une substance, d'un lieu qui existe sans être, que rien ne constitue, faisant des vastes champs de l'infini le séjour du néant.

Mais il fallait bien admettre le miracle du vide, sans quoi comment admettre le miracle de la force de projection des corps dans l'espace, s'il existait dans cet espace des gaz ou fluides qui viendraient par l'énorme profondeur de leurs couches offrir une résistance progressante qui finirait par anéantir la force de projection ; et depuis longtemps, à moins d'admettre que Dieu à chaque instant répara miraculeusement les pertes par de nouvelles impulsions, les sphères se seraient arrêtées dans leur mouvement de translation.

Les lois de la physique, ces lois imposées par Dieu à tout ce qui est matière, prouvent suffisamment que les globes célestes nagent dans un plein gazeux, car elles ne pouvaient les engendrer que d'un fluide procréateur. En effet, que résulterait-il si les planètes roulaient dans un vide pareil seulement à celui si imparfait que l'homme peut obtenir ? n'arriverait-il pas ce que nous voyons sous le récipient de la machine pneumatique, où progressivement qu'on établit le vide, les gaz n'étant plus soutenus par le poids comprimant des couches atmosphériques, passent à une fluidité excessive, et les liquides à l'état gazeux pour combler le lieu que viennent d'abandonner les gaz.

Il faut donc qu'il existe des couches gazeuses pesant sur l'atmosphère de chaque globe du poids énorme que peut seule donner une profondeur d'un milieu gazeux, telle que la profondeur que mesurent les distances des planètes à leur foyer commun ; car si ces couches pesantes de gaz cessaient tout à coup de s'appuyer sur les atmosphères planétaires, c'est-à-dire qu'il se fasse dans les champs de l'infini un vide parfait, les gaz dont l'ensemble constitue les atmosphères des globes célestes, se perdraient à l'instant dans l'infini ; et pour remplacer le lieu qu'ils viendraient de quitter, les liquides, les mers passeraient en vapeurs, qui, amenées bientôt elles-mêmes à une excessive fluidité, s'étendraient dans l'infini. Puis les solides, dont les molécules seraient d'autant moins adhérentes entr'elles que le vide de l'espace serait plus parfait, se désuniraient, et, d'abord réduites en poussière par l'absence d'affinité d'agrégation détruite par le vide, elles ne tarderaient pas à se perdre elles-mêmes dans l'espace.

Ainsi, dans un temps très-court tous les matériaux qui constituent les globes célestes, en passant successivement à l'état fluide, combleraient bientôt le vide de l'espace, et les mondes n'existeraient plus. Comme un tel phénomène n'a pas lieu, la cause qui seule peut le produire n'existe pas ; donc il n'y a pas de vide entre les planètes et leur foyer, et cet espace immense est constitué par des gaz dont la densité est décroissante comme augmente le carré de la profondeur de ce milieu.

Devant la possibilité de la métamorphose des solides ou mondes du grand tout en un unique fluide, en prenant l'inverse de cet anéantissement général, le génie humain peut s'élever à l'intelligence de la grande œuvre. Je vois du sein de Dieu sortir la création, par cela seul qui me fait voir la marche qu'elle suivrait pour y rentrer.

Il est impossible, pour peu qu'on ait quelques connaissances en histoire naturelle, de ne pas admettre que les mondes ne furent pas toujours ce que nous les retrouvons ; car nous reconnaissons par leur constitution qu'il était de toute nécessité, selon les lois divines ou de la matière, qu'avant d'être ce qu'ils sont leurs composés se trouvassent tous sous l'état gazeux. La fluidité fut donc l'état primitif de toute chose. La cause de cette fluidité, par laquelle Dieu préluda à la création ou organisation de la matière, est non-seulement facile à comprendre, car elle s'explique d'elle-même, mais elle annonce une grande vérité, savoir : que tout ce qui est eut un commencement, et que le décret de la création s'émana spontanément d'une volonté unique et omnipotente.

Pour que le grand tout fût dans un temps à l'état fluide avant d'être ce que nous le retrouvons, état que nous devons regarder comme étant jusqu'ici le plus avancé où soit parvenu la perfection progessante de la matière, il fallut que la création eût un commencement. Or, reconnaître un commencement à la création, c'est reconnaître une volonté antérieure à sa production, puisque cette volonté ordonna et présida à sa marche.

Ainsi, avant toute chose seule existait une volonté, un être, centre mystérieux et indéfinissable, étant lorsque rien n'était, marquant sa place avant que l'espace fût. Comme de cette volonté s'émana le décret de la production, en elle résidait les germes de la création. En créant les choses Dieu ou cette volonté se donnait un corps par la production de la matière qui est lui, car rien ne peut être sans lui et que par lui, et Dieu existant avant toute chose, toute chose existait donc en lui avant la création. Si la moindre molécule pouvait être sans que Dieu fût elle, Dieu ne serait pas le grand tout, puisque l'étendue de son être serait limitée par cette molécule ; Dieu ne serait pas Dieu, et comme la matière se montrerait dans cette molécule d'une étendue plus grande que la sienne, et qu'elle est toujours active et puissante, qu'elle comble tout, la matière serait plus puissante que Dieu, ou autrement dire Dieu serait la matière ; car l'un ne peut être sans que l'un fut l'autre, et tous deux sont la même chose.

Une telle opinion, vont s'écrier les rêveurs platoniciens, n'est que le matérialisme ! Je répondrai d'abord que ce n'est pas notre opinion propre que nous émettons ici, mais bien une de ces conséquences irrévocables que l'étude de la nature seule enfante. Qu'entendez-vous par matérialisme? N'est-il pas la philosophie qui, l'unique de toutes, ne reconnaît dans la gestion des choses que des lois immuables, les seules de Dieu, puisqu'elles seules possèdent comme lui l'immortalité. Cette sainte philosophie est la seule vraie, puisqu'elle est la seule de tous les âges et de tous les peuples, la seule positive et sans contradiction, la seule qui ne peut se prostituer, ainsi que le spiritualisme, aux vices et aux délires humains.

Elle ne se donne pas, elle s'acquière par le travail de l'observation de la grande œuvre de Dieu, travail qui recèle en lui-même tant de pures jouissances. Un vrai matérialiste ne peut donc être qu'un homme réellement savant, l'homme de Dieu; car il n'est que lui qui puisse comprendre cette grande intelligence, et sa doctrine s'appuie sur les bases même de la création, sur l'essence de la Divinité.

En France, en Chine, dans les déserts brûlants de l'Afrique aussi bien que dans les glaciers des zônes polaires, les matérialistes possèderont les mêmes pensées, quoiqu'ils ne puissent pas avoir entr'eux la moindre communication, car la vérité est une partout l'univers.

Que faut-il pour exceller dans le spiritualisme? Cette doctrine s'acquière-t-elle par la science des œuvres de Dieu, par les connaissances des mouvements de la nature? Non, il suffit de rêver, c'est-à-dire de laisser errer son esprit dans les déserts de l'idéal. D'abord il faut commettre l'inconséquence la plus extravagante, il faut nier sa raison, ce don précieux de la Divinité, il faut nier son esprit, la base même du dogme! Dans le spiritualisme christo-platonicien, quel est l'homme qui peut parvenir à toute la sublimité de la spiritualité? le fou, l'exalté, celui-là même qui a le moins de la base de la spiritualité, celui qui n'obéit plus à son esprit, à son intelligence! Galimatias indéchiffrable, qui n'a pas même le mérite du mystique; riche mine d'erreurs, qui fut toujours exploitée par des imposteurs, qui devinrent sacrilèges lorsqu'ils portèrent l'audace jusqu'à mettre la Divinité au nombre de leurs titres d'exploitation.

Le spiritualisme est le premier né de l'ignorance; il ne s'appuie que sur les faiblesses humaines, et les délires du cerveau font sa puissance; aussi n'y a-t-il rien de plus variable et de plus varié que les croyances religieuses qui n'ont que le spiritualisme pour base; non-seulement chaque nation a son dogme particulier, mais chaque citoyen a sa nuance de croyance qui presque toujours est dissemblable à celle d'autrui. Or, une doctrine si variable dans ses résultats et qui, loin d'avoir une base immuable pour tout climat, comme doivent être les choses de Dieu, multiplie ses dogmes à l'infini et les plie sans cesse aux intérêts de cases, aux caprices des passions individuelles, n'est pas une doctrine, un principe de vérité émané de la Divinité, mais un élément d'exploitation, une source d'erreurs dont le cours n'a pas de limite.

Nous concevons que le spiritualisme ait plus de partisans que le vrai matérialisme; car la paresse d'esprit est le domaine du premier, tandis que le second s'acquière par les travaux de la science. Il est plus pénible d'enchaîner son esprit à l'observation des choses qu'à le laisser errer à l'aventure dans les nuages de l'idéal.

Le matérialisme, me dira-t-on, promulgue l'athéisme. Il n'est pas de calomnie plus maladroite; loin que le matérialisme nie l'existence de Dieu, il ne peut y avoir de doctrine qui puisse mieux que lui prouver, non-seulement la réalité de ce grand Être, mais aussi son unité. Je feuillète les pages des innombrables volumes qui traitent des théologies qu'enfanta le spiritualisme : partout j'y vois Dieu représenté comme un être mystérieux, incompréhensible, aussi incohérent, aussi bizarre dans ses actions que peuvent l'être les rêves humains. Non, un tel Dieu n'est pas Dieu, mais une chimère fantastique comme la pensée de l'homme en délire! et il ne pouvait en être autrement; car les vérités sont filles nobles et sevères; jamais elles ne s'abandonnent aux emportements de l'imagination déréglée; leurs faveurs ne s'acquièrent que par le culte lent et persévérant de la science.

Dieu étant une vérité, son essence suprême ne peut s'offrir à nos regards intellectuels qu'à l'aide du prisme de la science.

Sa vérité est si adhérente en nous, que nous l'apportons avec nous en naissant ; car Dieu étant en nous comme en toute chose, et toute chose animée ayant sentiment de soi, de son existence, l'homme a le sentiment de Dieu par cela seul qu'il est formé des plus purs et des plus riches éléments de Dieu ou de la matière, et que Dieu a le sentiment de son existence et de sa puissance. Mais cette sensation de Dieu, ce sens de son existence est obscur en nous ; car pour qu'il fût parfait il faudrait que nous puissions avoir, comme Dieu, sensation du tout, embrasser matériellement l'infini, ou autrement dire que nous fussions Dieu même.

Si cette intelligence de l'existence divine nous est refusée, l'étude des œuvres de Dieu nous en donne une métaphysique, sans doute, mais non moins vraie. L'homme est pendant sa vie entière poursuivi par cette pensée innée de l'existence d'une puissance suprême et créatrice. Il est dans l'océan de la vie semblable au voyageur parti à la recherche de l'inconnu ; car la recherche de Dieu est ce mystérieux sentiment qui enfante en nous ce désir brûlant de tout connaître ; aucun homme y échappe, et tous entreprennent cette tâche.

L'ignorant est le voyageur privé de la boussole que donne la science et qui doit le diriger vers le but de sa vie intellectuelle, vers la connaissance parfaite de son Dieu ; aussi s'égare-t-il toujours. Dans un de ces moments qui semblent tenir du désespoir, nous le voyons demander Dieu, cette terre de repos, aux vagues infidèles de la mer de l'idéal. Dans ses impatiences fébriles qu'enfantent de continuelles déceptions, sa vue fatiguée se trouble ; les délires de la fièvre remplacent les calculs de la froide raison. C'est alors qu'il prétend avoir trouvé Dieu ; il l'aperçoit aux nuages de l'horizon ; mais l'horizon de l'idéal est sans borne, il ne peut être atteint ; toujours il s'échappe, s'enfuit devant nous, et son excessive mobilité lui donne l'infini pour limite ; ses nuages prennent dans leur éternel mouvement des formes fantasques et capricieuses. Dans leurs mobiles agglomérations, l'imagination retrouve les figures de toutes choses.

C'est parmi ces enfantements de l'idéal que le spiritualiste croit trouver la Divinité, qui à l'instant s'évanouit pour faire place à mille autres non moins chimériques.

Dans les angoisses de l'incertitude pour se décider pour l'une ou l'autre de ces illusions, les hommes émirent alors sur Dieu les idées les plus étranges ; presque tous en firent, comme cela devait arriver, un composé, les uns de deux, les autres de trois, de cent, etc., personnes d'un même élément. De ces délires de l'esprit naquirent les dualismes égyptien, persan, chrétien, les trinités et le panthéisme, etc., théologies toutes filles de l'idéal ou spiritualisme et ainsi engendrées de l'ignorance.

Devant ce mélange confus d'idées, toutes ridicules, toutes blessant la raison humaine, ce sens divin, des hommes, indignés des rôles indignes dont ils présumaient que la Divinité se laissait imposer impunément, allèrent jusqu'à prétendre que Dieu n'existait pas ou était impuissant, puisqu'il ne savait pas se venger des blasphèmes et punir les crimes qui se font en son nom. D'une telle pensée sortit l'athéisme. Mais ces hommes n'ont qu'à jeter un regard scrutateur sur l'état des sociétés où le spiritualisme est la base de la théologie, pour apprécier par les maux et la misère de la masse des populations que la Divinité se venge suffisamment de leur idiote et insouciante crédulité qui blesse et dénature la raison, ce don le plus précieux que Dieu eut fait à l'humanité.

Loin que l'athéisme et le scepticisme soient nés de la science et ainsi du matérialisme, ils ne sont que des conséquences immédiates de la lutte de la raison humaine outragée, mais non éclairée par la science, contre les absurdités du spiritualisme. Le matérialisme, c'est-à-dire la science, peut seul s'élever à toute l'intelligence de l'existence de la Divinité.

Dieu étant le grand tout, l'infini, et se trouvant toutes choses, l'immensité de son être nous cause ce que nous appelons son invisibilité. En effet, pour discerner, pour voir une chose dans son entier, il faut que cette chose se trouve isolée et en dehors de nous. Or, Dieu, le grand tout, dont nous sommes nous-mêmes des constituants, peut-il se réduire à un diminutif si exigu qu'il puisse s'isoler et se rendre par cela visible à notre organe? ou bien avons-nous la puissance de nous détacher du grand tout, de nous tenir en dehors de lui, de nous-mêmes? et si cette absurdité était possible, notre vue aurait-elle la puissance d'embrasser l'ensemble de l'infini ou Dieu? Cependant il n'est pas d'autres moyens qui puissent nous permettre de jouir positivement de la vue entière du Tout-Puissant.

Quoique Dieu ne puisse jamais se montrer à aucun homme, l'immensité de son être et son omniprésence y mettant obstacle, il serait pour cela, non-seulement absurde, mais de la dernière démence, de prétendre qu'il n'existe pas. L'homme est à l'égard du grand tout un atôme infiniment de fois plus petit que le ciron à l'égard de l'animal sur lequel il naît, vit et meurt. L'athée est semblable au ciron qui, logé dans un pore de l'épiderme d'un membre de l'homme et qui ne pouvant se rendre compte, non-seulement de la volonté qui dirige l'homme dans son entier, mais encore dans les mouvements du membre son univers, prétendrait que l'homme est un vaste dépôt de matière inerte, sans volonté comme sans désirs, incapable d'intelligence, refusant ainsi à l'homme, comme le font l'athée et le spiritualiste pour Dieu, c'est-à-dire à la matière organisée ou grand tout, une vie intellectuelle.

C'est l'omniprésence même de Dieu qui fait qu'il nous est invisible. Le Grand Être comblant tout, par cela seul il n'est pas en notre pouvoir de jouir de sa présence totale. Qu'on nous pardonne la comparaison : lorsque nous plaçons une étoffe quelconque sur nos yeux, il nous est impossible de voir cette étoffe et d'en juger par cela même qu'elle est trop près de notre vue. Cependant elle existe bien matériellement; nos yeux la palpent en quelque sorte, et nous sommes, par son invisibilité même, tellement convaincus de son existence et de sa présence, qu'aucun homme, dans la crainte d'être ridicule, n'oserait soutenir qu'elle n'existe pas parce qu'il ne peut l'apercevoir. L'athée est cet homme; il se donne ce ridicule, lorsqu'il prétend que Dieu, cet être omniprésent qui nous couvre totalement de son essence, n'existe pas puisqu'il est invisible à tous.

Le théologien spiritualiste n'est pas moins insensé dans sa doctrine que ne l'est l'athée dans la sienne. La seule diversité qui existe dans leur genre de folie est que le spiritualiste reconnaît ce que nie l'athée, l'existence divine dont l'essence le couvre; mais loin de s'arrêter à cette vérité, aveugle il veut juger des effets de la lumière; il prétend qu'il connaît parfaitement la couleur, la forme et les vertus les plus mystérieuses de la substance divine qu'il sent pénétrer dans tous ses pores. Ce n'est pas qu'il vous affirme qu'il la voit du regard, mais il prétend qu'elle lui est révélée par un sens particulier, qui n'est autre chez lui qu'une fièvre d'esprit.

Alors il donne de la Divinité des détails multiples, des plus variés comme des plus inconséquents. Comme dans ce travail il n'y a que l'imagination qui opère, et que l'intérêt enfante et guide l'imagination, il n'est pas étonnant de voir dans les théologies spiritualistes la Divinité représentée sous les couleurs les plus bizarres, les plus extravagantes et les plus mauvaises; et comme elles blessent la raison humaine, ce sens émané de l'élément de Dieu en nous, il n'est que la violence et quelques intérêts individuels qui puissent les maintenir et les faire accepter. Mais les masses en sont constamment les victimes; car le spiritualisme les fait toujours la matière première de son exploitation. Si Dieu permet qu'elles souffrent, c'est que Dieu les punit de leurs prévarications aux lois qu'il imposa à la gestion du grand tout, et dont le but est la vie et le bien-être égal pour tous, volonté première qui animait Dieu créant l'humanité.

Si les lois qui régissent la matière émanent directement de Dieu, leur ensemble représente la volonté de Dieu, et en transposant les termes, la volonté de Dieu est soumise aux lois de la matière. Ainsi, tout ce qui est hors des lois de la nature agit contre la volonté de Dieu, et est mensonge, absurdité, crime, qui ne peuvent engendrer dans les sociétés humaines que déceptions, gênes, tortures, misères, puis réactions violentes, dont la puissance est toujours en rapport à la tension née de la misère publique, comme l'étendue de la douleur qu'ils produisent est toujours proportionnelle à la prévarication.

Si Dieu permit la production du mal et de la misère qui traînent à leur suite la désorganisation et la mort des nations, ce ne fût point par un esprit de vengeance méchante et indigne de sa toute puissance, mais uniquement par prévoyance et bonté, afin que les maux sociaux fussent les gardiens sévères de sa volonté, et rendissent ses lois immuables et éternelles; afin que l'intelligence de sa volonté fût accessible à tous sans nulle préférence; car les douleurs sociales sont réservées aux prévaricateurs de sa volonté, lorsque les sensations douces nous entraînent par un courant irrésistible vers le but auquel à la création l'homme a été dirigé, vers le bien-être commun.

Par cela même que les lois de la nature et de Dieu sont la même chose, la Puissance divine ne peut être bornée par elles; car ce n'est pas être borné que d'obéir à son unique volonté, d'engendrer et de tout régir par elle; et déclarer cette volonté éternelle et immuable pour tout ne peut être que l'œuvre sublime de l'Équité suprême. Les lois de Dieu sont d'une uniformité si majestueuse et d'une bienveillance si grande que par leur intelligence, qui ne se refuse à aucun homme, il semble que Dieu se complaît à raconter à chacun l'imposant spectacle de la création.

Lorsque Dieu voulut remplacer le néant par l'élément de l'organisation, dans sa prévision divine il imposa à la matière, à l'instant même de sa sortie de son sein, les lois que nous lui retrouvons. Ainsi la création, dès l'instant où elle fut décrétée, dût suivre dans la marche de ses productions les lois qui animent encore la nature; car la volonté de Dieu est une, inaltérable et immuablement éternelle.

Le néant existe; l'espace et la matière sont renfermés dans le sein de Dieu. Dieu veut que la matière soit, et comme rien n'existe encore que Dieu, la matière s'émane de lui; Dieu s'est incarné, c'est-à-dire matérialisé : il s'est revêtu d'un corps. L'essence qui doit tout engendrer coule de son sein, et par sa présence enfante l'espace et le lieu; car devant elle le néant s'évanouit. Ainsi, la création de l'espace et du lieu fut et ne pouvait être que simultanée à celle de la matière.

Par le fait résultant que les champs de l'infini s'ouvraient devant l'élément d'organisation progressivement à la production de ce dernier, puisque c'était lui-même qui créait l'espace et le lieu, la matière jouait le rôle que nous lui voyons tenir encore dans le vide, ce néant factice et si incomplet que l'homme peut produire à l'aide de ses machines, et où la matière se présente avec toute la vigueur de sa primitive destinée, celle de combler le néant par sa présence.

C'est en raison de cette horreur innée pour le néant que nous voyons la matière se mettre en courroux devant lui. Ainsi que le Protée de la Fable, elle s'élève de métamorphoses en métamorphoses à la puissance indéfinie de sa dilatabilité, et, sa voix tonnant au milieu de flammes dévorantes, elle s'échappe en fluide inextinguible dans le seul désir de combler le vide ou néant, son ennemi naturel. Elle ne souffre pas qu'il existe même un instant; car telle fut la mission que Dieu à la création lui imposa. La matière ayant été créée pour anéantir le néant, il ne peut exister aucun vide ou néant factice, maintenant qu'elle est dans toute la plénitude de la vie.

Dès l'instant que Dieu décréta la création, le néant s'évanouit, et il ne peut donc plus y avoir de vide, c'est-à-dire de lieu privé de la présence d'un élément matériel et ainsi résistant. Or, refuser le vide à l'espace qui sépare les globes célestes entr'eux, c'est prouver l'impossibilité de l'existence d'une force de projection inaltérable.

Refuser l'existence de la force de projection aux mouvements planétaires, c'est rendre inexplicable la cause de leur marche dans des orbites; car ce mouvement en ligne courbe

doit être considéré comme composé de diagonales infiniment
petites, qui forment deux à deux le plus grand angle possible. Or, toute diagonale est le résultat de la combinaison
de deux forces opposées dans leur direction; donc un corps
qui, ainsi que les planètes, décrit une ligne courbe autour
d'un centre, obéit nécessairement à l'impression de deux
forces opposées dans leur direction.

La force de projection de l'école anglaise, ainsi que la force
centrifuge telle que l'admet jusqu'ici l'école française, ne
sont à proprement dit que des palliatifs à une force semblable dans sa direction, mais dont la cause est jusqu'alors inconnue. Elles sont des erreurs, car elles ne peuvent supporter
la critique; et comme d'une erreur ne peut naître une vérité,
il n'est pas étonnant qu'il ne sorte d'elles aucune de ces imposantes découvertes qui puissent donner un essor nouveau
à la science astronomique. Aussi depuis bientôt deux siècles
l'astronomie semble stationnaire à tout jamais.

Il n'en est pas de même de la force attractive; aucune critique ne peut réfuter son existence; donc elle est une vérité,
et en analysant scrupuleusement ses conséquences elle doit
nous amener d'elle-même à de grandes solutions. Elle est
soumise à une loi qui la fait agir *en raison directe des masses
et en raison inverse du carré des distances*. Or, pour que la
puissance attractive diminue comme le carré de la distance
augmente, il faut qu'il existe dans la profondeur de l'espace
qui sépare une planète du soleil un milieu résistant à l'émanation du fluide attracteur, et capable même d'anéantir son
effet par la grande profondeur de ses couches.

A qui demanderai-je la production de cette diminution
de force attractive, si ce n'est à la résistance d'un principe
matériel et ainsi gazeux et résistant, que nous voyons journellement diminuer et anéantir la propagation du son et de
la lumière? La loi qui régit la puissance attractive réfute
donc aussi le vide de l'espace; en effet, dans le vide bien
imparfait que nous obtenons par la pneumatique, nous trouvons que deux corps d'un poids et d'une surface des plus
inégaux tombent avec une égale vitesse; ce qui est loin d'ar-

river lorsque ces mêmes corps font leur chute à l'air libre
de l'atmosphère : le plus léger met plus de temps que le plus
lourd, et il en est de même pour celui qui offre plus de surface à poids égal.

Ce phénomène est produit, comme on le sait, par la résistance des gaz atmosphériques, résistance qui finit aussi par
anéantir la propagation du son, du calorique et de la lumière, en suivant de même pour loi de décroissement l'augmentation du carré de la distance. Les champs de l'infini,
comme les atmosphères planétaires, renferment donc des
gaz résistants susceptibles de faire décroître et anéantir la
propagation du fluide attracteur en rapport à l'augmentation du carré de la profondeur de leur milieu ; autrement
la force attractive serait directe, aussi puissante à son départ
qu'à la plus grande profondeur ; et s'étendant ainsi de l'infini à l'infini, il ne pourrait jamais avoir eu qu'un seul
globe ou monde dans la création. Donc, la loi d'attraction
prouve par elle-même la vérité du plein gazeux et résistant
de l'espace.

D'après les belles expériences de Mariotte sur l'élasticité
des gaz, nous savons que leur résistance est directement
proportionnelle aux pressions qu'on exerce sur eux et leur
volume inversement proportionnel. C'est uniquement sur
l'intelligence de cette loi des plus simples de la nature que
le génie de l'homme peut s'élever au plus imposantes solutions astronomiques.

Que résulterait-il pour un astre nageant, ainsi que les planètes, dans un plein gazeux tel que l'atmosphère solaire, si
ce globe était dans un repos parfait, c'est-à-dire n'ayant reçu
aucune impulsion primitive? il resterait constamment suspendu à la même distance du soleil ; car le plein gazeux qui
constitue la distance et sépare les deux astres, représente
la valeur de deux forces opposées, celle d'attraction qui travaille à unir les deux globes pour n'en plus former qu'un,
et celle de répulsion c'est-à-dire celle de la résistance des
gaz comprimés, qui, opérant leur réaction sur les surfaces
solides des deux globes, les repoussent l'un de l'autre avec

une puissance égale à la force comprimante et ainsi à l'attraction. Ces deux forces opposées de direction se faisant équilibre, les planètes seraient constamment à la même distance du soleil ; car la force de tension des gaz comprimés est proportionnelle à leur pression.

Le plein gazeux de l'espace n'est pas une substance isolée et miraculeusement appropriée à la répulsion entre eux des globes ; mais il est bien la conséquence immédiate de leur condensation, c'est-à-dire de leur formation en noyaux solides des planètes. Toute condensation a la propriété de pressurer des pores des substances se solidifiant tous les fluides qu'ils contiennent. Les constituants des globes célestes en possédaient beaucoup, car ils étaient tous primitivement, par leur combinaison avec le principe de la fluidité, à l'état d'un fluide universellement répandu dans l'infini.

La transformation de l'élément créateur fluide en noyaux solides des globes ne pouvait donc avoir lieu qu'en ségrégeant des parties se solidifiant une quantité énorme du principe de la fluidité, c'est-à-dire du calorique qu'elles contenaient, et cet élément uni à quelques bases constitua les gaz atmosphériques des sphères célestes. Ces gaz ainsi ségrégés ne peuvent nullement perdre de leur appétence pour les molécules solides des pores desquelles la condensation les chasse ; ils conservent pour elles une puissance d'appétence d'autant plus grande, que ces molécules sont plus privées de ces éléments. Les atmosphères planétaires sont donc retenues sur la surface antérieures des globes par la somme de toute la puissance attractive des corps dont elles enveloppent également tous les points de la surface. Aussi ces atmosphères sont-elles si adhérentes à la surface antérieure des sphères célestes qu'il n'est aucune puissance extérieure capable de leur soustraire une seule particule.

En effet, les atmosphères planétaires ont sur leurs globes solides l'adhérence de la chaire du fruit sur son noyau, et toutes obéissent à leurs moindres mouvements, comme ne faisant pour chacun d'eux qu'un tout immense. Chaque globe doit donc être considéré comme revêtu de couches profondes de gaz résistants, s'offrant ainsi qu'un rempart impénétrable à l'introduction d'un corps dangereux, c'est-à-dire d'un volume et d'une masse trop puissants, et qui viendrait jeter la perturbation et le désordre.

L'étendue de la profondeur de l'atmosphère d'un globe céleste étant proportionnelle à la quantité de matière solidifiée qui le constitue, la profondeur de l'atmosphère solaire est donc des plus prodigieuse, car la masse du soleil, suivant l'ancienne théorie, est 840 fois plus grande que celle de la somme des masses de toutes les planètes connues.

Le fluide attracteur, comme nous le prouverons plus loin, est, ainsi que les autres fluides des atmosphères planétaires, une émanation de la condensation des globes; la puissance attractive est donc proportionnelle à la masse du corps condensée comme à la profondeur de son atmosphère. Ces données suffiraient pour donner un chiffre de l'immense profondeur de l'atmosphère solaire et ainsi l'étendue énorme de son influence attractive dans les champs de l'espace.

Fut-il possible que, dans le sein de cette immense étendue d'une puissance attractive, il puisse s'établir des condensations secondaires semblables aux planètes? Non, car l'attraction du soleil aurait mis un obstacle éternel à ce travail en soutirant pour son propre centre tous les éléments procréateurs avant qu'ils puissent se solidifier en d'autres globes. D'ailleurs, qu'est-ce que l'atmosphère solaire, si ce n'est, ainsi que celles des planètes, le produit fluide émané de la condensation des éléments solides qui forment sa masse? Les fluides de l'atmosphère solaire sont donc dépouillés de toutes substances susceptibles de se solidifier, et sont impropres à former des corps solides.

Les globes planétaires se formèrent donc en dehors de l'immense atmosphère du soleil, et se trouvaient primitivement sur des points isolés de l'infini, à l'abri de toute influence étrangère et perturbatrice, enfin dans une région vierge, c'est-à-dire ayant encore toutes les richesses dont Dieu combla le fluide créateur en le lançant dans l'infini.

Du moment que Dieu voulut que la création fût, tous les mondes partirent simultanément vers la marche croissante de leur formation ; et ce ne fut que lorsque les planètes, pauvres retardataires, eurent enfin atteint dans leur désert, où elles jouissaient de l'immobilité royale, soutenues par la profondeur du milieu, un assez puissant accroissement de ma·tière condensée qu'elles avaient paisiblement soutirée au milieu procréateur dans lequel elles nageaient, que, venant dans cet accroissement progressif à mettre leurs atmosphères en contact avec celle du soleil, elles furent contraintes d'obéir à la puissance jalouse du potentat.

Alors elles perdirent à tout jamais leur indépendance et le privilége de leur fixité. Pour ces globes se préparaient les vicissitudes d'une vie nouvelle, existence problématique succédant à l'égoïsme de l'enfance ; ils roulent dans une orbite des jours mystérieux, dont ils ne peuvent ni arrêter le cours, ni prévoir le terme : image anticipée de l'existence humaine, à ce moment solennel où l'enfant, sortant du calme de son insouciance, franchit le pas qui le fait homme, et s'élance au milieu des perturbations des passions de la vie pour s'arrêter à l'heure du sommeil qu'apporte la mort.

Dès l'instant que ces globes reçurent l'influence attractive du soleil, ils s'ébranlèrent, perdirent leur fixité ; puis, se dirigeant vers le foyer attracteur, ils pénétrèrent dans l'atmosphère solaire, entraînant avec eux la leur propre, car cette dernière est une partie constituante de leur tout.

Il ne fut donc nullement besoin d'une force de miraculeuse projection pour donner la première impulsion aux globes voyageurs du firmament ; il fut seulement nécessaire que leurs atmosphères, dont la profondeur progressait comme croissaient leurs noyaux solides, vinssent à se mettre en contact avec l'atmosphère du soleil, duquel globe s'émane, comme de tout autre solide, un fluide attracteur qui les enveloppe tous individuellement et sans aucune exception. Ainsi, les planètes se formèrent en dehors de l'atmosphère du soleil et loin de l'influence de cet astre, mais toutes primitivement environnaient sa sphère d'attraction.

L'élément attracteur rentre dans les constituants de l'atmosphère, car son influence est soumise à un décroissement de puissance qui diminue comme augmente le carré de la distance du foyer. Or, la loi de cette décroissance prouve, ce qui est une conséquence de la sphéricité des globes, que l'attraction s'émane en rayons divergents et qu'elle naît d'un fluide. La quantité de ce fluide est proportionnelle à la masse, c'est-à-dire à la quantité de matière condensée du globe, car il est, comme les autres gaz de l'atmosphère, un résultat de cette condensation. La propagation de l'attraction ne peut donc se faire que sous forme de rayons divergents partant tous du centre de gravité du globe, s'allongeant dans l'espace, et établissant entr'eux une somme de pyramides dont les bases reposent aux dernières limites de l'atmosphère et dont les sommets sont au centre de la sphère.

La puissance de ces rayons attracteurs est, ainsi que celle des rayons de lumière, proportionnée à la quantité pour laquelle ils rentrent dans un faisceau, c'est-à-dire dans un espace donné ; or, par leur divergence, l'espace qui renferme un certain nombre de ces rayons doit être considéré ainsi qu'une pyramide de rayons lumineux. La quantité des rayons attracteurs, et ainsi l'attraction, diminue donc comme la base de la pyramide va en s'élargissant ou comme augmente la distance du globe. En conséquence, la puissance attractive de ce dernier est moins considérable ; car à deux distances le diamètre de la base d'une pyramide est double de ce qu'il est à une distance, et son aire est quadruple. Donc, sur une étendue double, les rayons attracteurs étant quatre fois aussi rares, leur somme d'attraction s'affaiblit en raison du carré de la distance du centre de leur émanation.

La vitesse d'une planète dans son mouvement primitif de translation du lieu qui l'enfanta vers le centre du soleil, c'est-à-dire la vitesse de sa chute primitive vers ce foyer, devait augmenter comme le carré de la distance au soleil diminuait, puisque la puissance attractive qui lui procurait ce mouvement, augmentait dans ce rapport ; et si à chaque instant de la chute les espaces avaient été comptés à partir de zéro, ces espaces franchis auraient été représentés par les carrés 1, 4, 9, 16, 25, 36, etc., des temps 1, 2, 3, 4, 5, 6, etc., que la chute aurait duré. Donc, les carrés des espaces représentent la vitesse des mouvements planétaires, et transposant les termes, les espaces parcourus sont comme les carrés des temps, c'est-à-dire comme les carrés des vitesses. C'est sur cette base d'une simplicité si sublime que repose la force qui meut les sphères du firmament.

Le fluide attracteur ne peut être qu'une combinaison de l'élément qui sert à l'union des combinaisons chimiques. Là où il y a combinaison, là se trouve donc de ce fluide. Dieu ayant imposé à lui seul, lors de la création, la fonction de tout organiser et ainsi de travailler aux innombrables combinaisons de la matière, il nous est impossible de le trouver par l'observation dans un état d'isolement même momentané. Il en est de même de l'oxygène, et l'un et l'autre sont le même élément.

La quantité qu'en contiennent les solides est toujours en proportion inverse à leur densité, car leur condensation le pressure de leurs pores toujours proportionnellement à la compression ; mais en sortant de ces pores, l'oxygène ou élément attracteur ne perd pas un atome de son appétence pour le solide ; il ne se disperse pas dans l'espace, mais il se tient autour du corps en quantité semblable à celle que les pores du solide peuvent en contenir à l'état de nulle condensation. Il se tient donc autour du solide une masse d'élément attracteur ou oxygène, qu'aucune puissance ne peut lui soustraire, et qui est dans une tension telle que son adhérence à la surface est des plus violentes, et qu'il attend que la condensation du corps diminue pour rentrer dans ses pores en une quantité proportionnée à la diminution de cette condensation.

L'élément attracteur étant celui de combinaison et ne pouvant être isolé, il est donc toujours en combinaison, et dès l'instant que la condensation du solide le chasse des pores de ce dernier, il travaille, tout en restant autour du corps, à s'unir à d'autres substances. Comme primitivement tout était saturé de calorique, progressivement que les éléments solides se condensaient, il s'émanait de ces condensations, non-seulement de l'élément attracteur ou oxygène, mais aussi du calorique, qui, outre sa propriété de rendre fluide les combinaisons dans lesquelles il rentre, a aussi celle de les rendre essentiellement élastiques.

La condensation des substances solides, en même temps qu'elle chassait des pores l'oxygène, en faisait sortir simultanément le calorique; et l'affinité entr'elles de ces deux substances expulsées étant des plus puissantes, elles s'unirent dès leur sortie des solides, et formèrent autour d'eux, sans doute avec encore d'autres substances, un composé de l'élément attracteur ou oxygène uni à du calorique, c'est-à-dire une masse fluide ou gazeuse, que nous désignerons sous le nom de gaz oxygène, qui, enveloppant les sphères célestes, constitua en un seul tout, adhérant avec une puissance invincible à la surface de chacune d'elles, un milieu impénétrable, résistant et essentiellement élastique, connu sous la dénomination d'atmosphère.

Là où il y a plus de rayons attracteurs, là l'affinité est plus grande, et se trouve réunir en plus petit volume une plus grande quantité de gaz atmosphériques. Donc la densité des atmosphères augmente comme diminue le carré de leur profondeur, puisque la quantité et ainsi la puissance du fluide attracteur augmente dans ce rapport.

Les gaz atmosphériques étant des radicaux unis au calorique, là où se trouve une puissante densité de gaz, là existe donc une grande agglomération de calorique, latent sans doute, mais que, en raison même de sa grande quantité sous un petit volume, un accroissement très-faible de densité et une légère pression peuvent mettre spontanément en liberté. Donc, la quantité de calorique latent des atmosphères planétaires augmente comme diminue le carré de la profondeur, et elle est à son maximum aux couches inférieures reposant sur la surface solide; c'est donc aussi à ces régions basses que le calorique a le plus de facilité à se mettre en liberté en produisant le phénomène connu sous le nom de chaleur et de lumière.

Le calorique n'est pas seulement la cause de toute fluidité, mais il est aussi l'élément unique de l'élasticité; et il est avéré que c'est sa présence dans les gaz qui leur donne cette force prodigieuse d'élasticité, qui rend constamment leurs milieux, non-seulement impénétrables et résistants, mais excessivement répulseurs. Or, cette résistance répulsive ou élasticité des milieux atmosphériques est proportionnelle à la quantité des gaz qui s'y condensent. Elle suit donc la densité de ces milieux, et, ainsi qu'elle, augmente comme diminue le carré de la profondeur des atmosphères. Son maximum d'effet est aux couches inférieures des atmosphères, et toujours réagit contre les surfaces résistantes des sphères.

Les planètes, en pénétrant dans l'atmosphère solaire avec tout ce qui les constitue, éprouvèrent une grande résistance des fluides au travers desquels ces corps se mouvaient; car ces fluides ou milieux étant matériels, résistèrent aux efforts des masses qui tendaient à les déplacer, efforts mesurés par la force qui les attirait vers le soleil.

Or, la résistance des milieux est proportionnelle à la masse du fluide déplacé. La valeur de cette masse dépend, 1° de la densité du milieu; 2° du volume qu'il en faut déplacer. Donc plus cette densité et ce volume sont grands, plus la résistance du milieu est considérable. Mais ce volume qui doit être déplacé se mesure par la surface antérieure du corps qui se meut, et par l'espace que ce corps parcourt dans un temps donné. Donc plus la surface antérieure et la vitesse de ce corps sont grandes plus est grande la masse déplacée du milieu, et par conséquent plus est grande la résistance.

Newton a donné une règle pour évaluer cette résistance. Il a démontré qu'un corps sphérique qui se meut dans un milieu tranquille d'une densité égale à la sienne, perd la moitié de son mouvement en parcourant un espace égal à huit tiers de son diamètre. Ce que cette sphère déplace du fluide équivaut à un cylindre dont la base a pour diamètre celui de la sphère et pour axe la ligne que son centre décrit, c'est-à-dire huit tiers du diamètre de la sphère. Or, le cylindre est à la sphère de même diamètre comme 3 est à 2. Un cylindre dont la base a pour diamètre celui d'une sphère, et pour hauteur les deux tiers de ce diamètre (supposant égales les densités de l'un et de l'autre), a donc une masse égale à celle de la sphère.

Donc, dans ce cas-là la masse déplacée du fluide est à la masse du corps sphérique comme 8 est à 2 ou comme 4 est à 1. Par conséquent, quelque soit la densité du milieu, ainsi que celle du corps sphérique qui s'y meut, toutes les fois que ce corps sphérique aura déplacé une masse de ce milieu qui égale 4 fois la sienne, il aura perdu la moitié de son mouvement.

Cette règle de la résistance des milieux nous sera d'un grand secours en astronomie, et elle nous donnera l'aperçu des profondeurs énormes du ciel d'où sortirent les planètes, pour venir en splendides vassales créer la royale cour du soleil, et former autour du chef une ceinture de glorieux sujets.

C'est à l'aide de ces quelques principes, dont l'intelligence est à la portée de tous, que nous prétendons résoudre les problèmes les plus difficultueux de l'astronomie, expliquer tous les mouvements planétaires et trouver leur véritable cause, laquelle ne peut engendrer ces mouvements qu'en produisant en même temps dans la partie la plus fortement comprimée, et ainsi l'inférieure, de l'atmosphère de chacune des sphères célestes une immense ségrégation de calorique.

Ainsi la cause qui enfante les mouvements planétaires produit simultanément un puissant dégagement de calorique libre, et engendre la chaleur et une portion de la lumière atmosphériques des planètes. Le lecteur peut se rendre compte de cette dernière et si importante conséquence, qui doit en météorologie nous apporter de grandes découvertes.

En effet, comme la combinaison chimique des régions basses de l'atmosphère des planètes est formée de bases unies à un excès de calorique, dont l'état d'affinité est si faible avec ces bases qu'une très-petite force, telle par exemple que la compression du piston d'un briquet pneumatique, suffit pour le mettre en liberté et ainsi l'offrir à nos sens sous son état

lumineux et échauffant, ce phénomène doit toujours se produire sur la surface de l'hémisphère de chacun des globes
célestes tourné vers un autre globe puissamment attracteur,
ainsi que l'est le soleil; car par le milieu résistant qui sépare
les deux sphères en attraction, cette attraction fait comprimer assez fortement l'atmosphère de chacune de ces sphères
sur leur surface solide, pour que les planètes s'échappassent
de cette pression incessante par la tangeante, et en reçussent,
comme nous le démontrerons par les lois de la mécanique et
les calculs géométriques les plus exacts, leur mouvement si
prodigieusement rapide dans une orbite elliptique, celui de
rotation sur leur axe, ainsi que leur oscillation sur leur centre de gravité ou équateur.

Ainsi la cause qui produit les mouvements des planètes
engendre le calorique et une portion de la lumière de ces
globes. La lumière et la chaleur propres de l'atmosphère du
soleil naissent pareillement de cette même cause; c'est-à-
dire qu'il se dégage tout autant de lumière et de chaleur
des régions basses de l'atmosphère solaire comprimée par
l'influence planétaire sur la surface solide de cet astre,
que ce dernier en fait dégager de l'atmosphère de la planète, puisque les atmosphères de ces deux globes sont sous
la même puissance comprimante.

La seule différence existant entre le soleil et ses planètes
est que le soleil, ayant par sa masse énorme le privilège
d'attirer vers lui une grande quantité de globes ou planètes
pesant fortement de toutes parts sur sa circonférence, et dont
les révolutions autour de sa masse sont telles qu'il est fort rare
que deux planètes se trouvent correspondre au même point de
sa surface, il doit nécessairement avoir toute la circonférence
de sa masse éternellement lumineuse, lorsqu'il ne peut y
avoir pour chacune des planètes qu'un hémisphère éclairé,
lequel est celui qui reçoit directement l'influence solaire.

La lumière et la chaleur que la masse énorme du soleil
reçoit de l'influence planétaire, sont donc la somme de la
chaleur et de la lumière que chacune des planètes fait dégager de l'atmosphère du soleil par la pression de sa masse sur

elle, et elles sont ainsi produites par la même cause qui engendre la lumière et la chaleur des atmosphères planétaires.

La simplicité de ce mécanisme qui régit les mondes de l'infini, est d'une richesse d'actions si imposante, que dans cette simplicité on retrouve le sublime qui nous porte à de saintes extases. Ce mécanisme résout à lui seul toutes les difficultés astronomiques et les phénomènes atmosphériques; il donne satisfaction aux observations faites sur le soleil par Herschell, qui démontra matériellement, à l'aide de son puissant télescope, que le soleil n'est pas un globe en ignition miraculeusement continuelle, ainsi qu'on le croyait jusqu'alors.

Nous aurions cru notre tâche à demi remplie si nous n'eussions travaillé qu'au bien être matériel de l'humanité en cherchant les lois de la météorologie; mais nous voulûmes aussi satisfaire à ses besoins intellectuels et moraux. Guidé par les conséquences de notre système, nous retrouvâmes dans le sein de la terre les pages mystérieuses de la sanglante histoire de notre monde, lesquelles doivent, en nous dévoilant d'importants mystères du ciel et de la terre, nous donner de grands enseignements.

D'après les conventions faites avec le capitaine du W.... d'influencer en rien le lecteur sur le prononcé du jugement qui doit décider entre les deux systèmes astronomiques, l'ancien et le nôtre, et désigner lequel est réellement le vrai en satisfaisant le plus aux exigences astronomiques et météorologiques, nous nous croyons engagé par la bonne foi de reprendre le cours des dialogues de notre discussion.

Comme ils durèrent plusieurs jours, nous les avons coupés, comme ils le furent en effet, aux époques de la journée où nous cessions de philosopher. On sait qu'à la mer le marin divise les vingt-quatre heures du jour par portions égales qu'il appelle *quarts*. Nous avons ici conservé cette expression de quart pour les divisions de nos dialogues, d'abord pour être le plus possible dans la vérité de la narration, et ensuite parce que nos discussions n'eurent toujours lieu que lorsque nous étions sur le pont, c'est-à-dire de *quart en haut*, comme disent les marins pour signifier qu'ils sont de service.

ATTRACTION ET RÉPULSION.

PREMIER QUART.

ATTRACTION ET RÉPULSION.

De huit heures du soir à minuit.

Depuis une heure le soleil est descendu à l'horizon dans son bain de feu. Le firmament nous couvre de sa voûte noire, de laquelle pendent, comme des lampes sacrées d'un temple immense, les mondes lointains de l'infini ; et leur lumière mystérieuse scintille ainsi que les éclats que projettent les feux du diamant.

Suspendu entre ces deux immensités, le ciel et l'océan, merveilles de Dieu, notre navire, merveille de l'homme, coule silencieux. Des eaux seul s'échappe un long et sourd gémissement, né de la *houache*, et qui semble une plainte de l'âme arrachée à la mer par la douleur du sillon dont la quille de notre navire lui creuse le sein.

De cette immensité de la création, de ce silence saint de la nature endormie, dont l'homme seul a la puissance de troubler le sommeil, il s'émane une essence de majesté, qui, ainsi qu'une auréole de gloire, entoure le marin. Son génie ne sait-il pas mesurer les champs de l'espace, afin de rendre impuissants les déserts de l'océan qui mettaient obstacle à l'union des peuples? Est-ce un mortel, cet homme dont le courage tient interposé entre le ciel et la terre? Son bras touche aux éléments du ciel pour les tenir enchaînés et prêts à sa volonté. Son pied foule l'océan, et ce dernier, docile à la puissance qui l'étreint, obéit à ses caprices; esclave, à sa voix il le porte aux extrémités du monde.

C'est au milieu de ces réflexions que faisait naître en moi la carrière de l'homme de mer, que le capitaine vint me trouver sur le pont. Il s'assit près de moi au banc de quart, et commença ainsi :

— Je suis curieux, me dit-il, de voir comment vous allez vous retirer de votre audacieuse assertion. Vous prétendez qu'une loi unique donne le mouvement à ces astres qui brillent sur nos têtes, et que leur constitution fait le reste. Vous niez ainsi la force centrifuge des Laplace et celle de projection des Newton.

— Il m'est facile de vous démontrer, je ne dirai pas la faiblesse de ces systèmes, mais bien leur ridicule. Le raisonnement seul suffit.

— Le raisonnement!... il tient toujours de l'avocasserie; c'est rare lorsqu'il ne trompe pas. Il n'est que des erreurs qui aient besoin d'interprétation; la vérité parle d'elle-même; la voir, c'est la comprendre.

— Bravo! capitaine, c'est là où je vous attends : des preuves, toujours des preuves, rien que des preuves, et nulle probabilité! Vous voyez que je suis loin du mode de Laplace. Newton a dit, et après lui tous les astronomes ont répété, que l'espace qui sépare les planètes de leur foyer était un vide; parce que Newton avait besoin de ce vide pour faire accepter par le raisonnement la force de sa miraculeuse projection, qui dans un plein gazeux résistant finirait par s'anéantir; et depuis longtemps les planètes se seraient arrêtées dans leur orbite, loin de recevoir cette accélération que l'observation leur reconnaît. Eh bien, par une inconséquence qui prouve combien est fausse et peu admissible l'hypothèse du vide de l'espace, Newton lui-même, et comme lui tous les astronomes

de son école, ne tardèrent pas à combler cet espace d'une
matière très-subtile, mais qui par cette grande subtilité
même est très-élastique; cette matière est le fluide lumineux
que l'astronome anglais fait lancer par le soleil avec une
vitesse prodigieusement miraculeuse, et dont la cause n'est
pas moins inconnue.

» Buffon et les disciples de son école, ainsi que Laplace,
font plus fort que Newton; ils soutiennent, il est vrai, l'existence d'une force centrifuge, que quelques-uns attribuent à
la rotation des sphères sur leur axe, mouvement dont la cause
ne cesse pas d'être toujours pour eux un mystère. Ils donnent
ainsi raison d'un phénomène par un autre phénomène non
moins inexplicable; ce qui est proprement dit répondre à
rien; car ce n'est pas résoudre la difficulté que de l'éluder.
Si la force centrifuge résultant du mouvement de la rotation
des sphères sur leur axe était la cause de cette force centrifuge qui repousse, écarte ces globes de leur foyer attracteur,
et ainsi lutte et dans certains moments l'emporte même sur
la force attractive, et cela à une énorme distance de la surface de ces globes, cette force centrifuge devrait être assez
prodigieuse à la surface pour lancer dans l'espace par la tan-
gente tous les éléments qui constituent les mondes célestes,
lesquels se détruiraient ainsi très-promptement, s'ils avaient
jamais pu se former; car dès le principe ils auraient été sous
l'influence incessante de deux forces égales, mais diamétralement opposées dans leur action : l'une d'attraction, prési-
dant à la création des sphères; l'autre de répulsion ou force
centrifuge, dont le ministère aurait été de détruire à l'instant
ce que la première établissait. Ce système est cependant passé
en théorie, et forme l'école française.

» Nos astronomes ont calculé les effets de la combinaison
de ces deux forces contraires pour en retirer quelques mouvements planétaires. Leurs calculs sont admirables par leur
science géométrique; mais ils accusent dans la théorie qui les
enfanta un non-sens vraiment extraordinaire. D'autres astronomes, ce sont les partisans du système Buffon, vont encore plus loin. Après avoir avec les premiers démontré si

bien l'action de cette force centrifuge repoussant les globes l'un de l'autre, ils viennent nous dire qu'une comète, par un miracle bien plus surprenant que celui de la projection, est venue, malgré la puissance de cette force centrifuge, frapper le soleil avec une impétuosité si excessive, qu'elle fit rejaillir de sa masse d'énormes éclaboussures, et cela encore malgré la force centripède, qui doit être prodigieuse sur la surface du soleil. Mais si un tel fait était contraire aux deux forces qui engendrent les mouvements planétaires, il donnait à l'origine des mondes une cause si brillante et si facile à la paresse de l'esprit de l'homme, que celui-ci n'eut pas jusqu'ici le courage d'en chercher une autre.

— Diable! je n'y avais pas encore songé. Ces éclaboussures du soleil sont en effet impossibles : d'abord parce que les lois fondamentales de l'astronomie, les forces attractive et répulsive qui sont énormes pour le soleil, les rendent impossibles ; mais aussi parce que Herschell nous démontra matériellement que le soleil n'est pas un globe de matière fondue et en ignition, mais bien une masse solide qui ne peut permettre aux comètes les plus audacieuses cette brutale insulte. Votre réfutation du fait de la comète de Buffon est juste, je veux bien le reconnaître; mais nous avons un autre système plus solide : il donne, celui-là, une raison irrévocable de ce mouvement général de tous les globes planétaires de l'ouest à l'est; il explique aussi la formation des planètes; ce système est celui du tourbillon de la matière créatrice de l'ouest à l'est autour de quelques centres.

— Toujours du miraculeux, toujours des explications de phénomènes qui, loin de répondre aux choses et de faire disparaître les difficultés, ne produisent que d'autres difficultés plus inexplicables que les premières! Pourquoi la matière aurait-elle reçu cette impulsion tournoyante autour de quelques centres privilégiés, dont les uns seraient de première classe et les autres de seconde? afin que les globes tournassent tous de l'ouest à l'est! Mais le génie créateur n'avait nullement besoin de ce pauvre moyen, en ce qu'il est miraculeux, pour que ce mouvement puisse avoir lieu.

» Les cartésiens et les newtoniens sont à l'égard de la solution des phénomènes du mécanisme du ciel, semblables à ce physicien italien qui, lorsqu'on lui demandait pourquoi l'eau montait dans le corps d'une pompe où on avait fait le vide, répondit que c'était parce que la nature avait horreur du vide; et comme on lui observa que l'eau ne pouvait monter qu'à trente-deux pieds, le savant trancha la difficulté de ce nouveau problème avec autant de sagacité que pour celle du premier; il dit gravement que la nature n'avait horreur du vide que jusqu'à trente-deux pieds de haut.

» Les auditeurs ne devaient-ils pas se tenir satisfaits et être édifiés de la science du docte professeur en le voyant si bien répondre aux difficultés! Les maîtres des deux écoles astronomiques me paraissent jouer le rôle du savant italien. Comme lui, ils ne résolvent rien; car ce n'est pas lever la difficulté et donner la cause d'un fait, que de dire que ce fait est parce qu'il est. Les sciences sont d'une moralité sévère ; elles exigent un genre de franchise dont peu d'hommes sont capables, c'est de dire : *je ne sais pas*, lorsqu'on ne peut trouver la cause d'un fait. J'avoue qu'on est naturellement peu disposé à cet aveu, qui coûte trop à l'orgueil lorsqu'on est posé sur le théâtre de la renommée, où vous êtes accepté et fêté par le peuple dont vous êtes l'idole tant qu'il croit, dans son engouement, que votre savoir est universel. Mais avant tout, l'homme de science doit être philosophe, c'est-à-dire, faire abnégation de sa personne afin de n'être jamais par les passions distrait de la grande œuvre, le bien-être de l'humanité. Sorti de cette limite, il n'y a plus pour l'homme que mensonges, déceptions et ridicule pour le savant. Qu'elle est belle la pensée de ces hommes, dont les bras puissants retiraient, il y a un demi-siècle, la France de l'abîme où l'avait plongée une monarchie stupide, lorsqu'ils s'écriaient : périssent notre mémoire, et que la France soit sauvée! Le savant doit-être pour l'humanité ce que ces grands génies de la république étaient pour la France.

— Voilà qui est bel et bon; vous phrasez comme un vrai dramaturge. Mais au milieu de tout cela vous aurez de la peine à détruire le système des tourbillons de Descartes, car c'est sur lui que repose la théorie des ondulations de la lumière généralement admise par nos hommes de science. Or, si le tourbillonnement de la matière est une vérité pour la production de la lumière et de la chaleur planétaires, pourquoi ne le serait-il pas pour les mouvements planétaires?

— Ah! ah! ah! pardonnez moi ce rire, capitaine; vraiment il n'y a qu'un Allemand qui ait pu souffler à Descartes l'idée de cette walse générale de l'univers!... Pour moi, Français, bon Français, afin d'être conforme à l'esprit de ma nation, au lieu de faire sortir les mouvements planétaires d'une walse générale, je les ferai naître d'une danse. L'esprit rectiligne de l'Anglais, représenté par le système newtonien, ne les retire-t-il pas de la projection, d'un mouvement |primordial semblable au jet du boulet parti d'un de leurs innombrables forts? »

Et pendant quelques instants nous nous épanouîmes la rate à la réflexion de voir ainsi, dans l'explication de l'œuvre universelle de la création, se peindre le caractère de chacune des nations qui l'entreprirent.

— J'ai de la peine, il est vrai, dit le capitaine, à me rendre compte de la formation de nos planètes au milieu d'un immense tourbillon, tournant miraculeusement par une volonté mystérieuse, avec une vitesse incommensurable de l'ouest à l'est autour d'un centre introuvable. Comme il est prouvé que nos mondes ne sont que des agglomérations de dépôts de matière condensée et primitivement fluide, et que de tels dépôts ne peuvent se faire qu'à l'aide d'un repos absolu de la matière, il me semble qu'on pourrait présumer avec quelque confiance que les planètes sortirent d'une solitude profonde où elles s'engendrèrent à l'abri de toute influence perturbatrice étrangère, au sein d'une masse infinie de matière immobile se déposant insensiblement, en raison de son repos même, sur le centre de chacune; que ce ne fut qu'au moment où ces dépôts successifs !eur eurent donné la puissance que chacune d'elles possède par sa masse, que les planètes, sentant pour la première fois l'action attractive du soleil, qui lui-même s'était produit par le même mode, sortirent de leur immobilité. Mais alors les planètes, mues par la force attractive, dont la direction est rectiligne, seraient tombées en droite ligne sur le soleil, avec l'accélération croissante d'un corps en chute, et n'auraient jamais pu tracer, comme nous le voyons, une orbite autour du soleil, ce qui ne peut être que le produit de la combinaison de deux forces égales et d'une direction contraire?

— Pourquoi pas? Ce n'est pas un cercle parfait, mais une courbe elliptique que les planètes décrivent autour du soleil. Pour qu'il en soit ainsi, il faut donc que dans le mouvement d'une planète autour du soleil, tantôt la force centrale l'emporte sur la force centrifuge, et que tantôt la force centrifuge l'emporte sur la force centrale. Ce mouvement elliptique prouve donc à lui seul que les planètes sont à l'égard du soleil toujours dans le cas de corps tombant sur lui, en suivant la loi du mouvement accéléré des corps en chute, qui n'est autre, comme vous le savez, qu'une conséquence de l'attraction, dont l'intensité augmente comme le carré de la distance diminue.

— Adopté : les planètes ainsi que les comètes vinrent de régions très-éloignées du soleil et en dehors de son atmosphère ; elles ne purent sortir de ses éclaboussures, ni naître dans aucun milieu tournoyant ; elles sont toujours pour le soleil dans le cas de corps tombant. Il me semble déjà entrevoir, monsieur le Français, votre danse astronomique ; vous me donnez déjà un avant, mais il me faut maintenant un chassé et un coulé pour compléter le mouvement elliptique des planètes. Je crois que votre danse est aussi ridicule que la walse de Descartes.

— Erreur ! la danse demande du génie, lorsque la walse n'exige que de la force musculaire. Il doit en être de même en astronomie du système de la danse sur celui de la walse. Vous convenez avec moi que les planètes furent primitivement des dépôts paisibles et successifs de matière ; or, pour qu'il en fût ainsi, cette matière était donc à l'état fluide ? Où est donc passé l'élément de la fluidité que la matière en se solidifiant abandonnait ? Les planètes laissèrent-elles ces fluides dans les régions lointaines où elles se procréèrent, comme des détritus de leur enfantement ? Non ; cet abandon de gaz ne put avoir lieu ; car la matière est une ; sa fluidité, sa liquidité et sa solidification ne sont que de ses métamorphoses, qui ne peuvent ni diminuer, ni augmenter son étendue, puisqu'elle ne cesse pas d'être matière. L'espace qu'elle perd en se solidifiant, elle le comble à l'instant par des fluides, qui ne sont que quelques-uns de ses composés unis à beaucoup de calorique, que chassent les éléments se solidifiant par leur condensation provenant de combinaisons chimiques ou d'une puissance comprimante. Or, tout corps solide est enveloppé par une atmosphère à lui propre et dont l'étendue est proportionnelle à la quantité de calorique dont ses pores peuvent se charger à l'état de liberté. Cette atmosphère est à lui propre ; il la retient sur sa surface avec une puissance telle, que si on peut la déplacer, même que momentanément, ainsi que cela à lieu sur certains métaux et autres substances, il s'émane de toute la surface de ces corps une appétence si active des substances atmosphériques qu'on lui a enlevée, qu'il y a sur cette surface des réactions puissantes, connues par les phénomènes électro-magnétiques, jusqu'à ce que le corps solide ait recouvré la quantité de matière fluide qui doit rétablir son atmosphère.

» Il est donc impossible d'enlever à un solide quelconque, un atome de son atmosphère, ne fut-ce que momentanément. Il dût en être de même pour les masses énormes de matière solidifiée qui constituent les globes célestes. Ces derniers retinrent en combinaison, autour de leur surface en forme de masse fluide ou atmosphère, tout autant d'élément de la fluidité qu'il en faudrait pour rendre à ces mondes, lorsque Dieu le voudra, leur primitive fluidité. Ces fluides atmosphériques adhèrent à la surface de tout solide comme la chair du fruit à son noyau ; aucune puissance ne peut lui en soustraire complètement un atome. Comme cette appétence de la surface du solide pour son atmosphère n'est autre que le résultat de l'attraction, ou autrement dire est l'attraction même du globe, la densité de son atmosphère doit diminuer comme diminue l'intensité de l'attraction, et ainsi comme augmente le carré de sa profondeur. Il sort des conséquences de cette nouvelle théorie de physique céleste, que la profondeur de chaque globe céleste est proportionnée à sa masse solidifiée et à la densité de cette masse. Quelle n'est pas l'étendue de l'atmosphère du soleil, quand on réfléchit que la seule dissolution de quatre onces de nitrate de potasse produit 3,000 pouces cubes de gaz oxygène !

— Je vois qu'il vous faut de la chimie pour être astronome.

— Et de la physique surtout. Les subdivisions de la science naturelle ne sont que des conventions humaines ; la nature, la science de Dieu, est une comme Dieu est un. Il ne peut en être autrement. La chimie tient à la physique comme la physique tient à l'astronomie, et toutes trois forment une trinité qui n'est qu'une seule et même chose. Ne soyez donc pas étonné si à l'astronomie je mêle de la physique et de la chimie ; et tenez-vous pour bienheureux si je n'assaisonne pas le tout de théologie.

— Miséricorde ! gardez-vous en bien ! la théologie, c'est l'ennui encarné. Il est vrai qu'elle a de temps à autre des ridicules réjouissants ; mais ces derniers ne récompensent pas assez les baillements du premier pour qu'on veuille les payer à ce prix. Omettez les éléments théologiques.

— *Fiat voluntas tua.* Nous revenons donc à la physique ; car maintenant je veux vous parler plus de physique que d'astronomie proprement dite. Quand on réfléchit à la masse du soleil, qui, d'après même les calculs de l'ancienne théorie que je veux battre en brèche, est 800 fois plus puissante que la somme de toutes les masses réunies des planètes connues, on conçoit à quelle prodigieuse profondeur l'atmosphère solaire doit s'étendre dans l'espace, car cette atmosphère est le produit, non-seulement d'une masse énorme, mais d'une masse dont la densité prodigieuse est la plus grande de toutes celles des autres mondes. L'étendue atmosphérique de chacune des planètes est aussi très-considérable, et de même proportionnée à la masse et à la densité du noyau solide.

— Voilà une luxuriante prodigalité bien inutile.

— Vous vous trompez. C'est dans l'étendue prodigieuse des atmosphères des globes célestes que réside, non-seulement le ressort de tous leurs mouvements, mais aussi leur existence, c'est-à-dire la cause de leur vitalité. Lorsqu'à l'aide de la machine pneumatique vous cherchez à faire le vide, que voyez-vous se produire sous vos yeux? Par l'absence des gaz, les liquides se gazifient et s'emparent avec une espèce de fureur l'espace que les gaz viennent de quitter, et le comblent instantanément. S'il était en votre pouvoir de continuer l'opération, vous verriez les terres, les solides se dissoudre et s'élever à une dilatation indéfinie pour anéantir le vide, pour rendre le néant impossible; car telle fut la mission qu'à la création la matière reçut de Dieu.

— Eh ! mon cher, vous poussez l'argument comme un vrai rhéteur. Sans doute, puisque Dieu inventa la matière pour détrôner le néant, la matière doit être l'ennemi né du néant, et ce dernier ne peut chercher à se produire, ne fut-ce qu'artificiellement, qu'à l'instant la matière, nullement oublieuse de sa première mission, le comble avec toute l'impétuosité à remplir un devoir imposé par Dieu. Donc, il ne peut y avoir dans l'infini, qui est le total de la matière, un des plus petits espaces qui ne soit comblé; donc le vide, même si imparfait obtenu par nos machines, ne peut exister dans la nature. Le néant ne peut plus être, puisque la création existe.

— De cette vérité, car je tiens cette opinion pour vérité, vous tirez ainsi cette conséquence : que depuis l'instant que Dieu décréta la création, il n'y eut plus de vide, et qu'il est impossible qu'il puisse jamais se reproduire; car le vide dans toute son expression signifie néant?

— Oui; mais cela ne m'explique nullement l'immense utilité que vous prétendez exister dans l'immense étendue des atmosphères solaires et planétaires.

— Je vais le faire. Les gaz de ces atmosphères comblèrent l'espace qu'abandonnaient les éléments qui constituent la matière solide, et qui en formant des dépôts successifs constituèrent les globes célestes. Comme ce travail dura tant qu'il se trouva dans l'espace des éléments susceptibles de solidification, il arriva après un certain laps de temps que ces atmosphères, provenant de ces solidifications, et s'étendant en profondeur proportionnellement à l'accroissement de la masse du globe, durent ne plus trouver autour d'elles à soutirer d'éléments susceptibles de solidification; c'est alors que ne rencontrant plus que les atmosphères d'autres globes, elles se mirent en contact avec elles, et enfantèrent ce phénomène d'attraction qui les enchaînent de l'une à l'autre par un réseau invincible. Ici je parle des soleils, c'est-à-dire des étoiles; mais je vais maintenant ne traiter que d'un seul globe, du soleil et de ses planètes. Vous allez comprendre en peu de mots toute l'utilité des atmosphères planétaires, qui sont, à vraiment dire, pour leurs globes des boulevards réels, indestructibles, et dont toute la puissance est dans l'immensité même de la profondeur de leurs couches gazeuses.

— Oh ! il me semble déjà comprendre où vous voulez en venir..... mais prenez garde, le problème est épineux, et je doute que vous puissiez le résoudre assez victorieusement pour échapper au ridicule.

— Rassurez-vous, capitaine; je n'avance les choses que quand je suis certain de leur vérité; surtout ne cherchez pas à me devancer. C'est une pensée, nourrie par de longues réflexions, dont je veux vous faire part, et non une supposition, une probabilité née de l'instant, et qui demain ne pourrait plus être reçue. Avez-vous déjà cherché à vous rendre compte de la force attractive?

— Ma foi, non ! on m'a prouvé qu'elle agissait en raison inverse du carré des distances, et cela m'a toujours suffi.

— Vous ne connaissez ainsi que l'effet et non la cause. Je me sens fort de vous expliquer cette cause, et je voudrais le faire ici; mais cette solution demande un grand développement de science chimique, dont je vous ferai grâce pour le moment. Seulement je vous demanderai comment l'attraction peut se propager de la surface d'un globe vers un autre globe, si elle n'est pas portée par un élément atmosphérique, ou autrement dire, si elle n'est pas l'action d'un fluide, d'un gaz atmosphérique enfin ? Si vous admettez que l'attraction vienne du soleil, quoiqu'on puisse croire qu'une planète est à la fois attractive et attirée, l'atmosphère du soleil est donc énorme ; car nous ne connaissons pas les bornes de sa puissance attractive et les planètes nagent toutes en elle ? Comme il rentre dans la constitution de cette atmosphère un fluide, un gaz attracteur, l'atmosphère du soleil est donc, ainsi que celles des planètes, un composé ; car il ne peut exister de fluide invisible, de gaz qui ne soit pas le produit de la combinaison de deux éléments pour le moins, lesquels sont le calorique, principe de sa fluidité, et un élément quelconque, qui sans son union avec le calorique serait un solide.

» Or, ce dernier élément est, dans sa combinaison avec le calorique, seul possédant la propriété d'attirer, d'unir ; il est donc l'élément de toute union, de toute combinaison chimique ; il doit être la puissance qui agglomère tout, solidifie tout, et donne aux substances de la matière leurs divers degrés d'affinité les unes pour les autres, d'après la quantité que leurs pores contiennent de ses molécules et d'après ses divers modes d'action sur elles ? Sa puissance d'affinité pour tous les éléments de la matière est si grande, qu'il doit être le seul principe qui puisse se combiner, et faire même rentrer en l'entraînant avec lui dans des combinaisons à plusieurs bases, soit à l'état fluide, liquide ou solide, l'élément de la désunion, le calorique, ce dissolvant de toute chose, son antagoniste éternel ; car la mission de ce dernier est de désunir et de désorganiser ce que l'élément attracteur ou d'affinité unit et combine.

» A cette propriété dissolvante, c'est-à-dire, de dilatation du calorique s'enjoint une autre non moins prouvée et non non moins adhérente à sa nature, c'est la répulsion. Le calorique n'est-il pas l'élément unique de l'élasticité et de la répulsion des corps comprimés et comprimants? Les gaz ne doivent-ils pas leur puissance expansive à la grande quantité de calorique qui leur donne leur fluidité? Là où il y a de l'élasticité, là il y a du calorique, les corps élastiques fussent-ils même des solides!

— Cette dernière assertion demande une explication.

— Oui, un corps solide, élastique, doit son élasticité à la présence du calorique, non pas précisément en lui, mais autour de lui en atmosphère puissante.

— Mais alors tous les solides seraient élastiques, puisque d'après vous, ils possèdent tous une atmosphère dont l'étendue est proportionnelle à leur masse et à leur densité?

— Tenez, capitaine, vous me forcez à rentrer dans un plus ample développement de chimie; tant pis pour vous, vous m'y contraignez. Je ne connais dans la nature qu'un unique élément dont la puissance soit attractive; sa propriété est la combinaison; de même il n'y en a qu'un qui soit répulseur et désorganisant, celui-là est le calorique.

— Et le premier est l'oxygène, hein! ai-je mis le doigt dessus?

— Je n'osais moi-même vous le nommer; mais puisque c'est vous qui l'avez désigné, je vous avouerai que telle fût toujours mon opinion.

— En effet, il me semble qu'on n'a pas encore dit tout sur la nature de l'oxygène? Est-il un chimiste qui ait pu le mettre à nu et l'isoler? jamais. Il est le seul des substances de la nature qui soit ainsi; son affinité ou attraction pour tout ce qui est matière est trop puissante pour qu'il puisse même momentanément rester à nu. Le calorique s'isole en se montrant à nos organes dans toute sa nudité sous l'aspect d'un fluide pur que l'on nomme feu; toutes les autres substances de la nature s'isolent de même dans leur radicaux. L'oxygène seul ne peut s'isoler, il est toujours uni, soit avec le calorique, soit dans les combinaisons, dont il est l'unique principe d'union; car sans lui il n'y a pas de combinaison.

— De telles réflexions sur la nature de l'oxygène portent donc à le croire l'élément attracteur, car il se comporte de même que lui, et il a toute sa puissance. Ce ne sont pas les corps qui sont attracteurs l'un de l'autre, mais c'est l'oxygène qui, par sa présence en eux ou par son mode d'action sur eux, leur donne cette attraction qu'on leur retrouve pour certaines combinaisons chimiques, tandis qu'ils n'en ont pas pour d'autres. Toutes les substances sont attractives d'oxygène et attirées par lui, deux effets produits par la même cause. Cette appétence de l'oxygène pour tout ce qui est matière est inépuisable, il est vrai, mais la capacité et l'appétence de ses molécules sont une; il ne peut retenir en combinaison avec lui une quantité de substance sans qu'il perde de sa capacité et de son appétence pour une autre d'autant qu'il en a dépensé pour la première. Élément de la solidification, lorsque le calorique est celui de la liquidité et de la fluidité, il peut, en s'unissant au calorique ou à d'autres éléments, être soutiré d'un corps en s'échappant de ses pores, soit à l'aide d'une pression continue et puissante, soit dans des réactions de combinaisons chimiques. Mais le corps, dépouillé ainsi de son oxygène', est loin d'avoir perdu de son appétence pour lui, quoiqu'il ne lui soit plus permis de s'en laisser pénétrer et d'en charger ses pores; il a au contraire pour l'oxygène une appétence d'autant plus grande que ses pores contiennent moins de cet élément.

» De cette appétence non satisfaite de ce corps pour l'oxygène, naît un singulier phénomène. Il se tient autour du corps autant d'oxygène que ses pores pourraient en contenir ; cet oxygène ainsi retenu sur la surface du solide attracteur, ne pouvant se combiner totalement avec les molécules de ce dernier, ne reste pas pour cela à nu sur la surface du corps, sa grande affinité pour ce qui est matière y mettant obstacle ; il se combine avec le calorique qu'il soutire du réservoir commun, de l'atmosphère planétaire, et forme avec cet élément de la fluidité une atmosphère privée et propre au corps solide, atmosphère qui est ainsi une partie intégrante du solide, et forme avec lui un seul tout. Elle est une partie du corps même, une continuation de sa combinaison ; en effet, le rôle de l'oxygène dans ce phénomène est facile à comprendre : ne pouvant rentrer en combinaison parfaite dans les pores trop resserrés du solide, loin de perdre par cela de son appétence pour eux, celle-ci, au contraire, est au suprême degré de sa puissance. Mais dans cet état, l'oxygène, quoique puissamment retenu sur la surface du solide, possède encore presque toute sa capacité, dont il fait une dépense à peine sensible pour le solide ; or, ne pouvant rester à l'état libre, même que momentanément, il se charge de calorique autant que l'excès de son appétence non-satisfaite pour le solide peut lui permettre. Il apporte ainsi par sa combinaison avec le calorique un élément étranger au solide, une substance invisible et fluide qui, unie avec lui, forme une atmosphère qui enveloppe de couches égales le solide, et qu'aucune puissance ne peut lui enlever sans changer à l'instant la forme et la combinaison chimique du corps entier.

— Comment ? cette atmosphère serait la cause de la forme des solides, et la puissance qui leur conserverait leur solidité ?

— Il m'est facile de prouver que cela est, et que les globes célestes lui doivent leur forme sphérique. L'attraction du solide se faisant à la fois de tous les points de sa surface par une action brusque sur l'oxygène déjà uni à du calorique et à d'autres substances, puisqu'il ne peut jamais rester un moment isolé, l'oxygène met lui-même, par sa trop grande avidité pour le solide, un obstacle à sa pénétration dans les pores de ce dernier, qu'il comprime ainsi et condense avec une puissance que mesure son degré d'appétence pour le corps. Il s'appuie de toute cette puissance sur la surface de ce dernier sans pouvoir pénétrer en lui ; car cet oxygène, qui seul à le pouvoir de se combiner avec le corps, contient du calorique et d'autres substances atmosphériques, qui mettent d'autant plus d'obstacle à sa pénétration qu'il rentre en plus grande quantité dans l'atmosphère ; c'est-à-dire, que le corps contient moins d'oxygène et qu'il est ainsi plus dur. Il faut donc à l'oxygène, pour qu'il puisse se combiner complètement avec les molécules du solide, que d'abord il se sépare de son calorique, ce qu'il ne peut faire qu'à l'aide d'un choc brusque, comme dans le briquet d'acier, ou d'une percussion puissante et répétée, comme le jeu du marteau du forgeron, ou bien dans des réactions chimiques.

» Ce sont à ces seules conséquences amenées par la propriété attractive de l'oxygène que nous devons la production de tous corps solides. Donc, tous les solides sont pourvus d'une atmosphère d'autant plus profonde et pesante sur leur surface que ces corps ont plus de masse et de densité. J'applique cette conclusion aussi bien aux masses planétaires qu'à tous les corps solides en général. Douteriez-vous de cette vérité? mais enlevez subitement l'atmosphère d'un solide; à l'instant tous les composés de ce corps, fut-il très-dur, se désuniront complètement et seront réduits en poussière. Chaque jour les phénomènes électriques nous produisent ce résultat, lorsqu'un courant du fluide en passant sur un de ces solides entraîne avec lui son atmosphère, ou bien accumule dans son atmosphère un excès considérable de calorique que ne peut retenir l'oxygène de cette atmosphère, et qui ouvrant les pores du solide donne ainsi passage à l'oxygène, qui se précipite en combinaison avec les molécules du solide, ce qu'il ne peut faire qu'en abandonnant son calorique. Ce dernier ainsi mis à nu autour de la surface du solide, et paraissant sortir de son centre, nous représente ce corps au milieu d'une combustion parfaite. Combustion, comme vous le savez est traduite en chimie par oxydation. Un grand nombre de réactions chimiques produisent cette oxydation ou combustion qui n'est autre chose qu'une *désolidification*.

— Voilà une théorie bien neuve, monsieur le chimiste?

— Mais nullement hasardée, car je puis la confirmer par l'observation.

— Permettez, j'ai une objection à vous faire. D'après vous tous les corps devraient avoir une égale appétence pour l'oxygène; c'est ce qui est démenti par les études chimiques.

— Vous confondez ici appétence avec affinité. Affinité marque la force qui unit et retient les éléments dans leurs combinaisons ; mais l'appétence est ce désir instinctif, s'il est

permis de m'exprimer ainsi, que l'oxygène éprouve pour
tout ce qui est matière. L'appétence est la cause; l'affinité est
l'effet. Tous les corps ont naturellement une égale appétence
pour l'oxygène, car tous sont attracteurs, c'est-à-dire pesants ; mais tous ne peuvent se montrer à nos sens avec une
égale affinité, c'est-à-dire avec des résultats qui puissent
affirmer cette similitude d'appétence, puisque la densité si
variable des corps est une cause de variation dans la quantité d'oxygène que contiennent leurs atmosphères, oxygénation de laquelle sont produits les effets divers de la pesanteur
ou attraction ; car la première conséquence que vous devez
tirer de ma théorie est que le degré d'attraction, c'est-à-dire
de pesanteur des solides, doit-être considéré comme venant
de la combinaison chimique de leurs atmosphères, ou autrement dire] de la quantité d'oxygène que ces solides contiennent dans leurs atmosphères.

— Oh ! pour le coup, vous dérivez furieusement de la ligne du bon sens ! Ce serait donc par leurs atmosphères que
les solides seraient pesants.

— Oui et non; car les solides sont pesants ou attracteurs
par deux modes différents. Rappelez-vous que je vous ai
avancé qu'un solide contenait d'autant moins d'oxygène en
combinaison qu'il avait ses pores plus serrés, c'est-à-dire qu'il
était plus dense, et que son appétence croissait pour l'oxygène comme augmentait sa densité, mais que son oxydabilité
diminuait dans le même rapport de l'augmentation de sa
densité.

» De ces conséquences je tirerai donc cette conclusion :
qu'un solide se laisse d'autant moins pénétrer par l'oxygène
de son atmosphère qu'il est plus dense; mais que son appétence pour l'oxygène, c'est-à-dire sa puissance attractive
pour cet élément étant proportionnelle à cette densité, la
pesanteur de ce solide, effet de cette appétence, doit augmenter comme augmente cette appétence, et ainsi comme
augmente la densité qui la produit.

» Retenez bien ceci, car c'est sur ces quelques principes
que repose la base de la théorie nouvelle que je veux imposer

aussi bien aux mouvements des globes célestes qu'aux phénomènes électro-magnétiques.

— Mais avant de pousser plus loin, je vous demanderai des preuves à l'appui de la vérité de ces principes.

— Je suis prêt à vous fournir ces preuves. Prenons les métaux et les demi-métaux pour comparaison. Quel est en ordre croissant le degré d'affinité et d'oxydabilité des métaux et demi-métaux ? il est :

1. PLATINE.	4. PLOMB.	7. CUIVRE.	10. COBALT.
2. OR.	5. ARGENT.	8. ARSENIC.	11. ÉTAIN.
3. MERCURE.	6. BISMUTH.	9 NICKEL.	12. FER.

» Et comme l'appétence de ces métaux et demi-métaux pour l'oxygène suit ce même ordre, mais décroissant, leur puissance attractive, c'est-à-dire leur pesanteur résultant de cette appétence, doit suivre ce même ordre décroissant, et il doit en être de même de celui de leur densité ? Vous savez qu'il en est réellement ainsi ; que leur pesanteur comme leur densité suit cet ordre décroissant, comme leur oxydabilité et affinité suit cet ordre croissant :

1. PLATINE.	4. PLOMB.	7. CUIVRE.	10. COBALT.
2. OR.	5. ARGENT.	8. ARSENIC.	11. ÉTAIN.
3. MERCURE.	6. BISMUTH.	9. NICKEL.	12. FER.

» Mais quelque puissante que soit l'appétence des premiers pour l'oxygène de leur atmosphère, la grande densité qu'elle produit en rendant leurs molécules très-peu ou pas du tout oxydables, c'est-à-dire se laissant très-peu et ou pas du tout pénétrer par l'oxygène, il résulte de cette dernière conséquence que l'atmosphère des corps les plus denses et ainsi les plus pesants, quoiqu'ils aient la plus grande appétence pour l'oxygène, est de toutes les atmosphères des autres substances de la nature celle qu'on peut le plus facilement enlever à leurs solides ; car elle y est la moins adhérente, en ayant toutefois égard à la différence de dureté des corps, laquelle apporte aux métaux durs une diminution dans l'adhérence de leurs atmosphères.

» Ainsi, en faisant entrer dans les calculs la différence de leur densité ou poids avec leur dureté, le fer, le nickel, le cobalt et le manganèse sont de tous les métaux et demi-métaux, ceux dont l'atmosphère est la plus adhérente à leur surface; aussi sont-ils les seuls magnétiques, car c'est en raison de cette très-grande adhérence de leurs atmosphères sur leurs surfaces qu'ils peuvent acquérir la propriété magnétique : ils sont par cette même cause atmosphérique moins bons conducteurs de l'électricité que l'or, l'argent et le platine, etc.

— Bien, je prends note de ceci; nous y reviendrons. Mais avant, dites-moi comment peut se produire la pesanteur d'un corps qui, tel qu'un métal, l'or par exemple, ou bien notre planète, possède une atmosphère dans laquelle abonde l'oxygène, cause de son attraction ou de sa pesanteur, ainsi que vous le prétendez?

— Comme cet oxygène de l'atmosphère de l'or, par exemple, ne peut satisfaire l'appétence du métal, puisqu'il ne peut le pénétrer et s'unir à lui, il est pour ce métal comme s'il n'existait pas, c'est-à-dire que ce dernier est toujours dans une appétence extrême d'oxygène qui lui donne sa puissante attraction, et le fait peser sur la masse de matière qui contient la plus grande quantité d'oxygène dans sa combinaison, masse qui est la planète sur la surface de laquelle il se trouve; car tous les globes célestes doivent être de même que notre terre, des masses que constituent des oxydes métalliques, lesquelles attirent vers leurs centres tous les métaux et toutes les autres substances avec d'autant plus de puissance que ceux-ci sont plus purgés d'oxygène, c'est-à-dire qu'ils ont plus d'appétence pour cet élément.

— Ainsi, à volume égal, les corps pèsent d'autant moins sur la terre qu'il rentre plus d'oxygène dans leur combinaison?

— Les oxydes métalliques, les sels, les substances végétales toutes à base carbonique et ainsi renfermant beaucoup d'oxygène, et les substances animales, vous donnent l'affirmative.

— Mais alors les substances les plus oxygénées devraient être les plus légères?

— Non pas; je veux vous dire seulement qu'à volume égal les métaux à l'état d'oxyde sont bien moins lourds qu'à leur état métallique, voilà tout. Mais ces corps oxygénés pèsent encore par un autre mode. L'oxygène qui sature une substance ne peut avoir, par son excès même, toute sa capacité attractive, c'est-à-dire son appétence, absorbée par les molécules de cette substance avec lesquelles il est en combinaison; il lui reste encore beaucoup d'appétence pour tout autre élément. En effet, ce n'est que lorsqu'une substance contient de l'oxygène et en est chargée surtout, ce n'est que lorsqu'un métal est à l'état d'oxyde qu'ils peuvent rentrer en combinaison.

» Dans un oxyde métallique, l'oxygène qu'il contient ne se trouve donc pas entièrement absorbé par la base métallique, et il conserve encore assez d'appétence et de capacité pour enlever du calorique à l'atmosphère planétaire, pour le retenir en demi-combinaison avec lui autour de l'oxyde métallique et procurer ainsi à ce dernier une atmosphère dans la combinaison de laquelle le calorique est en excès.

» C'est cette constitution de l'atmosphère de l'oxyde qui rend ce dernier pesant sur la terre; car la masse de notre planète n'est qu'un composé d'oxydes métalliques, substances chargées d'oxygène, qui par cette raison ont une grande appétence aussi bien pour le calorique de l'atmosphère du globe que pour celui des atmosphères des corps qui reposent sur la surface de la terre; ainsi, on peut dire que les substances chargées d'oxygène sont pesantes et attractives, en raison du calorique que contiennent leurs atmosphères, par la somme d'oxigène des oxydes métalliques qui constituent notre planète; de même que les solides dépouillés d'oxygène le sont par la même somme d'oxygène de la masse de la terre.[1]

— De cette conséquence, il résulterait que les atmosphères des globes célestes, ainsi que celles des solides de la terre, seraient les véhicules de leurs attractions, et que ces attractions se feraient par deux modes bien distincts : l'un par le calorique et l'autre par l'oxygène?

— Telle est mon opinion. Vous, partisan des calculs erronés de Laplace sur les degrés de température et de lumière que chaque planète reçoit du soleil, vous ne pouvez pas vous refuser à croire que le soleil nous expédie de sa surface une certaine quantité de fluide lumineux; la réflexion de cette lumière par la lune est là pour l'affirmer. Or, qu'est-ce que c'est que le fluide lumineux, s'il n'est pas, comme je vous le démontrerai plus tard, une épuration du calorique, une sublimation de cet élément?

» S'il en est ainsi, le soleil attire donc les planètes vers son centre par les rayons de lumière qu'il lance dans l'espace; car ces rayons qui constituent un élément des couches de son atmosphère, sont d'une matière pour laquelle les masses planétaires, toutes composées de masses d'oxydes métalliques, sont toujours dans un état de grande appétence.

» Ainsi, les globes planétaires pèsent sur le soleil de toute l'appétence de la somme de l'oxygène qu'ils renferment pour le grand dégagement de calorique qui se fait éternellement sur la surface solaire. Les atmosphères des planètes et celle du soleil sont les véhicules de cette force d'appétence; les atmosphères planétaires et solaire, toutes par la somme d'oxygène et de calorique qu'elles contiennent, forment ainsi un entrelacement de puissance auquel aucun globe ne peut échapper, vu que tous sont formés de dépôts d'oxydes métalliques.

— Je ne sais où, diable, vous allez chercher toutes ces choses nouvelles! il semble que vous prenez à tâche de tout bouleverser dans le monde de la science, et de faire *virer cap pour cap* l'esprit humain!

— Ce que j'avance est prouvé par l'observation. Quelle est l'influence chimique des rayons lumineux du soleil? la désoxydation. Or, si quelques rayons épars de l'atmosphère solaire dont la puissance désoxydante est si forte qu'elle fait révifier certains oxydes métalliques, ont une si grande appétence et affinité pour l'oxygène, quelle ne doit pas être le résultat de l'effet total des rayons solaires qu'une planète intercepte par sa surface sur la masse d'oxydes métalliques qui la constituent? Cette appétence ne peut exister sans engendrer une attraction de la planète entière vers le centre du soleil?

— Si des rayons de la lumière solaire sont désoxydants, il y en a aussi d'oxydants. Répondez à cette difficulté, si cela vous est possible. Vous hésitez?

— Nullement. Ce n'est pas une difficulté que vous m'offrez là; c'est, au contraire, l'occasion de vous démontrer tout le triomphe de mon système sur les systèmes anciens. Sont-ce bien des rayons provenant d'un fluide émané de la surface solaire ces rayons oxydants et échauffants en même temps, comme vous le savez? N'ont-ils pas une puissance d'illumination trop petite pour les croire émanés du soleil, lorsque les rayons désoxydants sont, au contraire, très-lumineux et très-peu échauffants, comme doivent l'être, en effet, des rayons de lumière traversant un milieu absorbant la sensation de la chaleur, et aussi grand que l'est le milieu qui sépare notre planète du soleil, et quelques chauds que ces rayons fussent supposés à la surface du soleil?

» D'ailleurs en chimie, qu'est-ce que la production de la chaleur? une combustion réelle, c'est-à-dire une ségrégation du calorique et de l'oxygène de l'atmosphère du corps en combustion, laquelle n'est, effectivement, qu'une oxydation du corps, c'est-à-dire une absorption par ce corps de tout l'oxygène ségrégé de son atmosphère.

» Comment peut-on croire que le fluide lumineux que les planètes reçoivent du soleil ait en lui et exerce simultanément les deux propriétés opposées, qu'il soit tout à la fois oxydant et désoxydant, calorifique et frigorifique? son pouvoir désoxydant se comprend, car la lumière est, comme je vous le démontrerai, le calorique au *minimum* d'oxydation, qui est le feu lorsqu'il est totalement dépouillé d'oxygène; elle tente toujours, par son appétence pour l'oxygène, à rentrer en combinaison avec lui. Elle est donc de sa nature frigorifique et essentiellement désoxydante. Il lui est impossible d'être oxydante et ainsi d'abandonner l'oxygène qu'elle n'a pas encore ; car pour le peu qu'elle en absorbe, elle change de propriété : elle passe insensiblement au fluide magnétique, électrique, et sa saturation d'oxygène la rend gaz oxygène.

» Il n'y a donc que dans cette dernière combinaison qu'il lui soit possible d'abandonner de son oxygène ; mais alors elle n'est pas fluide lumineux, elle est gaz oxygène ; et si elle redevient fluide lumineux, ce n'est plus qu'en se ségrégeant de son oxygène, phénomène qui ne peut se produire sans qu'il y ait en même temps oxydation des corps ambiants et dégagement de chaleur, qui n'est autre chose qu'une combustion.

» Mais il n'est pas besoin que le soleil nous envoie de cette lumière oxygénée, c'est-à-dire du gaz oxygène : notre atmosphère en est assez pourvue pour lui éviter cette charge, qui d'ailleurs serait de toute inutilité ; car comment ce gaz oxygène, expédié de si loin et de sa nature invisible, pourrait-il devenir lumineux, et ainsi se ségréger de son calorique, une fois rentré dans l'atmosphère de la terre, afin d'y produire lumière et chaleur ?

» Non ; toute la chaleur et une certaine portion de la lumière que l'action du soleil produit dans notre atmosphère planétaire, ne sont nullement le produit de l'émission d'un fluide par le soleil, mais bien le résultat d'une action physique sur les gaz atmosphériques, tel qu'en peut produire une compression puissante et brusque de ces gaz, de laquelle soit possible la ségrégation de l'oxygène et du calorique du gaz oxygène atmosphérique, ségrégation qui seule peut produire le phénomène d'un fluide calorifique tout à la fois oxydant et lumineux, tel que l'est celui qu'engendre journellement l'action solaire, et qui n'est, en langage chimique, qu'une combustion atmosphérique, mais faible et lente.

— C'est un déluge de nouveautés que tout ce que vous me dites-là ; je ne sais plus où tourner de la tête : mon esprit se noie au milieu de cette richesse. Permettez que je me recueille un peu..... Vous m'avez fait entrevoir dans les corps deux genres d'atmosphère : dans celle des uns vous prétendez que domine l'oxygène, tandis que dans celle des autres c'est le calorique qui l'emporte dans la combinaison atmosphérique. Si cela était réellement, ce serait un grand jour sur les phénomènes électriques et magnétiques.

— C'est une demande indirecte de vous donner quelques preuves à cette théorie, que vous me faites-là. Je ne veux pas que vous restiez même sur le doute; je prétends vous convaincre. Je suis audacieux, peut-être ? mon état de marin m'excuse; j'en ai contracté l'habitude depuis longtemps auprès de vous, messieurs d'Amérique. Mais avant de traiter de ma nouvelle théorie magnétique et électrique, j'ai bien des choses à vous démontrer.

— Je vois que vous êtes loin d'être au bout du filin de vos découvertes.

— Pour le moment je suis au bout de mon quart *d'en haut,* et vous savez que je suis trop avare du temps du repos pour que je veuille en perdre une seconde à quelque discussion que ce soit : donc, bonne nuit, Capitaine! — Ho! de l'avant! ho! *pique huit!* »

Huit coups saccadés sur la cloche du navire, auxquels succède un long tintement, dont les sons aigres courent se perdre au loin sur les flots sans écho, avertissent l'équipage que le quart de minuit est terminé.

Au bruit de la cloche a succédé la voix rauque d'un matelot qui, la tête penchée sur le capot de l'avant, stimule la paresse des hommes endormis à l'entrepont, lesquels doivent nous relever du service du navire. — Ho! ho! basbordais! ho! *de bouttt!...* »

Je vois dans ce moment monter sur la dunette, d'un pas incertain et trop tardif, mon successeur au banc de quart. Il semble en lutte avec une puissance qui l'étreint : Morphée réclamait sa proie, qui secouait ses lourds pavots avec cette peine intérieure que quiconque ressent lorsqu'il est forcé de

se tenir éveillé quand il éprouve encore le besoin de dormir.
De toutes les petites misères de la vie du marin, je fus toujours le plus sensible à celle-ci. C'est en se frottant rude-
ment les yeux que le nouveau commandant de quart reçut
de moi le transfert de l'autorité à bord.

Déjà notre capitaine, sans doute fortement prédisposé au
sommeil par ma longue narration, s'était retiré dans sa cabine, et j'allais en faire autant. Mais que vois-je! le lecteur,
l'œil rouge et baigné de larmes nées de ses longs bâillements,
s'interpose à mon passage!

— Halte-là! monsieur le barbouilleur de papier; tu as en-
vie de dormir? tant mieux! il y aura peine du talion; je me
vengerai par le même supplice que tu viens de m'imposer en
me forçant de me tenir éveillé par une vaine curiosité, lorsque d'un côté tu fis tout pour m'exciter au sommeil... Ah!
traître, pour mieux tromper ton monde, tu embouches la
trompette la plus sonore, et avec une assurance toute charla-
tanesque, tu t'écries : « Je vais vous montrer des choses sans
pareilles et qui n'ont jamais paru; les Newton, les Washing-
ton ne sont que des écoliers! » et au lieu de ces grandes
choses que j'espérais de toi, comme les peuples espéraient
encore hier des économistes politiques, je trouve toujours
zéro d'application.

» Mais, par exemple, tu bouleverses tout ce qui a été dit
et reçu jusqu'ici dans la science. Tiens, ton génie est aussi
lourd qu'il est sottement orgueilleux. Voyant son impuissance à s'élever dans les sphères hautes de l'intelligence, et
chacun de ses élans lui valoir une chute, il veut au moins
à chaque fois en tombant battre de son aile pesante les monuments des gloires anciennes, espérant dans sa vaine fureur
faire croire à sa puissance en prétendant tout détruire, lui
qui ne peut rien édifier.

— Ami lecteur, lorsque tu vois les terrassiers, la pelle sur
le dos et la pioche à la main, se rendre au milieu d'un parc,
déraciner les arbres et creuser de larges fossés, tu ne les trai-
tes pas de destructeurs et de fous, quoiqu'ils anéantissent

de frais ombrages et qu'ils bouleversent la terre ; parce que tu sais que leurs travaux, détruisant des choses qui, quoique regardées comme belles jusqu'alors, sont nécessaires pour l'édification du palais qu'on va élever dans ce lieu ; parce que tu sais qu'à la place de ces frêles berceaux , de ce feuillage éphémère, vont se dresser de solides murailles et des voûtes éternelles.

» Lorsque tu vois le maçon, succédant au terrassier, combler de pierres brutes les fossés creusés par ce dernier, tu ne dis pas : » qu'avait-on besoin d'établir ces précipices pour les fermer ainsi de pierres ? » Tu ne dis pas cela, parce que tu sais que ces travaux sont indispensables à la construction de tout édifice, et qu'ils en sont les fondements. Il en est de même des pages brutes et presque incohérentes que tu viens de lire et dont je te réserve encore quelques-unes ; elles forment les fondements du nouvel édifice de la science moderne.

MOUVEMENTS MAGNÉTIQUES.

DEUXIÈME QUART.

MOUVEMENTS MAGNÉTIQUES.

De quatre heures à huit heures du matin.

Il est quatre heures du matin. La nuit est noire, comme elle l'est toujours sous les tropiques lorsque la lune est sous l'horizon. Les étoiles, qui au premier quart brillaient au Zénith, sont descendues vers l'occident, et à l'orient d'autres s'élèvent. Parmi ces dernières, Sirius, glorieuse reine de l'empire des étoiles, brille au milieu du céleste cortége de ses compagnes d'honneur, et s'avance majestueuse vers le Zénith, où l'astrologue voit le trône du Très-Haut. Je saluai le lever de cette noble fille du ciel, dont le front virginal est ceint d'une couronne radieuse.

Les premiers rêves de mon enfance furent pour les étoiles, et depuis j'ai toujours eu pour elles un culte presque religieux. Leur vue me plonge dans une sainte contemplation, dont le charme comble mon être. Dans ce moment j'ai toujours repoussé avec une indignation fébrile cette proposition, à laquelle, hélas ! ma profession de marin m'expose trop souvent, la proposition de mesurer la hauteur d'une étoile au-dessus de l'horizon ; car je considère alors comme une profanation l'œuvre de faire, quoique facticement, toucher du pied le limon de notre monde à ces filles du ciel, en les faisant tomber à l'horizon à l'aide de la perfidie du cercle réflecteur. Aussi, en récompense de ce respect à leur céleste pudeur, ces nobles vierges m'envoyèrent toujours au cœur leurs plus douces rêveries.

Dans ces moments d'extase, les étoiles ne sont plus pour moi des masses globuleuses enveloppées d'une lourde atmosphère, mais bien de douces enfants du ciel idéal, toujours revêtues de la robe virginale, toujours légères et vaporeuses comme la première pensée d'amour. Dans cet instant de délire, elles se montrent à moi avec les charmes que les rêves du cœur prêtent à la fiancée, cet élément de la vie de l'âme.

Lorsque la science n'avait pas encore brisé le prisme de l'idéal, lorsqu'elle n'était pas encore venue dire à nos pères, dans ses froids calculs, que ces étincelles du feu céleste et éternel qui brillent au firmament, étaient des globes immenses de matière brute et grossière, l'homme s'était demandé ce qu'étaient les étoiles. Comme il ne pouvait en définir l'origine et le but vrai, il en fit, comme il fait toujours des choses qu'il ne peut comprendre, des êtres merveilleux, des génies divins. Le merveilleux engendre la poésie : heureuse serait l'humanité si l'homme s'était contenté de cette mère de l'illusion, et s'il ne lui avait pas donné pour frères le fanatisme et le fatalisme, qui engendrèrent la superstition. Une fois que fut admise la croyance qui faisait des étoiles autant de génies, autant de glorieuses filles du ciel, l'homme porta les aspirations les plus saintes de son cœur vers ces vierges immortelles. Il faisait choix d'une d'elles pour se lier par des fiançailles spirituelles.

» Au travers du prisme de l'imagination, sa pieuse rêverie lui faisait voir dans son étoile adoptée la vierge céleste, ange gardien qui, la tête saintement penchée sur le sein de Dieu, présidait aux destinées de son époux terrestre. Son interprète auprès de la Toute-Puissance, elle était pour son époux mortel le génie veillant à ses besoins, consolant ses douleurs dans son voyage sur cette terre d'exil jusqu'à l'instant où, se dépouillant de son enveloppe matérielle, il retournerait rejoindre dans le sein de Dieu cette épouse de son âme. L'homme pouvait se croire alors réellement, à l'aide de ces rêveries, que le prêtre avait grand intérêt de conserver et de faire même surgir en lui, un pauvre exilé du ciel où se trouvait sa famille divine, la seule que son orgueil le portait à croire vraie. Qu'était alors pour lui cette terre, mère dédaignée qui ne cessait malgré son ingratitude de lui prodiguer ses dons? un tas de boue!... qu'était pour lui la famille? de vils étrangers qu'il avait hâte de quitter... Sa patrie? elle était au ciel...

Et cependant quelle riche poésie ces erreurs ne renfermaient-elles pas? elles brûlaient le cœur, si elles ne le satisfaisaient pas. L'illusion tenait lieu de la réalité que l'homme ne pouvait encore trouver. Mais dès que les dernières découvertes de l'astronomie le forcèrent à soumettre cette croyance religieuse aux calculs des mouvements du ciel, l'homme, qui s'attendait à trouver la réalité de ses rêveries, ne rencontra que des déceptions qui devinrent l'élément froid et condensant de l'effervescence de son cerveau; et ses rêves les plus expansifs tombèrent sur le limon, comme tombent les vapeurs d'eau sous l'influence d'un courant glacial.

C'est alors que l'homme de notre siècle est sur la terre de nouveau déchu. Pauvre déshérité! il n'a plus foi dans cela même que ses pères regardaient comme plus saint. Képler, Galilée, par la puissance de leur science, ont brisé le magique cristal de ses illusions. Son enfance est nourrie par le prêtre dans la croyance sacrilége que le bonheur n'est pas de la vie terrestre, et que c'est au ciel où il doit le trouver! jeune homme, la science lui fait du ciel un néant. Néant!... partout il lit ce mot fatal; la nature le lui répète sans cesse dans les destructions successives des générations; et son âme reçoit l'écho de ce cri de mort.

» Le néant, la mort, la mort absolue, la mort de l'âme, ils sont là, planant sur sa tête; ils le touchent de leurs ailes froides et l'enveloppent d'un linceuil éternel! « Rien de notre vie! rien après notre mort, s'écrient les hommes! nous ne

sommes donc rien ! » Et, fous de la folie que donne la rage
du désespoir, les uns sourient au néant même, et doutent de
leur propre existence ; d'autres se disent : » Puisque la vie
est le prélude de la mort, que la vie soit une orgie qui nous
fasse oublier la mort ! » Et Pyrrhon et Épicure se partagent
le monde.

Quoi ! c'est au prix de toute la poésie du cœur, c'est au
prix de notre croyance à un bonheur futur et éternel, que
nous payons l'astronomie, la science de la réalité ! Si nous
ne pouvons plus croire aux mystères de l'astrologie, nous
ne pouvons plus aussi avoir ses anges célestes : nous mêmes
brisâmes leurs ailes !

Le ciel n'a plus de rêves pour nous ; la réalité nous fait de
lui l'océan de l'infini dans lequel nagent, comme des îles flot-
tantes, des sphères de masses condensées, qui sont pour leurs
habitants des prisons éternelles de l'âme.

Au ciel idéal a succédé le ciel de plomb du positif. Oh !
Adam ! Adam ! toi que l'histoire nous donne pour le premier
astronome, tes successeurs ont fait aussi la fatale expérience
que les fruits de la science sont des fruits bien amers. Ils
apportent la mort à l'âme.

C'est en vain que maintenant l'esprit humain cherche à
déployer les ailes de son antique idéal : l'astronomie les lui a
coupées pour toujours. Ses élans vers le ciel de la métaphysique ne sont plus que de ridicules déceptions ; et toujours
il retombe lourdement sur le limon. Rêves, théologie, morale de la vie de nos pères, si poétiques, mais si illusoires,
tout se revêt du lourd manteau de la matière.

L'homme n'a plus à s'occuper du ciel idéal ; il n'y en a
plus, il ne peut plus y croire. Ce n'est plus dans la métaphysique qu'il peut retirer la puissance de son existence
supérieure ; mais c'est la matière seule qu'il doit interro-
ger : c'est le scalpel d'une main et l'alambic de l'autre qu'il
doit arracher de son sein et demander à ses éléments isolés
comme les membres détachés d'un cadavre, les lois mystérieuses des mouvements qui donnent la vie et que le créa-

teur déposa en elle pour tout régir. Constitution sociale, religion, vérité, tout, Dieu est là, renfermé dans la matière.

Captif sous les charmes d'une de ces nuits splendides qu'on ne trouve qu'aux tropiques, je rêvais ainsi, le bras appuyé sur le mat d'artimon et le regard fixé sur l'étoile Sirius; tandis que notre navire, glissant silencieux sur les flots, m'emportait au loin sur la surface de l'Océan. Tout-à-coup me monta au visage la honte de m'avoir vu un instant regretter les erreurs astrologiques dans la perte de la poésie qu'elles apportaient au cœur. Quoi! me disais-je, à la pensée de ce délire d'un instant, ce spectacle sublime du ciel des fixes aurait-il toujours le privilége de séduire l'homme et de l'égarer? Lorsqu'on est soi-même son juge, on trouve des causes atténuantes à sa faute : l'isolement spirituel où j'étais alors, m'apporta une excuse.

« Il n'est pas bon que l'homme soit seul, fait dire à Dieu l'Ecriture sacrée. » C'est depuis cette découverte que fit le Dieu de Moïse, que sans doute l'homme veut toujours s'identifier à tout ce qui l'entoure, et que, pour éluder son isolement, il converse avec les œuvres de la création. S'égare-t-il dans les forêts? il parle aux arbres, à la feuille qui tombe, à la fleur qui naît. A qui, si ce n'est aux étoiles qui flottent au-dessus de sa tête, le marin, perdu la nuit dans les déserts de l'Océan, adressera-t-il la poésie de son âme? Sa pensée s'égare et se perd lorsqu'il la lance sur l'immensité des flots pour aller caresser sa mère et sa bien-aimée.

C'est au ciel, dans le groupe d'étoiles les plus radieuses, qu'il se plaît à les retrouver par les feux de son imagination. L'étoile disparaît : à sa place se peint le visage d'une personne chère; dans la beauté de son éclat virginal, il revoit le front blanc et pur de son amante; elle lui sourit! oh, merci! Ce prestige d'un instant, qu'il paierait d'une année de sa vie, trompe l'absence, et fait oublier son exil. Il n'est plus seul, le pauvre marin, sur la plaine de l'Océan; il se croit encore au sein de sa famille : il la voit au ciel. Ce n'est pas là de l'astrologie, me disais-je, c'est un débordement du trop plein du cœur. Il y a loin de cette ruse sainte pour tromper l'isolement à la cause impure de cette astrologie qui tint si long-temps l'espèce humaine captive sous ses vaines terreurs.

Si la poésie servit que trop bien l'astrologie, la poésie n'en est cependant pas la mère. Depuis l'instant que l'homme put penser, il peupla de génies le firmament, porté à cette croyance par la naïveté et l'égoïsme de son enfance : car l'espèce humaine a, comme chaque être en particulier, ses âges ; et les premiers siècles qui servirent à la production de l'homme intellectuel, marquent la période de son enfance. L'égoïsme est l'esprit de ce premier âge de la vie, comme la générosité et l'abnégation sont les vertus de la jeunesse virile.

Les premières générations humaines, ainsi que le font les enfants, poussées par leurs aspirations vers la vie, voulaient, dans leur naïveté puérile et leur égoïsme, s'approprier tout, de l'infini même. Le premier homme crut que le firmament et ses feux n'avaient été créés que pour lui, lui seul, pour ses besoins et ses agréments. Combien alors ne s'égarait-il pas ! Aussi, de cette pensée, la première de toutes les pensées philosophiques, la mère de l'astrologie qui servit de base à toutes les doctrines religieuses et politiques, sont découlées les plus étranges erreurs sur les principes qui doivent régir la société humaine, et qui pour fruits n'eurent que des crimes et des réactions sanglantes. Nos philosophie et théologie modernes sont encore trop entâchées de ces erreurs, pour qu'on ne puisse pas trouver dans la foule des préjugés qu'elles colportent chez les peuples cette origine astrologique et impure.

Jusqu'à Képler, les étoiles, sauf pour un très-petit nombre de savants à qui la crainte des tortures du supplice fermait la bouche, furent pour l'homme le moins exalté des lampes éternelles suspendues à la voûte du firmament. Mais pour le poète, pour les têtes à qui il faut du merveilleux pour croire, elles étaient loin d'être des lampes célestes ; c'était dans chacune d'elles le feu divin des regards que tournaient avec amour ou avec colère des génies immortels.

Bientôt dans une de ces étincelles du feu céleste, essence présumée de la divinité même, l'homme prétendit reconnaître l'être idéal, que les rêves du cœur revêtent toujours des formes gracieuses de la beauté féminine ; et les étoiles devinrent à l'imagination déréglée de l'homme les immortelles d'un ciel idéal, vierges saintes vers une desquelles le portaient les aspirations de son âme, et qui, en récompense de son culte idolâtre, lui promettait de lui faire partager son immortalité dans un hymen spirituel.

Dès lors la fille d'Eve eut une rivale préférée, rivale terrible, pour qui son époux épuisait les plus purs épanchements de son cœur, dont les sources ne tardaient pas à se dessécher ; car la fille du ciel était insatiable dans son orgueil jaloux. La vierge de la terre, pauvre délaissée, n'avait plus alors d'époux que par la chair : hymen impudique qui la marquait au front du mépris de son origine mortelle. L'épouse de l'âme était au ciel.

Se perdaient ainsi pour un être fantastique ces saintes émanations dont Dieu enrichit l'homme intellectuel, afin que par elles il ne puisse toujours voir la compagne de sa vie que couverte des charmes que la vue du cœur prête à l'être qu'il veut aimer.

Aussi, pour son amant quel, parfum de félicité céleste ne s'émane-t-il pas autour de la vierge de la terre ! La fille imaginaire du ciel ne lui emprunte-t-elle pas ses formes et sa beauté, afin que, revêtue de ses charmes purs, elle puisse mieux séduire l'homme dans son adultère commerce ?

Interrogez le jeune homme qui n'a pas encore usé son âme au contact des erreurs de la société ; son cœur est vrai, car en lui parle la voix de Dieu même. Interrogez son âme, Dieu vous répondra par elle. Par lui est-il un être plus saintement vénéré que la jeune fille, sa sœur en l'humanité ? il n'est pas de divinité qu'il entoure d'hommages plus sincères et plus désintéressés !

C'est qu'il n'a pas encore perdu, au contact des vices sociaux, ce respect saint inné en lui pour la compagne de sa vie ! C'est qu'il possède encore cet organe mystérieux que la Fable fait troquer au premier homme contre la science, organe qui ne lui permet pas encore de voir la nudité de l'humanité.

Heureux! mille fois heureux est l'homme dont le cœur peut encore retrouver la femme au milieu des parfums de ce nuage magique dont Dieu la revêtit en la créant, et qui primitivement lui donnait une auréole de pudeur et de douce gloire. Le respect, semblable à celui que demande une sainte chose, et l'amour qui fait vivre l'âme peuvent seuls rendre aux filles d'Eve la couronne de pureté et de gloire fatalement perdue par leur mère.

Oh! femme, vierge de la terre, n'es-tu pas la réalité de cet ange que rêve le cœur, et que nos pères demandaient en vain à un ciel idéal? Combien était grand alors l'aveuglement de l'homme des siècles passés, qui ne pouvait comprendre qu'il était là, à ses côtés, dans sa couche, partageant par amour pour lui ses misères et ses joies, cherchant dans ses embrassements de feu à faire descendre sur lui la céleste volupté qu'il demandait inutilement à un être imaginaire!

Si l'homme abandonna toujours l'élément de son bonheur réel pour courir après une ombre, c'est que sa pensée, trop orgueilleuse, divorça avec la matière.

C'est en vain que, depuis le moment fatal où le bien-être matériel de l'homme s'enfuit avec le Paradis terrestre, une myriade de philosophes se mirent à sa recherche. Comme à la fin de leur existence, consommée à ce pénible labeur, ils ne trouvèrent aucun de ses indices, tous prétendirent qu'il avait péri avec le Paradis terrestre dans un naufrage commun; et tous se dirent dans leur désespoir : « l'homme a été maudit avec ses générations! » Et toutes les générations des siècles répétèrent : « nous sommes maudites! » Croyance sacrilége qui, en jetant le découragement dans l'âme de l'homme, lui voila constamment cet aphorisme qui recèle en lui seul toute l'essence de la félicité intérieure de l'homme :

Vivre par le cœur, et non par l'esprit.

Longtemps je philosophai de la sorte avec moi-même, laissant ainsi mon imagination vagabonder dans les champs de la métaphysique. Il est des gens, et ils sont nombreux en France, qui confondent toujours esprit et raison, et veulent des deux ne faire qu'un. Je crois qu'ils tombent dans la même méprise qu'eurent les premiers hommes de l'Europe et les Américains, lorsqu'ils virent pour la première fois des cavaliers sur leur monture. La raison et l'esprit sont un centaure, un être composé de deux êtres superposés l'un sur l'autre, et qui, pour le vulgaire, ne forme qu'un.

L'esprit est le véhicule de la raison; il a toute l'impétuosité et l'ardeur du coursier, et comme lui il se précipite, tête baissée, au milieu des plus grands dangers, sans que dans son audacieux courage il ait la pensée qu'il peut en être victime. La raison est son cavalier, qui d'une main savante peut seule lui donner le frein et le guider. C'est alors que raison et esprit, ainsi réunis, forment ce bel être, cette puissance double qui semble n'en faire qu'une, l'intelligence mariée à la force, et qui paraît être chez l'homme la réflexion de la Divinité.

Ainsi ma raison paresseuse avait, descendue de sa monture, jeté la bride à mon esprit; et le lecteur a pu voir que le drôle profitait du sommeil de sa maîtresse pour s'ébattre à son aise dans la plaine de l'idéal.

Je me récréai moi-même à lui voir faire ses gambades grotesques, prendre des élans impétueux qu'arrêtait spontanément un caprice, la distraction d'une vapeur légère; lorsque l'image du capitaine, se dessinant dans l'ombre, me rappela subitement de ces extases, qui donnent le *specimen* de la folie humaine. A cette vue, ma raison se redressa avec l'empressement inquiet du soldat surpris dans son sommeil par l'ennemi. Du regard elle rappelle de l'idéal le libertin, et celui-ci vole vers sa maîtresse, ploie le genou devant elle, puis se redresse, fier du noble poids qu'il porte; et raison et esprit, le moi intellectuel, sont prêts à recevoir les attaques ennemies et à y répondre. Le capitaine commença ainsi.

— Savez-vous la conséquence qu'il me semble devoir être retirée de la révolution que vous voulez introduire dans les sciences?

— Je sais qu'il doit vous coûter de croire à tout autre système qu'à ceux que vos professeurs vous ont donnés comme l'*ultima* des connaissances humaines. Je ne doute pas que l'opinion que vous pouvez jusqu'ici retirer de ce que je vous ai annoncé ne soit nullement flatteuse pour moi.

— Dans ma franchise de marin, je vous dirai qu'il y a des moments où je me surprends à penser que vous pourriez bien être un *blagueur*. Pardonnez-moi cette expression : à la mer elle est excusable.

— Elle est, en effet, un peu à la matelotte.

— D'après tout ce que vous me promettez, je dois vous prendre, de deux choses l'une, ou pour un hâbleur, ou pour un génie universel ; car vous prétendez généraliser toutes les sciences humaines, les lier l'une à l'autre pour ne plus en former qu'une de laquelle toutes les autres ne seraient que des accessoires, des mouvements secondaires sortis d'un moteur unique. Une telle entreprise demande pour son exécution toute l'intelligence d'un Dieu : elle est au-dessus des forces humaines. Croire que nous puissions atteindre à cette perfectibilité, ce serait croire qu'il peut un jour s'établir sur la terre une constitution sociale où l'égalité serait absolue, où les misères et les crimes humains seraient impossibles ; ce serait croire à des utopies.

— Pauvre aveugle !

— Hein ?

— Je parle de l'esprit de notre siècle qui se donne le nom de lumineux, et dont vous venez de me tracer dans vos dernières paroles l'orgueil stupide et l'impuissance. Nos savants et nos politiques (1) se tiennent par la même erreur ou plutôt par le même égoïsme. Pour eux tout est connu, tout est bien, parce que le génie des premiers ne leur fait pas entrevoir qu'il y a encore beaucoup à connaître, et parce que les yeux

______

(1) Je m'empresse d'en excepter quelques-uns, malheureusement trop peu nombreux, qui, par leurs nobles travaux et leur glorieux désintéressement, prouvent qu'ils sont des hommes de science et de bonne philosophie.

des seconds sont trop assoupis par l'orgie politique pour qu'ils puissent voir les misères plébéiennes. Croyez-vous qu'il puisse y avoir des bornes à la science humaine, et que nous soyons déjà parvenus à sa dernière limite? Les misères, les crimes qui rongent le sein des sociétés humaines me répondent non.

» Quoi! un Dieu aurait créé l'humanité, qui ne lui demandait pas l'existence, afin d'avoir l'infâme plaisir d'exercer sur elle une cruauté éternelle que rien n'explique? car ce serait une cruauté horrible que de produire des êtres pour qu'ils souffrent d'incessantes douleurs. Quoi! Dieu, la puissance par excellence, serait jaloux? il redouterait de sa créature, de l'homme, une rivalité à sa toute-puissance? il aurait dit au génie humain : tu ne dépassera pas telle limite; car en la franchissant tu pourrais devenir autant que moi!

» Non, non, il ne peut en être ainsi! Prêter un tel sentiment au créateur, ce serait reconnaître en lui, ce qui est impossible, une faiblesse; car il n'y a que l'impuissance qui, dans la conscience de sa secrète débilité, puisse être ombrageuse et craintive. Dieu, loin d'avoir posé des bornes au génie de l'homme, semble au contraire s'être complu à faire sortir de la combinaison de chaque élément dont l'ensemble forme la matière totale, un être, un autre lui-même, un fils, un Dieu créé, l'homme, qui puisse comprendre et s'élever à l'intelligence de sa grande œuvre, la création.

» Dieu en formant l'homme ne voulut pas le faire, ainsi que les autres animaux, seulement commensal de notre planète, mais il voulut faire sortir de l'œuvre totale qu'il créait une essence, une chose plus parfaite, non pas dans le but orgueilleux (dont la pensée est tout humaine et que les théologiens spiritualistes attribuent à Dieu) d'avoir dans la nature un être qui eût conscience de son existence, de sa puissance à lui Dieu... un être qui s'humiliât devant lui comme l'esclave des contrées de l'Orient devant son souverain... Non; en créant l'homme intelligent, Dieu voulut faire un être qui fût son substitut sur la terre, son représentant intellectuel enfin; et s'il ne le fit pas mécanicien, c'est-à-dire créateur, il le déclara, et ce rôle est assez grand, le préposé à la surveillance des rouages qui meuvent la matière dans ses organisations multiples.

» La connaissance des mouvements que Dieu fait sortir de ces rouages est ce que nous nommons science humaine, laquelle semble faire réellement de l'homme un Dieu, mais un Dieu secondaire, un Dieu créé; car la science, réflecteur de la puissance suprême, n'est pas la puissance même de Dieu, laquelle a seule le pouvoir de créer, mais elle est bien celle de l'imitation divine. Son acquisition n'est pas un privilége réservé à quelques hommes : elle est du domaine de tous, puisque la seule observation des mouvements naturels la donne à qui veut la prendre.

» Loin que Dieu, ainsi que le prétend la philosophie mosaïque, craigne de voir en l'homme instruit des choses divines, c'est-à-dire naturelles, un rival de sa puissance, il fait de lui un second lui-même sur la terre, son incarnation, une particule de son intelligence totale. Il le veut ainsi; car les maux humains sont les punitions réservées immuablement à la désobéissance de l'homme à cette volonté première. Les misères physiques, les douleurs morales sont proportionnées à l'ignorance des peuples, comme le bien-être matériel et moral l'est à l'étendue des connaissances et à l'exécution des lois imposées à la matière.

» Je vois, dans l'histoire de l'homme, chaque pas fait dans la science devenir un échelon à des organisations plus pures et moins tyranniques; je vois les masses plus éclairées se moraliser en acquérant la conscience de leur puissance et de leur destinée divine et éternelle. La science est une puissance, et cette puissance est invincible et immortelle; car elle émane directement du Dieu invincible et éternel. Devant elle, toutes les antiques puissances humaines ont pâli et se sont évanouies; car ces puissances étaient factices et illusoires : elles n'avaient rien de Dieu.

» Si la Divinité se révèle à l'homme, ce n'est jamais que par le langage dont parlent ses œuvres. Son intelligence ne demande pas des êtres privilégiés; car si Dieu, la justice même, fit les hommes semblables par leur forme, par leurs sens, ainsi que des frères, c'est qu'il prétendit que le frère ne jouisse pas plus que le frère; c'est qu'il ne veut pas dans l'humanité plus d'espèces intellectuelles qu'il ne veut de diversité de cases et de conditions : et pour que cette volonté soit faite, il imposa aux hommes une solidarité éternellement constante.

» Il ne peut y avoir eu d'être privilégié dans son espèce. Au spiritualiste qui me dirait, fût-ce le plus patelinement qu'il lui soit possible : « Dieu m'envoie! » je lui répondrai : Tu en as menti!... C'est mon cœur, c'est la voix même de Dieu en moi qui jetterait au visage de l'imposteur cette réprobation outrageante.

» Dieu jamais ne s'est révélé à quelques privilégié, lorsqu'il se serait voilé au reste de la grande famille humaine : la justice, qui est lui, se l'est défendu. Nous, mortels, êtres si imparfaits, nous blâmerions sévèrement le père qui agirait ainsi envers ses enfants : s'il favorisait plus l'un que l'autre, nous le frapperions du stigmate de la réprobation publique. Eh quoi! oseriez-vous affirmer que l'homme est plus juste que Dieu, puisqu'il aurait pour ses enfants le sentiment parfait du juste que Dieu n'aurait pas?

» Vous, hommes du mensonge, vous, prêchant une révélation privilégiée, vous vous rendez pourtant coupables de ce blasphème qui serait horrible s'il n'était devenu ridicule, ce blasphème qui outrage votre raison, ce sens, ce tact des choses saintes. Dieu n'est pas avec vous, car il vous abandonne aux fureurs de votre sacrilége audace; des discordes sanglantes et éternelles vous déchirent le sein : elles vous poursuivent avec l'acharnement incessant des vengeances divines. De tous côtés se dressent devant vous des cohortes de réfutations, qui se rient de votre agonie morale. Au milieu des tourmentes brûlantes des réactions humaines élevées par Dieu contre votre doctrine, vous tombez avec ceux que vous avez séduits; car la nature se venge de tout homme qui, par quelque cause que ce soit, méconnaît les destinées de la création. Dieu le frappe de misères et de calamités.

» Le spiritualisme est une aberration de l'esprit de l'homme ; c'est en vain que l'on prétendrait faire passer ses folles productions comme venant de Dieu, il est toujours couvert du cachet de la faiblesse humaine. Il sait connaître la débilité de son origine mortelle ; car lorsque la voix de Dieu tonne dans celle des peuples, il se tait et se cache.

» Eh ! que peut-on, dans l'enfantement si nécessaire pour notre siècle d'une organisation sociale nouvelle, attendre d'une doctrine bâtie sur les nuages fugitifs de l'idéal ? Elle ne possède aucun de ces éléments puissants, aussi irréfragables qu'immortels, tels qu'en donne la science de Dieu.

» Voilà bientôt vingt siècles que le spiritualisme religieux a succédé au culte de la nature, mal entendu il est vrai. Qu'a-t-il élevé sur les ruines de l'antique philosophie ? Il a joué sur les mots, et aux cris de *plus d'esclaves*, aux prêches de l'égalité fraternelle de l'homme, des nations soumises à sa doctrine, il fit autant de troupeaux d'esclaves appartenant de droit divin au maître qui pouvait les vendre et les troquer à son gré ; opprobre inconnu jusque là aux peuples. De tous les systèmes politiques et religieux, le spiritualisme est le premier et le seul qui eut l'audace de proclamer légal et sacré cet outrage contre la dignité et les droits réellement divins des nations.

» Lorsque des hommes au cœur mâle et sur le front desquels brûlait avec trop d'éclat l'étincelle de la raison, demandaient au spiritualisme compte de ses promesses, il tuait ces hommes de lumière ; et pour anéantir dans l'esprit des peuples toute trace qu'aurait pu y laisser l'impression de leurs brûlantes questions, il faisait dire dans ses prêches : « Cette liberté, cette égalité de l'homme que je vous annonce,
» et desquelles doit s'émaner le bien-être de l'humanité, ne
» sont pas de cette vie : elles sont de la vie nouvelle qui doit
» commencer à votre mort. » Et comme des biens de cette vie future on ne peut plus problématique, il faisait son domaine exclusif (car tout ce qui tient des rêves appartient de droit au spiritualisme), ses prêtres se donnaient non-seulement comme les dispensateurs sur cette terre de ces biens futurs,

mais aussi comme les agents de Dieu, comme seuls possédant
la recette pour les faire acquérir sûrement.

» C'est dans cette prétendue recette que le spiritualisme se
peint tout entier : on y retrouve le mensonge dont il est né,
aussi bien que tous ses instincts sordides et tyranniques. « Ne
» vous occupez pas de cette vie mortelle, disaient aux peu-
» ples ses prêtres; laissez-nous vous conduire dans ses sen-
» tiers si dangereux. Dieu nous en a donné la mission en
» vous nous abandonnant; car vous nous appartenez, vous
» et vos générations : vous êtes *nos brebis*. Or, écoutez
» bien les préceptes que Dieu lui-même vous impose par
» notre bouche : vous ne cherchez pas, plébéiens, à jouir
» des fruits de l'arbre des plaisirs et des douceurs qui est
» planté dans le jardin de la vie; car chacun de ses fruits
» renferme une séduction qui donne la mort éternelle. Les
» joies de ce monde sont de malins appas que Dieu, dans une
» ruse toute divine, vous tend pour voir si vous aurez la
» force d'y résister. Malheur à vous si vous y succombez;
» dans sa miséricordieuse justice il vous damnera éternel-
» lement, et ce sera bien fait. Vous succomberiez sans res-
» source, si le ciel ne nous avait pas envoyés vers vous, afin
» de vous tenir par les lisières, enfants libertins, dans cette
» vie d'épreuves si bien méritée par la gourmandise d'Adam,
» ce premier polisson de la race. Remerciez donc le ciel de ce
» que nous sommes ! Pour vous prouver que nous ne voulons
» que *votre bien* et combien nous sommes de *bons apôtres*,
» nous qui pourrions vous envoyer tout droit et sans mi-
» séricorde aux feux éternels de la damnation, si tel était
» notre plaisir : nous allons vous proposer un sûr moyen de
» sauvetage; et si nous nous arrangeons ensemble, nous vous
» assurerons sur toutes les chances du bonheur de l'autre vie.
» Les biens de la terre sont de terribles tentateurs, n'est-ce
» pas? et, en donnant plaisirs et joies, ils tuent de la mort
» éternelle? eh bien, il faut vous en défaire : donnez-nous-
» les, à nous dont la mission divine, en nous donnant la
» science et la prescience, nous met au-dessus des faiblesses
» humaines. » Sans doute, cette demande si chaudement in-
téressée *du bien* des peuples eut pas mal de récalcitrants et

d'incrédules; mais, quoique bien grossière, elle trouva encore trop de dupes.

» Cependant l'homme continua toujours, en cachette il est vrai, à demander à la terre le bien-être pour lequel son cœur ne cessait de lui dire qu'il avait été créé. Au moindre aperçu de cette licence de son esclave, qui se permettait de penser ainsi sans lui, le spiritualisme de tonner et de frapper de ses foudres chimériques les générations du siècle : il damnait tout. « Eh quoi! criaient à l'humanité ses prêtres, » race incrédule et maudite! tu ne cesseras donc jamais de » t'entêter à demander à la matière le bonheur qui n'est pas » de la matière! Oublieras-tu toujours cette volonté de Dieu, » qui ne cesse de te répéter par nos paroles : souffre, souffre » jusqu'à ta mort, et sois heureuse de tes maux et de ta mi- » sère; car tes douleurs d'ici-bas est la seule monnaie contre » laquelle au ciel il te sera délivré des félicités? »

» Au souvenir de ces ruses et de ces mensonges grossiers (car ce ne sont heureusement plus guère que des souvenirs que les plaies sociales produites par le spiritualisme), je me demande comment l'homme put rester si longtemps sous les verges de cette tyrannie de l'âme, qui abrutissait le corps. Loin d'avoir pour excuse la grandeur et la gloire qui séduisent l'homme si aisément, ce despotisme moral prenait pour bannière et symbole le signe de l'infamie publique; sa loi première était la bassesse de l'âme poussée à sa dernière limite. L'homme ne pouvait descendre plus bas.

» Je ne vois de réponse à la cause de cette folie de l'humanité que dans cette seule réflexion : dans la croyance trop bien enracinée chez tous par les prêtres du spiritualisme, que le bien-être de l'humanité n'était pas de cette vie, l'homme pensait qu'il était parfaitement inutile de se mettre à sa recherche; il ne s'en occupait plus sérieusement, et se laissait aveuglément conduire par les prêtres. Il ne pensait plus que par eux : Dieu sait où ils le conduisirent! à toutes les misères sociales et au suicide... Oui, au suicide; car ce crime est encore une de ces plaies modernes que l'homme doit au spiritualisme.

» En effet, le spiritualisme religieux n'enfante-t-il pas cette doctrine mensongère qui promulgue chez les peuples la croyance que le bien-être de l'homme n'est pas de ce monde, mais d'une vie spirituelle qui doit commencer à la mort physique? La pauvre dupe de cette croyance, lorsqu'elle plie sous le poids des douleurs sociales qu'on lui dit sans remède, a hâte d'en sortir pour jouir plus tôt du bien-être futur, auquel la pureté de sa conscience lui dit qu'elle a droit. Quel remède le spiritualisme religieux offre-t-il à l'homme qui souffre? La mort!...

» C'est sous l'influence de cette croyance homicide que s'établirent, au moyen âge, ces sociétés d'hommes occupés uniquement du travail de ce suicide, long sans doute, mais qui ne donnait pas moins la mort physique et morale, qu'on décorait de *sainte mort*.

» La vie religieuse de ces temps n'était qu'un long suicide. L'homme se croyait doublement certain d'acquérir la félicité future en se retranchant volontairement de la société humaine pour adopter un genre de vie, austère sans doute, mais des plus égoïstes, et dont les grandes privations et les flagellations insensées que lui suggérait le fanatisme étaient les moyens sûrs du suicide. Dans sa folie, il se réjouissait et remerciait Dieu lorsqu'elles lui apportaient le plus tôt la mort.

» De quelle utilité était pour l'humanité ces suicides innombrables que prêchait le spiritualisme religieux? Ce n'était pas pour la patrie, pour l'amour de ses frères, que le religieux se retranchait vivant du reste du monde que dans son orgueil il traitait de pestiféré et d'indigne de ses regards; mais c'était par le plus lâche égoïsme que lui donnait sa croyance à une félicité d'une autre vie, dont la jouissance lui était promise d'autant qu'il s'exilerait le plus de la grande société humaine.

» Aussi l'humanité entière était-elle indifférente aux longues angoisses du suicide de ces misérables dupes d'une doctrine absurde et antisociale. Lorsque Rome moderne, Rome spiritualiste fait parade de ses innombrables victimes volontaires du spiritualisme, esclave, elle se roule aux pieds d'un prêtre!... Rome l'ancienne et la payenne, Rome matérialiste ne compte qu'un suicide; mais il purgea la patrie de ses tyrans. Du sang de Lucrèce s'immolant naquit la liberté romaine.

» Une solidarité éternelle lie tous les hommes par une chaîne qu'aucun ne peut rompre. Dieu, comme devait le faire le génie de la création, ne voit que les masses; il fit du bien-être humain, que donne la jouissance des biens de la terre, une somme de laquelle chaque homme doit retirer son bien-être privé : celui qui en prend plus que sa part fait un vol à celle de son frère, qui alors souffre; et ce dernier est malheureux parce qu'il a la lâche indolence de permettre que cela soit. Car nos maux sociaux ne sont que des aiguillons qui pénètrent d'autant plus profondément dans nos chairs que nous nous écartons davantage de la voie humanitaire que Dieu, à la création, nous a tracée du doigt.

» Quoi que puissent dire contre la doctrine qu'amène ces principes les partisans de l'égoïsme, l'amour de la patrie, qui fait tant de victimes et de héros, n'est pourtant que le sentiment, le tact de la solidarité encore trop obscure chez l'homme, puisqu'il ne l'a jamais appliquée à ses organisa-tions sociales. En effet, l'amour de la patrie, le seul immor-tel, n'est-il pas le rudiment, le germe de cette solidarité que Dieu déposa dans le cœur de l'homme, pour qu'il puisse com-prendre que son premier intérêt, le plus grand et le plus cer-tain, enfin la source de son bien-être privé dépend du beau, du grand de la somme du bien-être de la grande famille qui constitue sa nation.

» La mystérieuse acquisition du bien-être humain pour lequel l'espèce humaine a été créée et qui, depuis la catastro-phe d'Adam, en est sevrée, repose dans ce dogme unique : *Faire des institutions sociales qui veuillent que le bien-être privé ne puisse dériver*, comme Dieu le veut, *que de la somme du bien-être de la nation, et dont l'Etat ou gouvernement re-présentant la nation serait le seul distributeur, selon les œuvres de chacun dans la somme du bien-être général.*

» Cette doctrine mise en théorie tuerait l'égoïsme, ce ver qui ronge le cœur de la société humaine; il ferait de chaque citoyen un actif travailleur à la richesse et à la félicité de la nation, comme à sa gloire; car de la gloire et de la richesse de la patrie, il saurait que dépend les siennes propres. Toutes les forces de son génie se dépenseraient ainsi avec fruit pour l'humanité, afin de créer le beau et le grandiose où l'espèce humaine doit un jour parvenir.

» Tel est le système politique que le matérialisme, c'est-à-dire la science de Dieu, doit un jour imposer aux sociétés humaines. Le spiritualisme adopta le système gouvernemental absolument contraire; il devait le faire ainsi : étant lui-même une erreur, il ne peut enfanter que des erreurs.

» Méprisant la solidarité qui unit les hommes par des liens indissolubles, le spiritualisme promulgua l'égoïsme; et, cherchant à tuer dans le cœur de l'homme le sentiment immortel de la patrie, il mit en pratique cette doctrine perverse et homicide : que l'homme pouvait être heureux avec toute justice, quoique son frère souffrît auprès de lui les angoisses de la douleur. Il déclara légal tous les moyens d'acquérir la félicité future, fût-ce au détriment de celle d'autrui. En prêchant un bien-être d'une vie imaginaire, lequel était accessible pour certains individus, lorsque des milliers d'autres ne pouvaient y atteindre : il donnait à l'égoïsme tout son essor; car l'homme, par sa propriété de tout imiter, fit des moyens de s'acquérir des biens de la terre une imitation de ceux qui lui promettaient les biens du ciel.

» Ce fut alors que la société humaine se divisa en deux catégories d'hommes : les uns, *Macaires* de l'époque, profitant avec empressement des moyens réputés légaux pour l'acquisition des biens du ciel, se servaient de leur mode pour s'approprier les biens de la terre; les autres, c'étaient les dupes, qui, au mépris des mouvements intimes de leur cœur, oubliaient qu'ils étaient liés sur cette terre par des liens sacrés à une patrie, à une famille. Pauvres fous! le ciel de l'idéal, cette chimère, était tout pour eux! aussi pour acheter une place dans son prétendu paradis (car le spiritua-

'lisme se fait marchand), ils vendaient aux prêtres, selon que les circonstances étaient favorables aux vues trop terrestres des acquéreurs, ils vendaient leur patrie, leur famille, leurs sœurs!... Infâmie! infâmie! qui, tant qu'elle dura, couvrit les nations d'Europe d'un crêpe d'opprobre!

» Croyez-vous que mes paroles soient gonflées d'exagération? Fouillez l'histoire; lisez les pages de l'existence des peuples qui viennent de s'éteindre; vous les retrouverez avec toutes les expressions de ce texte.

» Un jour, un Grec, ne sachant que faire, se mit à rêver; et il rêva tant qu'il devint tout esprit, c'est-à-dire qu'il en perdit la raison. Dans ses instants d'extase, que nos médecins modernes traiteraient, avec beaucoup de justesse, d'aliénation mentale, il alla jusqu'à s'oublier lui-même et à croire qu'il n'était plus homme. Il fit part de cette découverte et du procédé de s'aliéner de soi-même (procédé qui est encore celui des illuminés) à quelques-uns de ses amis, lesquels voulurent aussi jouir de la double vue. Ils trouvèrent cela si nouveau et si beau qu'ils en colportèrent la recette à d'autres amis qui la communiquèrent ainsi de suite; bref, l'épidémie de la fièvre de l'idéal s'étendit, et le platonisme fit tant de progrès chez le peuple grec, qu'en peu de temps la nation entière ne se trouva plus formée que de rêveurs.

» Or, tandis que la Grèce rêvait un monde idéal et oubliait le positif d'ici-bas, Rome, qui alors était loin encore de s'occuper de métaphysique, faisait des provinces grecques autant de provinces romaines, et transformait en vassaux ces Grecs dégénérés par le spiritualisme, et dont les ancêtres, qui, il est vrai, n'étaient pas encore initiés, par la grande découverte de Platon, à l'art de ne plus s'occuper des choses de ce bas monde et de son vil positif, avaient résisté, nonseulement aux chocs des peuples de l'Asie, mais les avaient poussés du pied comme de vils troupeaux.

» Dès son origine, le spiritualisme annonçait donc ce qu'il devait être : l'élément liberticide. Rome, la fière républicaine, que rien jusqu'alors n'avait pu subjuguer, devait tomber aussi et recevoir des fers dès que ses citoyens se seraient pris à rêver à l'idéal ; ce qu'ils ne tardèrent pas à faire, en gagnant cette épidémie au contact des spiritualistes grecs.

» Cette remarque est frappante de vérité : l'ère du spiritualisme européen, c'est-à-dire des provinces de l'empire romain, date du règne du premier tyran de Rome qui, pour tuer plus sûrement l'antique et fière liberté romaine, l'endort aux chants de l'armée de rêveurs qu'il solde.

» Les peuples du nord envoyaient périodiquement le pléthore de leurs robustes générations sur l'empire romain ; espace, barrières, armées, rien ne résistait à la mâle valeur de ces enfants de la nature. Que font les empereurs romains pour énerver leur courage et les rendre mous à l'attaque, afin de pouvoir les subjuguer ? Ils lancent au-devant d'eux et jusqu'aux fonds même de leurs forêts des nuées de rêveurs christo-platoniciens ; lesquels les préparèrent, en effet, à recevoir les fers de la tyrannie et le joug de la servitude, que le spiritualisme décore du nom usurpé de civilisation. Et ces peuples, qui, jusqu'alors ne connaissaient de suprématie dans leur barbarie que celle que donne la vertu et la valeur et pour chef que le plus digne, apprirent que l'ineptie et l'indolence sur le trône devaient y être conservées comme étant de droit divin.

» Quels sont les peuples de l'antiquité dont les institutions sociales tenaient le plus du spiritualisme ? Les peuples de l'Orient. Ils ne furent toujours que des troupeaux d'esclaves.

» A l'époque où les rois d'Espagne faisaient le plus parade de leur foi pour les choses du spiritualisme religieux, et se décoraient du titre des plus fidèles aux dogmes du système christo-platonicien, ils trouvaient dans cette doctrine, réputée comme ayant été donnée par un Dieu juste et miséricordieux, non-seulement l'autorisation, mais un droit venant du ciel, que de déclarer leurs esclaves les infortunées générations de la naïve Amérique, et de les engloutir vivantes dans les entrailles de la terre, les forçant à y creuser elles-mêmes leurs tombeaux dont les déblais, pour faire place à

7

chaque cadavre, rapportaient un peu d'or. Pauvres victimes de l'homicide civilisation, qui, confiantes comme les heureux enfants de la nature, étaient accourues le sourire à la bouche vers ces visiteurs saintement féroces.

» A ces hommes civilisés par la civilisation que donne le spiritualisme, ces peuplades jusqu'ici heureuses comme les élus de Dieu, offraient dans leur bonté barbare les fêtes de l'hospitalité. Car la civilisation du spiritualisme ne leur avait pas encore appris que c'était une chimère que l'hospitalité, cette vertu que toutes les sociétés de l'antique matérialisme avaient fait la plus sainte, et qui donnait des droits si sacrés, que leur profanation couvrait le coupable d'une réprobation infamante.

» Le spiritualiste tua toutes les vertus héroïques et si grandioses qui unissaient par des liens fraternels les citoyens du monde païen; à leur place il mit les vices ignobles de l'égoïsme et du mercantisme. Aux vertus vraies du matérialisme des peuples anciens, ont succédé l'hypocrisie et les vertus chimériques du spiritualisme de la société moderne; et le bien-être des peuples alla toujours en décroissant.

» C'est donc que le spiritualisme n'est pas né de Dieu, mais de la folie humaine, puisque l'homme ne peut le payer qu'au prix du bonheur de sa vie? En effet, l'histoire de la grande famille humaine nous démontre dans toutes ses pages que le spiritualisme est le baromètre certain de la misère des peuples : lorsqu'il s'élève et s'insinue dans les mœurs, le bien-être et la liberté des nations décroissent.

» Il n'y a pas de peuple moderne dont chacune des conquêtes de sa liberté ne soit pas en même temps une défaite qu'il ait auparavant fait subir au spiritualisme religieux qui étreignait sa pensée; et en transposant cette expression : le rétablissement du règne du spiritualisme religieux est toujours le pronostic certain du retour prochain du despotisme, et il apporte irrévocablement la défaite des libertés du peuple. Ce siècle ne vit-il pas plus d'une fois la confirmation de cette vérité? Le spiritualisme est donc un mensonge, et comme tel n'apporte à l'homme que déceptions et malheur.

Du sein de la société humaine il fait surgir les maux sociaux, source de tous les crimes.

» Les lois de la doctrine vraiment divine sont celles que le créateur burina sur notre planète, et dont les traits profonds pénètrent dans ses entrailles. Les cieux nous en offrent la splendide réflexion : je regarde le firmament ; Dieu me parle, et la terre me répète les échos des saintes paroles que murmure l'harmonie des cieux.

» Oui, la science est l'intermédiaire unique de Dieu à l'homme. Dans la science seule se trouve la révélation du Créateur à l'humanité ; et il est impossible à tout pouvoir humain d'étouffer cette puissance, force des nations et leur unique garantie contre la continuation des misères que portent encore avec elles les organisations des sociétés modernes : elle est l'unique *palladium* des peuples contre le retour du despotisme.

» Il est saint d'étudier les œuvres de la nature ; car c'est converser avec Dieu. Il est bien d'apporter à la science de nouvelles données ; car chacune d'elles est une pierre posée à l'œuvre du bien-être public.

» Tant que je verrai sur la terre des sociétés humaines parmi lesquelles n'auront pas disparu les crimes et la source de ces crimes, l'inégalité politique, qui enfante les castes dans la patrie, et fait peser sur l'une les charges les plus pénibles en lui donnant les misères morales et physiques et le dédain des castes oisives pour récompense, je dirai que la science humaine n'est pas encore parvenue à sa dernière limite, je dirai qu'il y a encore beaucoup à trouver.

» Il est triste, il est douloureux de voir des hommes, dont le savoir devrait mettre à la tête des mouvements moraux qui doivent s'émaner de la science pour régénérer l'humanité, ne pas craindre de poser en principe qu'il est des mouvements, et ce sont des primordiaux, dont l'intelligence sera éternellement refusée à l'esprit humain. Ces hommes jugent de la grande œuvre de Dieu d'après leur courte vue ; et ces pygmées osent mettre des bornes au génie humain, ce ré-flecteur de la puissance divine.

— Reveillez-vous, mon ami !

— Plaît-il, capitaine ?

— Eh parbleu ! vous êtes sous l'impression d'un cauche-mar, qui vous menerait je ne sais où si je vous y laissais plus longtemps. D'ailleurs, voici le jour : je vous ai jusqu'ici laissé rêvasser tout à votre aise, et vous vous en êtes donné, j'es-père. C'est bien ! vous étiez dans votre droit : la nuit, les pensées peuvent être ténébreuses ; mais maintenant je vous conseille de faire comme l'horison, de chasser vos sombres vapeurs. Tenez, je vous offre une partie qui vous distraira de votre morosité. Le ciel est beau ; l'orient est sans nuages : profitons-en pour régler nos compas. Calculons l'amplitude du soleil levant. »

En effet, des flocons de lumière partaient de l'orient, et nous prévenaient d'un splendide lever du soleil. Sur l'ordre du capitaine, le pilotin apporta sur le pont un compas de variation (1). Bientôt un point, brillant comme un éclair, partit de l'horison au milieu d'une mer de feu, et incendia le ciel. A ce moment, toujours solennel, toujours sublime, où le cœur ne saurait être indifférent, le soleil, comme disait le poète astrologue, dans sa naïve croyance, sortait en époux radieux de la couche d'Amphitrite.

Je me hâtai alors de disposer le compas de variation ; et au mot *stop* que je donnai pour signal de l'instant où le bord inférieur du disque du soleil touchait l'horizon, le capitaine prit le chiffre de la déclinaison du lys, et descendit dans sa cabine faire le calcul de l'amplitude. Comme le vent avait changé de sa direction de la nuit, je fis brasser quelques voiles. A peine cette manœuvre était-elle terminée, que je vis le capitaine remonter sur la dunette d'un air peu satisfait.

— Nous n'avons pas réussi ; votre observation a été mal faite, fit-il en m'abordant.

____

(1) Boussole qui sert à trouver la déclinaison magnétique.

— Dites plutôt que vos calculs sont mauvais.

— Oh! je m'attendais bien à cette réponse. Oui, c'est encore moi, c'est toujours moi qui ai tort! Eh morbleu! je suis cette fois certain de la bonté de mes calculs!

— Et moi de mon observation!

— Quelle obstination! c'est à s'en dévorer la rate... Il n'en conviendra jamais.

— Allons, ne nous fâchons pas! Pourquoi trouvez-vous que le résultat de notre observation est mauvais?

— Pourquoi? eh, c'est facile à trouver! Le calcul donne pour notre point (1) une déclinaison magnétique fort différente de celle qui se trouve pour ce lieu dans les Tables de déclinaisons magnétiques! Nous serons forcés de relever le point d'est au passage du soleil par le premier vertical.

— Eh bien, capitaine, si vous êtes sûr de vos calculs, je suis certain, moi, de l'exactitude de mon observation; et nous avons tous deux raison. Nous ne trouverons pas mieux par d'autres procédés d'observation. Ce n'est pas notre observation qui manque d'exactitude, mais bien vos Tables.

— Qui ont été rédigées par nos plus savants navigateurs?

— Je n'en disconviens pas; mais à quelle date se rattachent leurs observations?

— En 1785.

— Rien que cela!... Il est alors nullement étonnant que ces observations magnétiques de l'autre siècle ne s'accordent plus avec celles de nos jours.

— Vous avez raison; je ne réfléchissais pas à ce changement incessant de la déclinaison magnétique.

— Vous vous emportez comme...

— Allons, quand je vous dis moi-même que j'ai tort, que vous faut-il de plus? *Peccatum confessum, parcendum peccatum.*

— *Tibi do veniam, ô obnoxie!*

____

(1) Lieu où se trouve géographiquement le navire.

— Il est vrai que le déplacement du pôle magnétique, produisant une déclinaison variable pour tous les lieux du globe, doit au bout d'un demi-siècle amener de grands changements dans le chiffre de la déclinaison magnétique d'un point de la terre. La découverte de la cause de ce mouvement magnétique, le plus inégal qu'il soit dans la nature, est un beau rêve; mais, par malheur, elle sera toujours un rêve. Le magnétisme de la terre et la météorologie sont deux sciences qui sont sœurs; filles rebelles, ainsi que l'alchimie, elles font perdre la tête à l'homme qui les poursuit.

— Effectivement, le magnétisme et la météorologie sont sous l'influence d'actions secondaires si multipliées, que la loi première qui les régit échappa jusqu'ici à l'homme. Mais il ne faut pas dire pour cela que cette loi n'est pas, ou que, si elle existe, il sera toujours impossible à l'homme de la saisir. Cette loi existe, j'en suis convaincu; eh bien, loin de me rebuter des difficultés qui se hérissent autour d'elle, je travaillerai à sa conquête, persuadé que si je ne puis lui arracher entièrement son voile mystérieux, je pourrai aider les générations futures à le soulever.

» Je sais que le magnétisme terrestre fut toujours un écueil contre lequel sont venu échouer les plus hauts génies. Devant le nombre des systèmes naufragés sur ce brisant de la science, il y aurait de l'audace, de l'imprudence à moi, observateur ignoré, de vouloir apporter une théorie nouvelle, lorsque le prestige de la réputation des auteurs des anciennes n'a pu soutenir aucune de ces dernières. Aussi, mon intention est de ne vous rapporter ici que quelques résultats obtenus par l'observation seule. Avant l'hypothèse, avant le système, l'observation doit parler. Ce n'est rien que d'enfanter des systèmes, ces romans de la science, que revêt le même clinquant des œuvres de nos romanciers littéraires.

» Avant de traiter des causes, on doit connaître les faits. En voyant nos savants modernes faire naître le déplacement du pôle magnétique de l'oscillation d'un moteur renfermé dans les entrailles de la terre, et en songeant qu'à l'aide de cette hypothèse, que rien dans la nature ne peut confirmer, ils ne peuvent trouver aucune formule qui donnerait une période, un mouvement régulier à ce déplacement, je me suis plusieurs fois demandé si la cause du magnétisme de la terre était réellement intestinale, et si elle ne résidait pas plutôt sur la surface du globe d'après l'état chimique de l'atmosphère terrestre.

— Halte-là ! cette dernière conjecture me paraît être remarquable ; peut-être un jour la gravera-t-on en lettres d'or, sur la poupe de chaque navire, à l'instar de la récompense que les Grecs accordèrent à la belle découverte lunaire de Méton.

— Vous me raillez, capitaine.

— Non pas ; je suis, au contraire, très-partisan de votre idée. Nous touchons peut-être du doigt à une grande découverte.

— Lorsqu'on fait quelques réflexions sur les divers états atmosphériques de notre planète, on trouve que la combinaison atmosphérique du pôle sud doit être fort différente de celle du pôle nord, en raison des masses d'eau qui, du pôle sud, s'étendent jusqu'au 46me parallèle sud, lorsque les régions polaires boréales n'ont qu'une petite mer qu'enveloppent presque entièrement de vastes continents. Je crois que cette diversité dans les éléments des régions polaires en engendrant, comme je vous le démontrerai, des combinaisons atmosphériques fort différentes, produit le magnétisme terrestre qui, ainsi, ne serait, à vraiment dire, qu'une tendance de réaction chimique ; laquelle attirerait vers un pôle du monde un des pôles de l'aiguille aimantée, tandis qu'elle en repousserait l'autre, et que ce dernier serait attiré par la constitution chimique des régions polaires opposées, lesquelles repousseraient à leur tour le premier pôle de l'aiguille.

» Dans la supposition si probable que la cause du magnétisme de la terre se trouve, non dans les entrailles du globe, mais de son atmosphère sur la surface, loin d'éluder les grandes difficultés magnétiques, nous en faisons surgir d'immenses. Et cependant, c'est bien dans l'atmosphère de la terre et non dans ses entrailles qu'il faut retrouver et que je retrouverai la cause de tous les mouvements magnétiques. Si cette cause se tenait directement aux pôles du monde, il n'y aurait aucune déclinaison magnétique; il faut donc qu'elle se tienne à une certaine distance de ces pôles; et comme la déclinaison n'est pas constante et qu'elle subit de grandes variations, le pôle magnétique est donc soumis à un mouvement qui le déplace. Il est présumable que ce déplacement, venant de lois naturelles et constantes, s'opère par un mouvement régulier autour du pôle de la terre, et s'achève dans une certaine période.

— Savez-vous que ce serait une importante et bien grande découverte que celle qui démontrerait que le pôle magnétique est constant sur une latitude trouvée, c'est-à-dire qu'il se trouve toujours à la même distance des pôles de la rotation de la terre, en ayant autour de ces derniers un mouvement de circonvolution? Il serait non moins important de trouver la vitesse de ce mouvement; et quels avantages la navigation et la géodésie ne retireraient-elles pas, s'il était prouvé que le mouvement du déplacement du pôle magnétique est d'une vitesse uniforme?

— A l'œuvre donc, à l'œuvre! car cette tâche est noble et grande. Les observations des siècles futurs pourront, sans doute, confirmer nos calculs sur ces importantes questions; mais les siècles antérieurs ne nous ont-ils pas légué un héritage déjà assez riche de précieuses observations magnétiques pour tenter quelques résultats de cette tâche si difficultueuse. Tenez, en ce moment le démon de la géométrie m'anime; il me souffle une de ses inspirations.

» Voulons-nous savoir géométriquement à quelle distance le pôle magnétique se tient éloigné du pôle de la terre? Il n'est rien de plus facile pour nous, marins, si familiers aux calculs trigonométriques, que de répondre à cette question, lorsqu'on met en pratique cette supposition : que le pôle magnétique se tient toujours sur la surface de la terre à une certaine distance du pôle du monde. Il suffit seulement que nous connaissions le chiffre de la plus grande déclinaison magnétique, c'est-à-dire le plus grand angle magnétique d'un point de la terre dont la latitude et la longitude nous soient connues.

» Le plus grand angle de déclinaison magnétique que peut avoir un point d'une latitude quelconque amène cette conséquence géométrique : que la ligne qui joint le pôle magnétique au point de cette latitude (ou autrement dire que l'arc, car nous opérons sur des lignes de la surface sphérique de la terre, et qui, ainsi, ne sont que des courbes, qui joint le pôle magnétique à un point d'une latitude quelconque où l'angle de déclinaison est à son maximum d'ouverture), doit toujours être tangeante au point du parallèle où se trouve le pôle magnétique.

» Or, il est géométriquement prouvé que la tangeante d'un cercle forme avec le rayon de ce cercle un angle droit ayant son sommet à la circonférence de ce cercle. Pour me faire mieux comprendre, je vais tracer une figure. Ohé! mousse, apporte du blanc de Champagne.

— Du mousseux, lieutenant?

— Eh! non, drôle! du blanc solide de ma bonne Champagne.

— Je comprends, je comprends!... Voilà!

— Si votre pays contient beaucoup de cette pierre, fit le capitaine d'un ton railleur, il doit être bien pauvre; il n'y a pas lieu de vous glorifier beaucoup de lui.

— Je conçois qu'un descendant des Anglais de Henri V puisse avoir quelque rancune contre la Champagne, la pauvre province, qui n'eut besoin, toutefois, que d'envoyer une de ses filles, Jeanne, la villageoise de Domremy, pour chasser l'Anglais de la France.

— Que Dieu me pardonne! vous me lancez là un véritable sarcasme!... Mais vous allez un peu loin en date.

— J'aime voir cette terre blanche qui couvre ma patrie ainsi que d'une robe virginale.

— Cette robe, il est vrai, porte la couleur symbolique de la naïve virginité; ce qui se rapporte assez bien, si j'en crois le proverbe, au caractère plus qu'ingénu des habitants de la Champagne.

— Oui, mais cette robe blanche ne se laisse pas profaner sans se rougir du sang des téméraires agresseurs; et toujours elle servit de linceuil aux ennemis de la patrie. Elle couvre encore de ses longs plis blancs, terreur des rois, les ossements des peuples poussés par le despotisme, comme des esclaves, à la destruction de la France libre. On ne peut lire l'histoire de tous les âges de la France sans se sentir glorieux d'être né Champenois. Ce titre est pour moi celui de ma noblesse.

— Si tous vos concitoyens possèdent le même amour de la patrie que le vôtre, je reconnais que la Champagne est une riche province de France. Cependant je lui en veux de ce que son souvenir vous distrait de l'importante solution que vous alliez me démontrer.

— Voilà. Je tire la droite Z C (*Fig.* Iᵉ); je fais A le pôle du monde, C le point de la terre où se trouve l'Observatoire de Paris. La ligne A C est donc le méridien de Paris, et son étendue est égale à (90° — 48° 50' latit. de Paris =) 41° 10', complément de la latitude de Paris. Je tire une autre ligne C E, indéfinie, mais qui fasse avec A C, méridien de Paris, un angle C de 22° 34', chiffre du maximum de la déclinaison magnétique, c'est-à-dire de l'angle magnétique de Paris; car vous savez que depuis plusieurs années cet angle est en décroissance. Cette droite C E était donc tangeante au parallèle (c'est-à-dire à la latitude) où se trouvait le pôle magnétique à l'époque où il donnait à l'Observatoire C de Paris sa plus grande déclinaison de 22° 34'.

» Pour savoir à quel point la ligne C E est tangeante au parallèle inconnu sur lequel se trouvait alors le pôle magnétique, il suffit de partager le méridien A C en D en deux parties égales A D et C D, et de D tracer un arc C K B A, dont le rayon soit D C ou D A; et comme cet arc coupe la ligne C E au point B, ce point B est donc celui où la ligne C E est tangeante au parallèle inconnu où se trouvait le pôle magnétique, lorsqu'il faisait avec C, Paris, son plus grand angle. A B se trouve ainsi le rayon de ce parallèle, que je représente par le cercle B M P F X V U T S R O Z J H G Y, et A B ou A F est le complément de ce cercle de latitude.

» Ce dessin (*Fig.* Ire) nous donne un triangle ABC sphérique et rectangle en B. Dans ce triangle nous connaissons, outre l'angle droit B, l'angle C de 22° 34′, plus le côté A C de cet angle, lequel côté est de 41° 10′, complément de la latitude de l'Observatoire de Paris. Chercher la latitude ou valeur du parallèle B M P F etc., où se trouvait le pôle magnétique lorsque l'angle de déclinaison C était à son maximum, n'est autre chose que chercher la valeur de l'arc A B ou A F, complément de la latitude cherchée.

— Je prends trop d'intérêt à notre découverte, et elle se dessine trop favorablement pour n'être pas impatient de lui appliquer les calculs trigonométriques.

— Il est facile de vous satisfaire ici même, capitaine... Ho! pilotin, ho!... les *Tables de logarithmes!*... Il dort, je crois? Ho! pilotin, les *Tables de logarithmes!*... Est-ce que le gaillard se ferait tirer l'oreille?

— Vous bariolez de tant de lignes courbes l'esprit de ce pauvre garçon, que, croyant que vous l'appelez à une nouvelle leçon de trigonométrie, il trace déjà d'avance dans sa marche, de bas-bord à tribord, des cercles parfaits.

— Oui; il sait déjà, le drôle, mettre parfaitement en pratique que la ligne courbe est la meilleure pour arriver le plus tard possible au point qui lui déplaît... Eh! pourquoi nous faire cette figure de *vent de bout?* Ce n'est pas pour vous, petit cancre, que je vous fais apporter ces Tables. Écoutez-nous; je vous ferai répéter cette leçon... Continuons, capitaine.

» Pour trouver l'arc A B du triangle sphérique A B C, rectangle en B, et dont A B est le complément du parallèle cherché B M P F, etc., nous avons cette proportion :

$$\text{R} : \sin. \text{AC} = 41° 10′ :: \sin. \text{C} = 22° 34′ : \sin. \text{AB} = x.$$

SOLUTION :

$$9{,}81839 \text{ logarithme sin. } AC = 41° \, 10',$$
$$\underline{9{,}58405 \text{ logarithme sin. } C = 22° \, 34',}$$
$$Somme \ 9{,}40244 \text{ logarithme sin. } x = 14° \, 38',$$

qui étant la valeur de AB, complément de la latitude du point B du cercle B M P F Z, etc., donne (90° — 14° 38′ =) 75° 22′ pour parallèle nord sur lequel était le pôle magnétique, lorsqu'il produisait à Paris un angle de 22° 34′, qui est le plus grand qu'on ait observé pour cette capitale.

» Maintenant, pour avoir le point exact de la surface de la terre sur lequel le pôle magnétique se trouvait à cette époque, il ne nous suffit plus que de connaître sa longitude, qui est la distance où il était alors du méridien de Paris, c'est-à-dire la valeur de l'arc B F que mesure l'angle A du triangle sphérique A B C, rectangle en B, et dont nous connaissons l'arc A C de 41° 10′, complément de la latitude de l'Observatoire de Paris, et l'angle magnétique C de 22° 34′. Pour obtenir la valeur de l'angle A, c'est-à-dire la valeur de l'arc B F qui le mesure, et qui représente la distance du pôle magnétique au méridien A C de Paris, nous avons cette proportion :

$$R : \cos. \ AC = 41° \, 10' :: \tan. \ C = 22° \, 34' : \cot. \ A = x.$$

SOLUTION.

$$9{,}87667 \text{ logarit. cos. de } AC = 41° \, 10',$$
$$\underline{9{,}61865 \text{ logarit. tang. de } C = 22° \, 34',}$$
$$Somme \ 9{,}49532 \text{ logarit. cot. de } A = 72° \, 38',$$

qui est la valeur de l'arc B F, distance du pôle magnétique du méridien A C de Paris, lorsqu'il était en B, ou autrement dire sa longitude comptée de Paris était de 72° 38′; comme il produisait alors à cette capitale une déclinaison occidentale, cette longitude est de même dénomination. Ainsi, à l'époque à laquelle Paris avait son angle de déclinaison magnétique occidentale de 22° 34′, *maximum* d'ouverture de cet angle pour ce point du globe, le pôle magnétique se trouvait en B, par le 75° 22′ parallèle et le 72° 38′ de longitude occidentale.

— Voilà une solution qui ferait honneur à un menbre du Bureau des longitudes! Dites maintenant, Messieurs de la physique, que la cause du mouvement magnétique est le résultat d'une oscillation mystérieuse de l'axe d'un vaste aimant non moins mystérieux recélé dans les flancs de la terre.

— Eh! mon cher capitaine, comme vous prenez feu! Vous êtes aussi facile à vous laisser entraîner à une croyance, que parfois vous êtes trop incrédule! Croyez-vous que nous ayons découvert le secret mouvement du magnétisme terrestre, parce que nous pouvons lui appliquer un calcul trigonométrique? Ce succès doit plutôt nous mettre en garde contre nous-mêmes. Ne nous serions-nous pas, sans le vouloir, fourvoyés dans une mauvaise passe? Ne serions-nous pas les dupes d'un hasard, d'une rencontre heureuse de chiffres, qui, quoique singulière, n'en serait pas moins une erreur? Lorsque je me méfie le plus de moi-même, c'est toujours dans les moments où il semble que je triomphe. Nous pouvons vérifier nos calculs et, tout en leur donnant des preuves d'exactitude, trouver même si le déplacement du pôle magnétique de F en B sur le $75° 22'$ parallèle se fait toujours sur ce cercle F P M B Z R L, etc., et voir enfin si son mouvement est constant et régulier.

— Parole de marin! si vous trouvez ce résultat heureux, je paierai à Montevideo un splendide dîner : je serai à votre discrétion.

— C'est vous avancer beaucoup, capitaine; vous savez que je porte au vin de Champagne une vive affection, autant par délicatesse de goût que par amour patriotique pour un des précieux produits de la province qui m'a donné le jour. Le champagne coûte cher à Montevideo !

— Je ne croirai pas trop payer la connaissance d'une découverte que j'ai longtemps rêvée moi-même.

— Disposez donc vos fonds pour payer à Montevideo la première carte. La pensée que bientôt je fraterniserai avec le turbulent Moët, aiguillonne en moi le génie de la trigonométrie.

» Pour savoir si le pôle magnétique du point F, où il produisait 0° de déclinaison à Paris, puisqu'il était sur le méridien AC de cette ville, s'avança d'un mouvement uniforme sur le cercle F P M B Y G etc., jusqu'en B où il produisit l'angle C = 22° 34′, nous pouvons subdiviser l'arc BF de 72° 38′ du 75° 22′ parallèle en un certain nombre de portions égales, en trois par exemple, comme ceci : F P, P M et M P, qui forment alors chacune un arc de (72° 28′ : 3 =) 24° 12′ 40″ du 75° 22′ parallèle. Divisons de même par 3 le temps que le pôle magnétique, dans la supposition qu'il se meuve constamment sur le 75° 22′ parallèle, dût employer pour se rendre de F en B en parcourant l'arc F P M B.

» Les observations magnétiques faites par Picard à Paris, donnent à l'année 1666 zéro de déclinaison magnétique ; le pôle magnétique se trouvait alors en F sur le méridien A C de Paris. Messieurs. de l'Observatoire prouvent par leurs observations que c'est de 1818 à 1819 où il faut reporter l'époque à laquelle la déclinaison magnétique atteint, pour Paris, l'ouverture de 22° 34′, son plus grand angle. En 1819, le pôle magnétique fut donc, depuis 1666, transporté de F en B ; or, de 1666 à 1819, il s'est écoulé une période de temps de 153 ans (= 1819.— 1666), qui, divisée par 3, donne 51 ans 4 mois pour temps que le pôle magnétique doit avoir mis pour parcourir chacun des arcs FP, PM, MB, si son mouvement sur l'arc total FP du 75° 22′ parallèle fut d'une vitesse uniforme, et s'il resta toujours direct sur ce cercle.

» La question se réduit donc à trouver si, lorsque le pôle magnétique était 51 ans après 1666, c'est-à-dire en 1717 (= 1666 + 51), s'étant porté de F en P, ou bien si 102 ans après 1666, c'est-à-dire en (1666 + 102 =) 1768, s'étant porté de F en M, les angles de déclinaison ACP et ACM qu'il faisait à ces deux époques avec le méridien AC de Paris, se trouvent par nos calculs coïncider avec les angles magnétiques observés à Paris pendant ces deux années 1717 et 1768.

» En 1717, le pôle magnétique devant se trouver en P, sur le 24° 12′ 40″ de longitude occidentale, établissait donc sur la surface de la terre le triangle sphérique obliquangle

A PC. Nous devons alors chercher la valeur de l'angle C de la déclinaison magnétique pour l'année 1717. Dans ce triangle sphérique obliquangle A P C, nous connaissons le côté AC = 41° 10′, complément de la latitude de Paris; plus A F ou A P = 14° 38′, complément du 75° 22′ parallèle; plus l'angle A que mesure l'arc F P de 24° 12′ 40″, longitude ou distance du pôle magnétique du méridien de Paris pour cette année. Pour trouver l'angle C de ce triangle A P C, il faut réduire ce dernier en deux triangles, par un mécanisme géométrique que vous connaissez parfaitement.

» Afin de trouver le segment indispensable de l'arc AC, je pose cette proportion :

R : cos. A = 24° 12′ 40″ :: tang. AP = 14° 38′ : tang. seg. = x.

SOLUTION.

9,66001 log. cos. de 24° 12′ 40″,
9,41680 log. tang. de 14° 38′, .

Somme 9,37681 log. tang. de 13° 23′ 40″,

qui est le segment à retrancher de l'arc AC = 41° 10′, et donne pour second seg. (41° 10′ — 13° 23′ 40″ =) 27° 46′ 20″.

» Pour avoir enfin l'angle C demandé, nous avons, à l'aide de ces deux segments, cette autre proportion :

Sin. 13° 22′ 40″ : sin. 27° 46′ 20″ :: cot. 24° 12′ 40″ : cot. C.

SOLUTION.

0,63499 compl. arith. du log. sin. 13° 23′ 40″,
9,66834 log. sin. de 27° 46′ 20″,
0,34712 log. cot. de 24° 12′ 40″ = A,

Somme 0,64045 = log. cot. de C = 12° 53′,

qui est l'angle magnétique calculé que devait avoir en 1717 la déclinaison observée à Paris, si notre système est vrai.

» Passez-moi, pilotin, la *Table des déclinaisons magnétiques* publiée par le Bureau des longitudes français. Bravo! capitaine; vous régalerez à Montevideo. EN 1717, CASSINI ET MARALDI NOUS DONNENT 12° 50′ POUR ANGLE DE DÉCLINAISON MAGNÉTIQUE OBSERVÉ PAR EUX A PARIS, chiffre semblable, comme vous le voyez, à celui que je viens de trouver, par le calcul, à cette déclinaison de Paris pour l'année 1717.

Il est le même, à trois minutes près; et qu'est-ce que c'est que trois minutes pour la déclinaison magnétique soumise à tant de perturbations locales et accidentelles pendant 51 ans?

— Continuez vos calculs pour le triangle AMC; je brûle d'être convaincu que nous touchons à une des plus belles découvertes qui puissent marquer notre siècle!

— Oh! je vous en réserve bien d'autres! ce n'est ici qu'un prélude modeste de tout ce que je dois vous dévoiler. J'applique au triangle AMC, qui aussi est obliquangle, le même mécanisme que pour le triangle APC; je cherche les segments de AC. Dans le triangle AMC, outre AC = 41° 10′, complément de la latitude de Paris, et AM de 14° 38′, complément du 75° 22′ parallèle, nous connaissons l'angle A que mesure l'arc FM = 48° 25′ 20″, somme de FP et de PM. Pour trouver l'angle C que la déclinaison magnétique devait faire à Paris, à cette époque où le pôle magnétique était en M, en 1768 et huit mois, il est besoin de couper en deux segments l'arc AC, afin d'obtenir les deux triangles rectangles indispensables aux calculs. Pour avoir un de ces segments, je dresse cette proportion :

$$R : \cos. A = 48° 25′ 20″ :: \tan. AM = 14° 38′ : \tan. x.$$

SOLUTION.

9,82193 log. cos. de A = 48° 25′ 20″,
9,41680 log. tang de AM = 14° 38′,

Somme 9,23873 log. tang. x = 9° 49′ 50″,

qui est le segment à retrancher de 41° 10′ = AC, et donne pour second segment de cet arc (41° 10′ — 9° 49′ 50″ =) 31° 20′ 10″.

» Pour avoir maintenant l'angle C de la déclinaison demandée pour l'année 1768, je fais cette autre proportion :

$$\text{Sin. } 9° 49′ 50″ : \sin. 31° 20′ 10″ :: \cot. 48° 25′ 20″ : \cot. C.$$

SOLUTION.

0,76779 compl. arith. du log. sin. de 9° 49′ 50″,
9,71605 log. sin. de 31° 20′ 10″,
9,94799 log. cot. de 48° 25′ 20″,

Somme 0,43183 log. cot. de 20° 18′,

qui est l'angle ACM de la déclinaison cherchée.

» Ainsi, lorsque le pôle magnétique de F se porta en M, où il se trouvait en 1768, il devait faire avec le méridien de Paris AC un angle ACM que les calculs trigonométriques les plus rigoureux nous donnent de 20° 18'. Si ce déplacement du pôle magnétique de F en M s'est opéré par un mouvement régulier, il doit, pour du point P se rendre en M, employer un temps qui soit égal à celui qu'il mit pour de F se rendre en P, c'est-à-dire que, pour se rendre de F en M, il dut mettre un temps égal à (51 ans 4 mois × 2 =) 103 ans environ ; et en 1769 (=1666 + 103) l'angle de déclinaison magnétique observé à Paris devait être environ de 20° 18'. En effet, les *Tables de déclinaisons magnétiques* publiées par le Bureau des longitudes nous montrent que c'est vers l'année de 1769 où les observations de Cassini, de Lemonnier et de Maraldi donnent ce chiffre a l'angle de déclinaison observé par eux a Paris.

» Vous voyez, d'après ces quelques calculs, que depuis 1666 jusqu'à 1769, et ainsi pendant 103 ans, le pôle magnétique se tint toujours, non-seulement sur le 75° 22' parallèle nord, mais qu'il pérégrina, en traçant l'arc FM de ce cercle, avec un mouvement parfaitement uniforme et constamment régulier pendant ces 103 ans, et que cette uniformité et cette régularité se continuèrent encore pendant 51 ans, toujours en traçant le 75° 22' parallèle nord ; puisqu'en sortant du point M en 1769, il se trouve en 1819 transporté sur le point B : or, BM égal MP et MP égal PF, arcs égaux que le pôle magnétique parcourt dans un laps de temps également uniforme pour chacun. En effet, lorsque le pôle magnétique se trouve en B, sur le 72° 38' de longitude occidentale, il produit à Paris l'angle ACB, (51 ans × 3 =) 153 ans après l'an 1666 et ainsi pour l'an 1819 ; et nous avons trouvé par les calculs trigonométriques les plus exacts que le pôle, ainsi placé en B, donnait à Paris un angle de déclinaison de 22° 34', semblable à celui observé à cette époque par Messieurs de l'Observatoire.

» Cet angle est le plus grand que puisse atteindre la déclinaison magnétique de Paris ; car l'angle ACB engendre le triangle ABC, rectangle en B, lequel ne peut être ainsi rectangle que lorsque la ligne BC, qui joint le pôle magnétique à l'Observatoire de Paris, se trouve tangeante au 75° 22′ parallèle sur lequel se tient toujours le pôle magnétique.

» Ainsi, pendant 153 ans le déplacement de ce pôle se fit de F en B sur l'arc FPMB. Il ne quitta donc jamais le 75° 22′ parallèle dont cet arc FB fait partie; et ce déplacement se fit par un mouvement régulier.

» Comme je viens de vous le dire, la ligne BC qui joint Paris au point B, où se trouvait en 1819 le pôle magnétique, étant tangeante au 75° 22′ parallèle, l'angle ACB de 22° 34′ devait être le plus grand que puisse avoir la déclinaison magnétique de Paris, si depuis l'année 1819 le pôle ne discontinua pas de se mouvoir sur le même parallèle; et comme l'observation confirme encore ces calculs, nous pouvons avoir la certitude que pendant plus de 153 ans, jusqu'à l'an 1819, le pôle magnétique continua toujours son déplacement de l'est vers l'ouest en traçant le 75° 22′ parallèle avec une exactitude mathématique, et qu'il parcourut chaque degré de ce parallèle avec une vitesse constamment uniforme pour tous.

» Il résulte de l'uniformité même de ce mouvement et de la constance du pôle magnétique sur le 75° 22′ parallèle qu'il est impossible que les angles C de la déclinaison magnétique puissent paraître à l'observation s'ouvrir régulièrement.

—Effectivement, en jetant les yeux sur le dessin (*Fig.* 1ʳᵉ), je vois que les angles FCP, PCM et MCB, quoiqu'ils aient demandé chacun le même temps pour leur ouverture, furent loin d'offrir, à l'observateur qui les recueillait à Paris, un mouvement uniforme dans celui de leur ouverture observée. C'est ainsi que pendant les 51 premières années qui suivirent 1666, ACP s'est ouvert de 12° 53′ 20″; puis, pendant les 51 années qui succédèrent à cette première période, l'angle magnétique s'est élevé à 20° 18′: ainsi, pendant cette seconde période de temps, il ne s'est augmenté que de PCM de (20° 18′ — 12° 53′ 20″ =) 7° 24′ 40″, qui offre dans le mouvement d'ouverture de l'angle magnétique une diminution de plus de la moitié de la vitesse du mouvement qu'avait l'ouverture de cet angle pendant la première période de 51 ans qui suivit 1666. A la troisième période, lorsque de M il passe en B et devient ACB de 22° 34', le mouvement de son ouverture observée à Paris est encore, dans cette troisième période, plus retardé; car il n'est que (22° 34'—20° 18'=) 2° 16' pendant ces 51 ans : ce qui fait ce retard un tiers plus grand de ce qu'il était pendant la seconde période, et six fois plus grand de ce qu'il était pendant les 51 de la première.

—A l'aide du dessin (*Fig.* Ire), vous pouvez facilement comprendre la cause de ce retard apparent du mouvement magnétique qui, pendant 153 ans, donna à Paris une vitesse à l'ouverture de l'angle magnétique très-sensiblement décroissante depuis 1690 environ. Ce retard progressif ne provient nullement de ce que le pôle magnétique diminua la vitesse de sa translation de F en B; mais au contraire parce que la vitesse de ce déplacement est très-uniforme, et que ce déplacement se fait constamment sur le 75° 22' parallèle : il est une preuve irrécusable du mouvement de circonvolution du pôle magnétique autour du pôle A du monde sur un parallèle constant. Ce retard provient de la forme sphérique de la terre, sur la surface de laquelle se meut le pôle magnétique, et non, ainsi qu'on l'admit jusqu'ici, parce que le déplacement du pôle magnétique se ferait sans lois régulières et saisissables pour le génie de l'homme.

» Dès que le pôle magnétique atteint le point *i*, il parcourait jusqu'en *m* un arc du 75° 22' parallèle que divise en deux portions égales le point P, sur lequel est tangeante à ce parallèle la ligne CE. Or, ce petit arc *im*, vu la grandeur du cercle entier, approche beaucoup d'une droite, car il est sensiblement égal à sa corde, et il se confond avec la tangeante CE. Comme CE est la ligne qui donne la plus grande ouverture de 22° 34' que possède l'angle de déclinaison de Paris à son maximum, tant que le pôle magnétique se trouvera tracer ce petit arc *im*, il produira à Paris un angle de déclinaison magnétique de 22° 34' environ, et ainsi donnera au pôle magnétique l'apparence d'une stabilité, quoiqu'en vérité il fût loin d'en être de la sorte, et que ce pôle, toujours sous l'influence de son mouvement régulier de l'est vers l'ouest, ne cessa de pérégriner uniformément sur le 75° 22' parallèle. L'arc iB et l'arc mB mesurent chacun cinq degrés et demi environ, qui demandent au pôle magnétique, comme je vous le démontrerai plus tard, 12 ans pour être parcourus par lui; or, 12 ans avant 1819, et ainsi dès 1807, et 12 ans après 1819 et ainsi jusqu'en 1831, l'angle magnétique dut paraître stationnaire à Paris?

— C'est en effet ce que confirme le catalogue des observations magnétiques faites à Paris par les physiciens français. Vous êtes jusqu'ici parfaitement dans la vérité.

— Si le pôle magnétique trace réellement de l'est à l'ouest le 75° 22' parallèle, de m, où il était en 1831, il se rendait vers Y, et a dû, depuis cette année, donner à l'angle de déclinaison une tendance à se fermer, tendance croissante, mais très-faiblement. Ce phénomène, comme vous pouvez le voir à la même figure, n'est que le résultat de la position de l'arc mY à l'égard du méridien de Paris; et il naît de ce que le pôle magnétique ne peut tracer mY sans se rapprocher insensiblement de la droite ZAC que représentent les méridiens inférieur et supérieur de Paris. Sur ce résultat, je suis encore d'accord avec toutes les observations magnétiques faites à l'Observatoire de Paris, lesquelles démontrent que depuis une quinzaine d'années l'angle de déclinaison magnétique décroît, mais avec une lenteur extrême.

» L'étude seule du dessin (*Figure* Ire), et son intelligence bien saisie donnent à tous les mouvements magnétiques des explications aussi faciles qu'elles sont irrécusables. En voyant ainsi toutes les conséquences et les calculs de ma théorie s'accorder avec une précision toute géométrique avec les observations magnétiques faites depuis bientôt deux siècles, ne peut-on pas se sentir la hardiesse d'annoncer d'avance les angles que la déclinaison magnétique doit, pour Paris, avoir à une époque donnée?

— Oui, ce serait un dépôt précieux que vous laisseriez aux générations futures, en devenant en même temps un sùr moyen de confirmer votre théorie par les observations de l'avenir.

— En 1819, la déclinaison magnétique de Paris nous fait présumer que le pôle magnétique était en B, par le 72° 38′ longitude occidentale et le 77° 22′ parallèle : il se passera donc 51 ans 4 mois pour de B se rendre en Y; car BY = BM. En 1870 (= 1819 + 51 ans), le pôle magnétique sera en Y, et engendrera sur la surface de la terre le triangle sphérique obliquangle A Y C, dont l'angle A est mesuré par l'arc YBMPF qui vaut (72° 38′ + 24′ 12′ 40″ =) 96° 50′ 40″, c'est-à-dire que le pôle magnétique sera à cette année sur le 96° 50′ 40″ de longitude occidentale. Comme il se trouvera dépasser le 90°, nous transporterons nos calculs sur le méridien inférieur de Paris Ab, dont nous ferons l'arc égal a AC, de 41° 10′.

» Pour avoir l'angle magnétique b du triangle sphérique obliquangle A Y b, dont nous connaissons bA = 41° 10′, l'arc AY = 14° 38′, et l'angle A que mesure l'arc YGHJZ de (180° — 96° 50′ 40″ =) 83° 9′ 20″, j'ai besoin de couper à angles droits Ab = 41° 10′ en deux segments, afin d'avoir les deux triangles sphériques rectangles indispensables, et j'ai la proportion :

R : cos. Ab = 41° 10′ :: tang. A Y = 14° 38′ : tang. seg. = x.

SOLUTION.

9,07618 log. cos. de 41° 10′,
9,41680 log. tang. de 14° 38′,

Somme 8,49298 log. tang. du seg. x = 1° 47′,

qui, retranché de 41° 10′, donne (41° 18′ — 1° 47′ =) 39° 23′ pour second segment de l'arc Ab. Maintenant, pour avoir l'angle b, j'ai la proportion :

Sin. 1° 47′ : sin. 39° 23′ :: cot. 83° 9′ 20″ : cot. b = x,

SOLUTION.

1,50697 compl. arith. du log. sin. de 1° 47′,
9,80243 log. sin. de 39° 23′,
9,07928 log. cot. de 83° 9′ 20″,

Somme 0,38868 log. cot. de 22° 13′ = b ou C demandé.

» Ainsi, en 1870, l'angle magnétique ne devant être que 22° 13', lorsqu'en 1819 il était 22° 34', ne diminuera pendant les 51 années et 4 mois écoulées depuis 1819, que de (22° 34' — 22° 13' =) 0° 21'; ce qui, vu ce grand laps de temps qu'il emploiera pour opérer cette diminution si faible, confirmerait les observateurs futurs de Paris dans la croyance que le mouvement du pôle magnétique est ralenti, quoiqu'il sera loin d'en être ainsi, et que ce pôle ne discontinuera pas de pérégriner sur le 75° 22' parallèle avec sa vitesse constante. Ce ralentissement n'est, d'après la sphéricité de la surface de la terre, qu'une illusion produite par la position géodésique du pôle à l'égard du point C de Paris.

— A l'aide de ces calculs, si faciles par leur grande simplicité, on peut d'avance trouver pour Paris l'angle que la déclinaison magnétique y ferait à une époque demandée, puisqu'il est avéré que le pôle magnétique parcourt en 51 ans 4 mois 24° 12' 40'' du 75° 22' parallèle.

— Eh, oui, parbleu! 51 ans 4 mois après 1870, c'est-à-dire en (1870 + 51 ans 4 mois =) 1921 et 4 mois, le pôle magnétique sera en G, formant ainsi sur la surface de la terre le triangle sphérique obliquangle AGb, dont nous connaissons Ab de 41° 10', AG de 14° 38', et l'angle A que mesure l'arc GZ de (83° 9' 20'' = YZ — 24° 12' 40'' = YG =) 58° 46' 40''. Pour avoir l'angle magnétique b, j'ai la proportion :

R : cos. GZ = 58° 46' 40'' :: tang. GA = 14° 38' : tang. seg. x.

SOLUTION.

$$9{,}71463 \text{ log. cos. de } 58° \ 46' \ 40'',$$
$$9{,}41680 \text{ log. tang. de } 14° \ 38',$$

Somme 9,13143 tang. du seg. x = 7° 42' 30'',

qui, retranché de 41° 10', donne 33° 27' 30'' pour second segment de l'arc Ab, et j'ai alors la seconde proportion :

Sin. 7° 42' 30'' : sin. 33° 27' 30'' :: cot. 58° 46' 40'' : cot. x.

SOLUTION.

$$0{,}87248 \text{ compl. arith. du log. sin. } 7° \ 42' \ 30'',$$
$$9{,}74141 \text{ log. sin. } 33° \ 27' \ 30'',$$
$$9{,}78258 \text{ log. cot. de } 58° \ 46' \ 40'',$$

Somme 0,39647 log. cot. b = 21° 52'.

Ainsi, le pôle magnétique sera en G pour l'an 1921 et 4 mois, par le 121° 13' 20" de longitude occidentale et le 75° 22' parallèle ; et il procurera à Paris un angle magnétique de 21° 52'.

— L'angle magnétique diminuera ainsi de bien peu, et pendant les 102 ans comptés depuis 1819, il ne décroîtra que de (22° 34' — 21° 52' =) 0° 42'.

— Oui, juste 0° 21' (= 42' : 2), autant dans les 51 premières années que dans les 51 dernières de cette période de 102 ans.

— Ce qui aurait fortement affirmé aux observateurs futurs que le mouvement du pôle magnétique fut d'abord singulièrement retardé, puisqu'il s'accrut uniformément pendant 102 ans.

— Si pendant (1921 — 1807 =) 114 ans environ, le pôle magnétique doit donner à Paris, par son déplacement, un angle de déclinaison qui ne variera que de 0° 42' en moins, du point G, c'est-à-dire de l'année 1921 et 4 mois, en se rendant au point H, où il sera en (1921 et 4 mois + 51 ans 4 mois =) 1972 et 8 mois, il désabusera fortement les générations futures, qui, en le voyant pendant 114 ans presque stationnaire à Paris, s'imagineraient que son mouvement devrait continuer d'être toujours très-lent et uniforme ; car je vois, d'après l'inspection seule de la figure, que le pôle, en se rendant de G en H, doit, pendant les 51 années et 4 mois qu'il employera pour opérer ce déplacement, fermer l'angle C de la déclinaison avec une grande vitesse, après avoir mis 114 ans pour le fermer seulement de 0° 42'.

— En 1972 et 8 mois, dites-vous, le pôle magnétique sera en H, sur le 75° 22' parallèle et par le 145° 26' longitude occidentale. Voyons donc quel angle de déclinaison il produira pour cette année aux observateurs futurs de la capitale de la France.

— Je sais qu'avec vous je ne dois toujours parler que géométriquement et que le mode graphique n'est rien. Vous avez raison. Et puis, la figure que je vous trace ici est non-seulement imparfaite, mais le dessin est fautif. Dans le cercle F B G H Z S V, etc., je vous représente plan le 75° 22′ parallèle, lorsque nous ne devrions le voir qu'en projection ; mais comme il ne pourrait, vu son très-petit rayon, être que d'une très-petite étendue, ce qui, d'après la quantité des lignes qui tombent et s'accumulent sur lui, rendrait l'intelligence du dessin très-difficile, j'ai donc préféré ce mode, qui, malgré sa grande imperfection, démontre et détache bien à l'œil chacun des points où nous plaçons le pôle magnétique ; ce dessin serait seulement très-fautif, si on voulait lui appliquer un rapporteur pour trouver les angles. Mais comme nous ne traitons tout qu'avec la rigidité des calculs trigonométriques, le mode graphique et le rapporteur deviennent inutiles.

» Vous me demandez quel sera à Paris l'angle magnétique en 1972 et 8 mois?

» A cette époque, le pôle magnétique produira, sur la surface de la terre, le triangle sphérique obliquangle A H C ou mieux A H b, dont nous connaissons A b de 41° 10′, A H de 14° 38′, et l'angle A que mesure l'arc H Z, lequel vaut (58° 46′ 40″ = GZ — 24° 12′ 40″ = GH =) 34° 34′.

» Pour avoir les deux segments de l'arc 41° 10′, j'ai la proportion :

R : cos. HZ = 34° 34′ :: tang. HA = 14° 38′ : tang seg. x.

SOLUTION.

9,91564 log. cos. de 34° 34′,
9,41680 log. tang. de 14° 38′,
Somme 9,33244 log. tang. du seg. x = 12° 8′,

qui, retranché de 41° 10′, donne 29° 2′ pour second segment. J'ai alors la seconde proportion :

Sin. 12° 8′ : sin. 29° 2′ :: cot. 34° 34′ : cot. $b = x$.

SOLUTION.

0,67739 compl. arith. du log. sin. 12° 8′,
9,68602 log. sin. 29° 2′,
0,16178 log. cot. 34° 34′,
Somme 0,52519 log. cot. de C ou b = 16° 37′.

» Ainsi, en 1972 et 8 mois, le pôle magnétique sera encore sur le 75° 22' parallèle, et l'angle magnétique de Paris sera de 16° 37'; il aura diminué, pendant ces 51 dernières années, de (21° 52' — 16° 37' =) 5° 15', lorsque pendant les 114 années qui précédent l'an 1921 il ne diminuera que de 0' 42'.

» La vitesse de sa fermeture sera encore plus grande pendant les 51 années et 4 mois qui suivront l'année 1972 et 8 mois, lorsque de H le pôle magnétique se rendra en J, où il sera en (1972 et 8 mois $+$ 51 ans 4 mois =) 2024. Il tracera alors sur la surface de la terre le triangle sphérique obliquangle AJb, dont nous connaissons Ab de 41° 10', l'arc JA de 14° 38', et l'angle A de (34° 34' = HZ — 24° 12' 40'' = HJ =) 10° 21' 20''. Pour avoir les deux segments de l'arc Ab = 41° 10', j'ai la proportion :

R : cos. JZ = 10° 21' :: tang. JA = 14° 38' : tang. seg. x.

SOLUTION.

9,99287 cos. de 10° 21',
9,41680 tang. de 14° 38',
Somme $\overline{9,40967}$ tang. du segment x = 14° 24' 20'',

qui, retranché de 41° 10', donne 26° 45' 40'' pour second segment. J'ai alors la seconde proportion :

Sin. 14° 24' 20'' : sin. 26° 45' 40'' :: cot. 10° 21' 20'' : cot. b.

SOLUTION.

0,60419 compl. arith. du log. sin. 14° 24' 20'',
9,65347 sin. de 26° 45' 40'',
0,73818 cot. de 10° 21' 20'',
Somme $\overline{0,99584}$ cot. b = 5° 46'.

» Ainsi, en 2024, l'angle magnétique de la déclinaison occidentale de Paris ne sera plus que de 5° 46', et augmentera, dans le mouvement de sa fermeture, pendant ces 51 dernières années, sa vitesse de (16° 37' — 5° 46' =) 10° 51', lorsque dans les 51 années précédentes il ne l'augmentera que de 5° 46'. Comme vous le voyez, la vitesse, si dissemblable à une époque comparée à une autre, que le pôle magnétique met à ouvrir ou à fermer l'angle de déclinaison magnétique, loin de provenir d'un déplacement irrégulier du pôle magnétique autour du pôle du monde, n'est au contraire qu'une conséquence immédiate de la grande uniformité de ce mouvement en tous siècles, et prouve que le pôle magnétique est toujours à la même distance de pôle de la terre.

—Oui, maintenant je m'en rends parfaitement compte; et tous ces phénomènes magnétiques, dont les mouvements sont si variables et furent jusqu'à cet instant tellement insaisissables qu'ils déconcertèrent nos plus grands hommes de science, ne proviennent uniquement que de ce que le pôle magnétique est toujours sur le 75° 22′ parallèle, dont il parcourt chaque degré avec une vitesse toujours constante.

—Continuons. En l'an 2024, le pôle magnétique sera donc sur J, par le 75° 22′ parallèle et le (24° 12′ 38″ = FP×7 =) 169° 38′ 40″ de longitude occidentale, et il n'aura plus que 10° 21′ 20″ à parcourir du 75° 22′ parallèle pour se trouver en Z et être directement sur le méridien inférieur de Paris. Alors la déclinaison magnétique sera nulle. Il nous est facile de savoir l'année où ce phénomène aura lieu. Le pôle magnétique parcourt 24° 12′ 40″ du 75° 22′ parallèle en 51 ans 4 mois ; en 1 mois de temps il parcourt donc 2′ 2″ de degré de ce parallèle, et ainsi 28′ 12″ par an. Pour parcourir 10° 21′ 20″ de ce cercle, il mettra (10° 21′ 20″ : 28′ 12″ =) 22 ans, et comme il sera en J en 2024, il parviendra en Z, méridien inférieur de Paris, pour l'an (2024 + 22 =) 2048, année où la déclinaison magnétique sera 0° à Paris, comme elle l'était en 1666, lorsque le pôle se trouvait au point F du méridien supérieur.

» Ainsi, pour de F se rendre en Z et parcourir 180° du 75° 22′ parallèle, le pôle magnétique mettra (2048 — 1666 =) 382 ans, et 764 années pour les 360° de ce cercle. Du point Z, le pôle, continuant toujours son mouvement de circonvolution de l'ouest vers l'est, et se portant successivement vers O, R, S, T, U, V, X, etc., rouvrira l'angle de la déclinaison magnétique de Paris, qui alors deviendra orientale, et dont le mouvement de l'ouverture depuis Z jusqu'à U sera en tout proportionnel au mouvement de sa fermeture de B vers Z.

» Dès que le pôle aura atteint le point U, ce qui arrivera 229 ans après l'an 2048 et ainsi pour l'année 2277, la déclinaison magnétique aura le plus grand angle qu'elle puisse avoir à l'orient, et qui sera, comme son occidental, de 22° 34′. Passé ce point U, où la ligne C*d* est tangeante au 75° 22′ parallèle, il décroîtra jusqu'à ce que le pôle magnétique soit retourné en F, où il était 764 ans auparavant, à l'an 1666, rendant de nouveau nulle la déclinaison magnétique pour l'année 2430. Alors, dans son mouvement de circonvolution autour du pôle A du monde, il aura tracé un cercle parfait, parallèle au 75° 22′ de latitude nord.

» Nous pouvons diviser en deux périodes, chacune fournissant une déclinaison occidentale et orientale, ce mouvement de circonvolution du pôle magnétique autour du pôle du monde : l'une qui sera le temps que le premier pôle met du point B à se rendre au point U, en parcourant le grand arc B, Y, G, H, J, Z, O, R, S, T, U, dont l'étendue est de $(90° - 72° 38' = 17° 22' \times 2 = 34° 44' + 180° =)$ 214° 44′, période pendant laquelle il se produira une fermeture d'un angle occidental et l'ouverture d'un angle oriental, et qui sera de $(2277 - 1819 =)$ 458 ans; la seconde période, pendant laquelle il se produira une fermeture d'un angle oriental et l'ouverture d'un angle occidental, sera celle que le pôle demande pour de U se porter vers B, en parcourant l'arc U, V, X, F, P, M, B, de $(72° 38' \times 2 =)$ 145° 16′ du 75° 22′ parallèle : laquelle période, étant de $(153 \times 2 =)$ 306 ans, sera de $(458 - 306 =)$ 152 ans plus courte que la première. Pour notre siècle, nous venons de commencer la grande période de 458 ans.

» Cette théorie du mouvement magnétique est encore trop nouvelle; elle a besoin de l'observation de bien des siècles pour être complétement justifiée. Mais lorsqu'on voit qu'elle peut se soumettre déjà aux calculs les plus rigoureux de la géométrie, et que ceux-ci donnent, à quelques minutes près, des angles calculés semblables à ceux observés pendant deux siècles, lorsqu'on voit qu'elle répond enfin à toutes les exigences et à toutes les irrégularités apparentes des mouvements de l'angle magnétique, et qu'elle donne même la cause de ces irrégularités, on peut, je crois, avoir quelque pressentiment d'avoir touché à la vérité.

— Un instant! vous n'avez pas tout dit : il nous reste encore à traiter d'un mouvement magnétique.

— Lequel?

— L'inclinaison.

— Parbleu! c'est vrai; je n'y pensais plus!

— Pour cause, peut-être?

— Ma foi, non; je n'y pensais pas, parce que je n'y pensais pas. Si ma théorie ne peut s'appliquer à l'inclinaison, c'est qu'elle serait mauvaise et inadmissible. Je ne suis pas entêté de mes œuvres, et dès que je les reconnais fautives, je suis le premier à les rejeter. C'est peut-être ce que nous allons faire de ma théorie sur le magnétisme. Mais voyons cependant à appliquer au mouvement de l'inclinaison les conséquences de ses calculs.

» Le pôle magnétique de l'hémisphère nord n'est, comme je me réserve de vous le démontrer, qu'un courant de haut en bas de matière électrique, un courant des régions hautes de l'atmosphère vers un point de la surface de la terre, vers lequel point tous les pôles nord des aiguilles aimantées se dirigent. Ces pôles sont chargés de matière électrique, et par ce, sont répulseurs de ce fluide; ainsi, lorsqu'ils sont attirés vers le point de la surface de la terre où le pôle magnétique se trouve, ces pôles des aiguilles reçoivent en même temps du courant électrique de haut en bas, sur ce même point de la surface de la terre, une répulsion, un refoulement vers cette surface; ce qui occasionne le phénomène de ce mouvement magnétique qu'on nomme inclinaison.

» Ainsi, l'inclinaison d'un pôle de l'aiguille aimantée vers un pôle magnétique étant le résultat de l'influence de ce dernier, lequel repose toujours sur la surface de la terre, plus on approche du pôle magnétique, plus cette influence ou inclinaison magnétique doit être grande pour une aiguille aimantée.

» En 1666, le pôle magnétique était en F, sur le méridien de Paris; il se trouvait le plus près qu'il lui est possible d'être de Paris, puisque sa distance n'était alors que FC de (41° 10′ — 14° 38′ =) 26° 32′; son influence inclinante devait donc être la plus grande que nous ait donné l'observation. Effectivement, l'inclinaison magnétique approchait de 75°, la plus grande observée jusqu'alors. Mais le pôle magnétique de F se portant, cinquante et un ans et quatre mois après 1666, vers P où il était en 1717, sa distance est devenue PC et ainsi plus grande; alors l'inclinaison magnétique dut diminuer.

» Tout le problème se résout donc à trouver la valeur du triangle sphérique obliquangle ACP, dont nous connaissons l'angle C de 12° 58′, l'angle A de 24° 12′ 58″, le côté AC de 41° 10′, et le côté AP de 14° 38′. Le calcul ne sera donc pas long et difficile; nous avons tous les éléments nécessaires.

» Pour avoir la longueur de l'arc PC, représentant la valeur de l'inclinaison magnétique, le triangle sphérique obliquangle APC nous donne cette proportion :

Sin. C=12° 53′ : s. A=24° 12′ 40″ :: s. AP=14° 38′ s. PC=x.

SOLUTION.

0,65177 compt. arith. du log. sin. 12° 53′,
9,61288 log. sin. de 24° 12′ 40″,
9,40248 log. sin. de 14° 38′,

Somme 9,66713 log. sin. de 27° 41′ 20″ = PC, longueur demandée de cet arc, c'est-à-dire la distance du pôle magnétique à Paris pour l'année 1717.

» Comme en 1666 cette distance était FC = 26° 32′, en 1717, 51 ans après, elle était PC = 27° 41′ 20″, et ainsi de (27° 41′ 20″ — 26° 32′ =) 1° 19′ 20″ plus grande; ce qui devait faire diminuer d'un certain chiffre l'influence du pôle magnétique sur l'aiguille aimantée, et ainsi diminuer l'inclinaison magnétique.

» 51 ans après 1717, en 1768, le pôle magnétique était en M, et traçait sur la surface de la terre le triangle sphérique obliquangle AMC, dont nous connaissons l'angle C de

20° 18', l'angle A de 48° 25' 20'', et le côté AM de 14° 38';
pour avoir l'arc MC de ce triangle, j'ai la proportion :

Sin. C=20° 18' : s. A=48° 25' 20'' :: s. AM=14° 38 : s. MC.

SOLUTION.

0,45976 compl. arith. du sin. 20° 18',
9,87393 sin. de 48° 25' 20'',
9,40248 sin. de 14° 38',

Somme $\overline{9,73617}$ sin. 33° 0' 20'' $=$ MC,

qui est la grandeur de cet arc, et ainsi la distance du pôle
magnétique à Paris pour l'année 1768. Comme cette distance était en 1717, 51 ans avant, de 27° 41' 20'', elle augmenta donc de (33° 0' 20'' — 27° 41' 20'' =) 5° 19'; ce qui
doit, proportionnellement à ce chiffre de plus grande distance, diminuer l'influence du pôle et ainsi l'inclinaison
magnétique.

» En 1819, 51 ans après 1768, le pôle magnétique s'était
transporté sur B, et faisait ainsi, sur la surface de la terre,
le triangle ABC, rectangle en B, et dont nous connaissons
l'angle C de 22° 34', l'arc AB de 14° 38', plus l'angle droit B.
Pour avoir l'arc PC, nous avons la proportion :

Tang. C$=$22° 34' : tang. AB$=$14° 38' :: R : sin. BC$=x$.

SOLUTION.

0,38136 compl. arith. du log. tang. 22° 34',
9,41680 log. tang. de 14° 38',

Somme $\overline{9,79815}$ log. sin. BC $=$ 38° 55' 22'',

qui est la distance BC du pôle magnétique à Paris en 1819,
et qui, étant de (38° 55' 22'' — 33° 0' 20'' =) 5° 55' 2'' plus
grande que celle de l'année 1768, doit ainsi diminuer l'inclinaison magnétique d'une valeur proportionnelle à ce chiffre.

» Dire que l'inclinaison magnétique diminue degré pour
degré à l'augmentation de la distance du pôle magnétique,
ce serait faire cette diminution trop forte. Prenons pour
chiffre proportionnel la moitié de la différence de l'augmentation de chacune des distances.

» En 1819, la *Connaissance des Temps* nous donne 68° 35'
pour inclinaison magnétique observée à Paris; comme, d'a-

près nos calculs nous avons trouvé que depuis 1768 jusqu'en 1819 la distance du pôle magnétique augmenta de 5° 55′ 2″, et qu'il fut dit que l'inclinaison magnétique ne devait pas avoir diminué de 5° 55′ 02″, augmentation de la distance, mais seulement de la moitié = (5° 55′ 02″ : 2 =) 2° 57′ 31″, l'inclinaison observée à Paris en 1768 devait être (68° 35′ + 2° 57′ 31″ =) 71° 32′ 31″.

» Comme de 1717 à 1768, la distance du pôle magnétique s'est encore augmentée de 5° 19′, ainsi que nous venons de le calculer, l'inclinaison magnétique a donc diminuée pendant ces 51 ans de (5° 19′ : 2 =) 2° 39′ 31″, qui, ajoutés à 71° 32′ 21″, inclinaison pour l'année 1768, nous donnent (71° 32′ 31″ + 2° 39′ 30″ =) 74° 12′ 1″ pour inclinaison magnétique de l'année 1717.

» Pendant les 51 années qui séparent l'an 1717 de l'an 1666, nous avons vu que la distance du pôle magnétique avait augmenté de 1° 19′ 20″, qui, divisés par 2, donnent 0° 39′ 40″ pour diminution de l'inclinaison magnétique pendant cette période de 51 ans. Ainsi, l'inclinaison observée à Paris, en 1666, devait être de (74° 12′ 1″ + 0° 39′ 40″ =) 74° 51′ 41″.

— Le Catalogue des inclinaisons magnétiques de Paris à la main, j'ai comparé les résultats de vos calculs avec les chiffres des inclinaisons observées, et j'ai trouvé, aux dates où vous rapportiez les chiffres de vos inclinaisons calculées, que ces chiffres coïncidaient réellement à ceux donnés par l'observation pour ces mêmes époques à Paris.

— Ah, il n'y a plus de plaisir ! les calculs des mouvements magnétiques ne sont plus que des âneries. Je les abandonne au pilotin. Continuera qui voudra les calculs des inclinaisons futures produites par les distances YC, GC, IIC, JC, etc., du pôle magnétique à Paris !

— Ne crions pas encore victoire ! En feuilletant le Catalogue des observations magnétiques faites à Londres, et en les comparant à celles faites à Paris aux mêmes époques, je trouve une anomalie telle, qu'elle peut être regardée comme la réfutation de toute votre théorie. Par exemple, c'est en 1666 qu'à Paris la déclinaison magnétique est nulle, le pôle magnétique étant en F, lorsque ce n'est qu'en 1657, neuf ans auparavant, qu'était nulle à Londres la déclinaison magnétique. Londres est à 2° 26′ à l'occident de Paris, et le mouvement du pôle magnétique autour du pôle nord du monde se fait, dites-vous, de l'est à l'ouest. Alors Londres aurait dû avoir son angle de déclinaison à zéro (2° 26′ : 28′ 12″ =) 5 ans après 1666, c'est-à-dire 5 ans après que cet angle avait été zéro à Paris; comme l'observation prouve, au contraire, que Londres eut son angle de déclinaison à zéro 9 ans avant Paris, il se trouve une différence de (5 + 9 =) 14 ans, qui vient apporter à votre théorie, sinon une réfutation absolue, du moins une difficulté dont la solution me paraît peu probable.

— Merci, capitaine, de votre observation; elle vaut à elle seule une découverte! Loin de redouter les obstacles aux théories que je me fais des mouvements des choses, j'aime à les provoquer moi-même; car en fait de science la production d'une difficulté est déjà l'enfantement d'une découverte d'autant plus importante que la difficulté est plus grande. Je ne rejeterai pas ma théorie parce que je lui trouve une anomalie, mais je chercherai avant la cause de cette anomalie.

» Lorsque je considère les oscillations diurnes de l'aiguille aimantée, les heures invariables pour chaque climat auxquelles arrivent les *maxima* et les *minima* de ces oscillations, lorsque je considère que ces heures sont différentes suivant les climats et les saisons, je puis croire que le soleil, ou mieux que le dégagement plus ou moins grand de calorique qu'il produit de la surface dans l'atmosphère, en engendrant la diversité des températures des contrées de la terre, et ainsi la diversité des combinaisons chimiques de l'atmosphère, peut fort bien produire des anomalies dans la direction de l'aiguille aimantée, et faire même que cette direction ne soit qu'une diagonale produite par deux forces opposées.

» Vous savez combien le ciel de Londres est dissemblable à celui de Paris; l'état atmosphérique des régions circonvoisines influent peut-être encore plus puissamment que la température même de l'Angleterre. L'étendue immense de terre froide qui s'étend au nord-est de la France n'apporterait-elle pas à la direction de l'aiguille aimantée, placée à Paris, une certaine influence attractive produite par l'état sec et ainsi sur-oxygéné de son atmosphère? Les contrées circonvoisines de l'Angleterre étant toutes maritimes, doivent avoir une combinaison atmosphérique fort différente; car, se trouvant en elles des masses énormes de vapeurs d'eau, le calorique qui retient ces vapeurs, est donc en excès dans leur atmosphère.

» Ainsi le pôle nord de l'aiguille se dirigeant vers toutes masses contenant de l'oxygène le plus purifié, aura en France une tendance constante vers le nord-est, tendance qui, en Angleterre, n'existe plus ou doit être considérablement diminuée. C'est sans doute par ces causes que Londres eut sa déclinaison magnétique à zéro neuf ans avant Paris.

» Le pôle magnétique était donc déjà dépassé de quelques degrés des points du 75° 22′ parallèle où mes calculs précédents le trouvaient à l'aide des angles magnétiques qu'il produisait à Paris; car ces angles n'étaient que le terme moyen de deux influences magnétiques à directions presque opposées. Dans la supposition peu probable que Londres obéisse directement et sans aucune perturbation à l'influence du pôle magnétique, Paris aurait été 14 ans en retard; et comme ces 14 ans valent 6° 34′ du 75° 22″ parallèle, le pôle magnétique, au lieu d'avoir été, en 1819, sur le 72° 38′, aurait donc été sur le (72° 38′ + 6° 34′ =) 79° 12′.

» Malgré les anomalies qu'un point de la terre paraît avoir dans l'époque où il donne soit zéro, soit le *maximum* d'ouverture à son angle magnétique comparé avec l'angle d'un autre point de la terre, le mouvement du pôle magnétique autour du pôle du monde, sur le 75° 22′ parallèle, n'en existe pas moins constant et invariable. Chaque latitude pourrait le démontrer, comme l'a fait la latitude de Paris.

» Par exemple, prenons Londres, puisque nous venons de parler de cette capitale ; car je pourrais prendre tout autre lieu. Lorsque l'angle de déclinaison est à son *maximum* pour un point quelconque de la terre, ce lieu fait tracer sur la surface de la terre un triangle magnétique de forme sphérique et rectangle au point de la surface où se trouve le pôle magnétique ; car la ligne CB (*Fig.* Ire), qui joint ce pôle au lieu d'observation, est tangeante au parallèle où se trouve le pôle magnétique. Si réellement ce dernier est toujours constant sur le 75° 22′ parallèle, et qu'il ait sur ce cercle un mouvement uniforme de circonvolution, tous les calculs faits, pour n'importe quelle latitude, doivent accuser cette vérité.

» Ainsi, dans le triangle sphérique rectangle que traçaient le complément de la latitude de Londres, le complément du 75° 22′ parallèle et la tangeante à ce parallèle, laquelle joignait Londres au pôle magnétique, lorsque Londres possédait son plus grand angle de déclinaison, nous connaissons, outre l'angle droit, le complément du 75° 22′ parallèle, qui est 14° 38′, et le complément de 51° 31′, latitude de Londres, et qui vaut (90° — 51° 31′ =) 38° 29′.

» Voulant avoir le chiffre du plus grand angle de la déclinaison magnétique que peut avoir Londres, dans la supposition que le pôle magnétique n'abandonne pas le 75° 22′ parallèle, je fais cette proportion :

Sin. 38° 27′ : R :: sin. 14° 38′ : sin. de l'angle demandé.

SOLUTION.

0,20600 compl. arith. du log. sin. 38° 27′,
9,40248 log. sin. de 14° 38′,

Somme 9,60848 log. sin. de 24°,

qui est l'angle de la plus grande déclinaison magnétique que puisse avoir Londres. Vous voyez que c'est aussi celui donné par l'observation.

» Voulant maintenant connaître sur quel méridien du 75° 22′ parallèle se trouvait le pôle magnétique lorsqu'il donnait à Londres son plus grand angle de déclinaison, j'ai à chercher l'angle que faisaient alors au pôle du monde le méridien de Londres et le complément du 75° 22′ parallèle, et je fais cette proportion :

Cot. 14° 38′ compl. de 75° 22′, *est à* cot. 38° 28′ compl. de la latitude de Londres;

Comme R. *est à* cos. de l'angle fait au pôle.

SOLUTION.

9,41680 compl. arith. du log. cot. 14° 38′,
0,09965 cot. 38° 29′ compl. de la lat. de Londres,

Somme 9,51645 cos. de 70° 50′,

qui est l'angle fait au pôle, c'est-à-dire le méridien compté de Londres et sur lequel se trouvait le pôle magnétique, lorsqu'il donnait à Londres sa plus grande déclinaison.

» Or, comme je vous ai calculé que, dans son mouvement de circonvolution, le pôle magnétique parcourt en un an 28′ 12″ du 75° 22′ parallèle, pour de 0° venir à son plus grand angle, la déclinaison magnétique de Londres accuse donc un déplacement du pôle magnétique de 70° 50′ du 75° 22′ parallèle, ce qui demande (70° 50′ : 28′ 12″ =) 150 ans, lorsque la déclinaison de Paris lui en accuse un de 72° 38′, et la différence 1° 42′ de ces deux mouvements vaut en temps 3 ans. Ainsi Londres aurait dû avoir son plus grand angle magnétique 3 ans avant Paris, si ces deux capitales étaient sur le même méridien. Cette apparence de vitesse du mouvement du pôle magnétique, plus grande pour Londres que pour Paris, vient de leur différence de latitudes. En effet, cette différence 2° 41′ (51° 31′ lat. de Londres — 48° 50′ lat. de Paris) tient Londres plus proche du pôle magnétique, et fait que le mouvement de ce dernier doit paraître à Paris plus lent et la déclinaison qu'il y produit moins forte qu'à Londres.

» De ces calculs nous tirerons donc ces conséquences importantes : que la déclinaison magnétique est en rapport avec les compléments des latitudes, et que la plus grande déclinaison que puisse avoir un lieu situé à l'équateur est égale à 14° 38′, complément du 75° 22′ parallèle.

» Telles sont, selon moi, les lois immuables des mouvements du magnétisme terrestre. Mais combien de causes secondaires et locales ne viennent pas jeter le trouble dans leurs fonctions déjà si abstraites? Un changement de température, le climat de contrées voisines, des courants électriques souterrains ou atmosphériques provenant du voisinage de minéraux ou de bouleversements intestinaux, la variation de l'atmosphère de régions proches ou éloignées, sont autant de sujets de perturbations insaisissables. Mais au milieu de tous ces éléments de discordance, il existe une loi immuable qui pousse par un mouvement uniforme le pôle magnétique autour du pôle nord du monde sur le 75° 22' parallèle, et dont la vitesse est de 28' 12'' de ce cercle par an.

— Je pense, d'après vos dernières observations, que la cause du magnétisme de la terre pourrait bien provenir de la diversité de température de la surface de la terre.

— Je suis fortement porté à croire comme vrai que le magnétisme de la terre n'est qu'une tension chimique des combinaisons atmosphériques. Comme c'est le dégagement de calorique produit par le soleil qui donne à l'atmosphère ses qualités et ses températures, la diversité des températures de la surface de la terre peut être regardée comme étant en somme la cause du magnétisme terrestre.

» Il est donc impossible de résoudre complètement les phénomènes magnétiques, si on ne s'appuie pas sur les lois fondamentales de la météorologie; et comme celles-ci, quoiqu'en puissent croire certains astronomes, sont dépendantes des mouvements planétaires, vous trouverez bon que je traite de ces derniers mouvements avant de compléter ma théorie sur le magnétisme. Quittons donc l'étude de la terre pour explorer le ciel.

— J'accepte avec plaisir; j'aime beaucoup ces variations d'étude et de pensées. Un long séjour sur le même sujet apporte toujours de la monotonie. »

A cet instant, la voix criarde de la cloche de notre navire, se jetant au milieu de notre conversation, lui mit un terme; car elle nous annonçait que le temps de notre service sur le pont était terminé.

RUDIMENTS ASTRONOMIQUES.

TROISIÈME QUART.

RUDIMENTS ASTRONOMIQUES.

Le soleil s'approche du méridien; et malgré les feux que ses rayons perpendiculaires versent sur nos têtes, le pont du navire offre un mouvement inaccoutumé aux autres heures de la journée. Les officiers, armés chacun d'un sextant, cherchent à prendre la hauteur méridienne.

Le capitaine, sans discontinuer son observation, s'adressa ainsi au second du navire, vieux marin qui avait plus vécu de la vie de matelot que de celle d'officier :

— Monsieur John, le quantième, s'il vous plaît?

— Le 20 de mars, jour astronomique, à midi, capitaine.

— Pas encore... il s'en manque de quatre minutes de mon vernier. Voilà.... Mais, diable! que faites-vous, monsieur John? nous sommes dans l'hémisphère nord, et vous prenez la hauteur méridienne vers le pôle nord?

— Pas possible!

— Voyez plutôt le compas.

— Par saint Georges! c'est vrai. Mais!...

— Quoi donc?

« — J'y perds ma rhétorique ! Je suis bien cette fois tourné au sud… je tourne, ou le ciel tourne ! L'un des deux tourne, mille tonnerres !

— Quoi, un prodige ?

— Un sort ! dit entre ses dents le vieux marin exaspéré ; un tour de maudite femme ! Ah, *gare dessous !* madame John.

— Qu'avez-vous donc à démêler ainsi avec vous-même ? Calmez-vous, mon brave !

— Figurez-vous, capitaine, que j'ai beau tourner sur mes talons, comme le compas de l'habitacle sur son pivot, que je trouve par tout 90° pour hauteur méridienne !

— Eh bien, donnez-nous la latitude que vous donne cette hauteur.

— Vous me glosez, capitaine. Comment puis-je retirer une latitude d'une hauteur si ridicule ?

— Monsieur John, vous n'avez donc jamais navigué dans les eaux de l'empire du Tropique ? Gare le baptême !

— Est-ce que nous sommes sous la ligne ?

— Vous avez encore besoin d'étudier votre *Hydrographie.* Lorsque le 20 mars on trouve la hauteur du soleil de 90°, on assiste au splendide passage de l'astre radieux sur l'Équateur. En ce moment notre navire fait comme le soleil ; la seule différence est que nous passons dans l'hémisphère sud, lorsque lui s'avance vers le pôle nord. Nous nous croisons sur la route. »

Un des furets du bord, un mousse, écoutait malicieusement la mésaventure du second. Ayant appris la joyeuse nouvelle que nous touchions la ligne équatoriale, il courut en avertir l'avant ; et bientôt se formèrent sur le pont des groupes de matelots, chuchotant entr'eux d'un air mystérieux, ainsi que des conspirateurs. Ce qui nous fit présumer qu'ils méditaient déjà la cérémonie du baptême, lequel, dans les *us* et *coutumes*, devait être sanctifié le lendemain, au lever du blond Phébus.

— Je crois que nous aurons demain de la comédie, dis-je au capitaine.

— Oui ; nous avons là des gaillards qui me paraissent ne pas vouloir encore laisser perdre les antiques traditions.

— Les bonnes choses ne se perdent pas ainsi. Des cérémonies symboliques de l'antique philosophie payenne, que nous est-il resté ? les joyeuses fêtes du carnaval, saturnales que tous les peuples célèbrent encore avec empressement, sans se douter le moins du monde du sel mystique de leur origine. »

Le capitaine me quitta pour aller régler le point. Puis, après avoir donné quelques ordres à l'entrepont, il revint vers moi.

— Maintenant, à nous deux, moderne Newton, me dit-il ; détaillez-moi votre nouvelle mécanique du ciel.

— Le moment n'est guère propice à ma verve. Ce soleil la tue.

— En nous plaçant derrière la brigantine, nous recevrons le petit vent frais qui traverse la voile. Cette prévoyance annulera pour nous l'ardeur du soleil. »

Effectivement, nous pouvions braver dans cette position les feux de cet astre au zénith ; et nous nous trouvions fort à l'aise sous cet abri improvisé. Ce qui m'engagea à recommencer nos discussions astronomiques. Je commençai ainsi :

— Avec vous, dis-je au capitaine, je n'ai pas besoin d'entrer dans de grands préliminaires ; des faits seuls vous suffisent. Je rentre à l'instant en matière.

» Vous devez vous rappeler que dans le premier quart je me suis largement complu à vous persuader que chaque corps solide, quel qu'il soit, est pourvu d'une atmosphère à lui propre et inaliénable ; car elle est constituée d'éléments qui, jadis combinés avec le solide planétaire, donnaient à ce dernier son primitif état de fluidité. Cette atmosphère est inaliénable, c'est-à-dire ne peut être détournée ou enlevée de la planète ; car elle est adhérente à sa surface par l'invincible puissance de l'affinité de ses constituants pour chacune des molécules solides. Il n'existe pas dans la nature un pouvoir qui puisse, même momentanément, lui en dérober un atome.

» Nous sommes convenus de voir dans le principe de toute combinaison et de toute affinité, dans l'oxygène enfin, l'élément attracteur, celui de la solidification, et ainsi l'antagoniste d'effets pour le calorique. Donc, là où il y a attraction, là il y a de l'oxygène, soit dans le corps solide, soit dans son atmosphère. Les atmosphères des corps solides étant des composés, contiennent de l'oxygène ; donc, tous les globes célestes étant des solides, possèdent des atmosphères, et ces atmosphères recèlent d'autant plus d'oxygène que leurs masses sont, non-seulement plus grandes, mais encore plus condensées : car un corps en se condensant, ne fait que pressurer l'oxygène de ses pores ; comme cet oxygène, lequel ne peut jamais rester à nu, absorbe du calorique, il adhère, dans cette combinaison avec le calorique, sur la surface du corps qu'il quitte, et vient augmenter la masse de son atmosphère.

» Cette atmosphère est donc d'autant plus profonde que la masse du corps qui la constitue est plus grande, et que sa densité est plus forte. Les atmosphères planétaires sont adhérentes à leurs planètes par cela, 1° que l'oxygène de la combinaison atmosphérique ne peut employer, dans son union avec le calorique, toute la capacité d'appétence qu'il a pour les corps, puisqu'il lui en reste encore une valeur assez puissante pour qu'il retienne toute l'atmosphère planétaire avec une force invincible d'adhérence à la surface du globe planétaire.

— Mais qui vous prouve que l'union de l'oxygène et du calorique laisse ainsi inoccupée une partie de la capacité de l'oxygène?

— La propriété élastique et répulsive du calorique faisant que les molécules de cet élément se repoussent l'une et l'autre, l'oxygène, en se combinant avec le calorique, ne peut jamais, en raison même de sa grande appétence pour cet élément de la fluidité, s'en charger autant qu'il pourrait le faire ; car les premières molécules de calorique qui se combinent avec l'oxygène, repoussent par leur élasticité les secondes que l'oxygène attire, et elles ne permettent jamais que celles-ci puissent s'unir avec l'oxygène, quoiqu'il ait encore pour elles une très-grande capacité; aussi l'union de l'oxygène avec le calorique ne fait-elle toujours qu'une combinaison fluide.

» Ainsi, il reste à l'oxygène des atmosphères planétaires, quoiqu'il soit en combinaison avec le calorique, une partie de sa puissance d'affinité et de capacité pour tous les corps de la nature. Et, je vous le répète, c'est à cette cause qu'il faut attribuer la puissance d'adhérence des atmosphères à la surface des planètes. Mais, en raison de la solidité ou densité de ces globes, leurs surfaces se laissent faiblement pénétrer par cet oxygène fluide. Il reste donc, dans les atmosphères planétaires, une masse énorme d'oxygène dans un état éternel d'appétence, d'amour de combinaison qui ne peut jamais être satisfait.

» Cette quantité d'oxygène en demi-combinaison avec le calorique se presse, autant que l'élasticité du calorique le lui permet, en masse vers la surface des planètes; mais cette masse gazeuse ne peut pas être chez les corps célestes d'une densité partout égale; car ces corps sont sphériques. La masse d'oxygène atmosphérique se trouve dans un espace qui va en s'élargissant à mesure qu'on s'élève de la surface. En conséquence, la quantité d'oxygène que contient l'atmosphère d'une planète diminue de la surface vers le firmament; car, à deux distances, la profondeur de l'atmosphère est double de ce qu'elle est à une seule distance, et son aire est quadruple. Donc, sur une profondeur donnée l'oxygène y est quatre fois aussi rare. Or, comme l'oxygène est l'élément unique de l'attraction et que sa puissance attractive est proportionnelle à sa quantité, l'attraction d'un globe céleste s'affaiblit dans son atmosphère en raison du carré de la distance.

— Vous me donnez là une cause un peu cavalière de l'attraction planétaire.

— Si vous pouvez la remplacer par une meilleure, je me soumettrai avec plaisir. Je crois qu'elle renferme en elle quelque chose de vrai, car elle se plie à toutes les exigences de la critique. Elle démontre, non-seulement que l'attraction entre deux sphères est propagée par le milieu qui les sépare, mais elle explique comment cette attraction se fait. Effectivement, puisque les atmosphères des sphères enveloppent celles-ci et adhèrent à leurs surfaces avec une puissance d'affinité et d'appétence qu'elles ne peuvent jamais satisfaire, ces atmosphères ne peuvent pas être sans puissance et sans action sur les globes circonvoisins. La seule différence qu'il y a de l'attraction d'une atmosphère pour son propre noyau et de celle qu'elle a pour celui d'un globe voisin, c'est qu'elle est à son *maximum* pour le premier, et à son *minimum* pour le second.

» Primitivement, tout fut à l'état fluide. Nos savants s'accordent à le dire ; car tout leur prouve qu'il en fut ainsi. Or, si tout ce qui est matière fut fluide dès le principe, les corps solides ne sont donc que des dépôts, des ségrégations d'éléments solidifiables d'avec le calorique ; et ce dernier, s'unissant aussitôt avec de l'oxygène, forma ainsi des atmosphères dès que les dépôts commencèrent. La profondeur de ces atmosphères augmentait donc comme augmentait la masse de chaque dépôt ; et elles comblaient dans l'espace le lieu que tenaient les substances déposées et solidifiées lorsqu'elles étaient fluides. Une planète avec son atmosphère occupe ainsi autant de place dans le firmament que tous ses composés en occupaient primitivement lorsqu'ils étaient à l'état fluide, et qu'ils occuperaient encore s'ils y revenaient. Ce travail de la solidification de la matière créatrice, que je nommerai enfantement des mondes, ne put se faire dans un milieu miraculeusement agité de l'ouest à l'est, comme le veulent les cartésiens, mais bien au sein d'un calme parfait d'un milieu paisible ; car ces mondes ne sont que des dépôts, et il n'y a pas de dépôt possible dans un milieu éternellement agité avec une violence extrême.

— Je prévois, d'après cette péroraison, que si réellement vous n'êtes pas sous l'empire de quelque égarement d'esprit, je serai forcé, moi qui ai toujours fait de la science astronomique mon étude de prédilection, d'avouer que je ne suis qu'un ignorant. Mais, mon cher, vous sapez les bases de la science astronomique actuelle! De nos plus grands génies, à peine voulez-vous en faire des écoliers!... Félicitez-vous d'être né dans ce siècle de liberté de conscience.

— La vérité ne craint pas les préjugés du siècle : lorsqu'elle parle, les passions se taisent. Si, d'une main saintement sacrilége, je renverse le vain piédestal de la science des écoles anciennes, c'est que je sens que cette main a la puissance d'en établir un nouveau plus vaste et moins fragile.

— Voilà bien de l'orgueil !

— Moins que vous le croyez. J'ai à la tête de quoi faire, dans le monde de la science, un tapage infernal ; et si je voulais, maniant l'emphase doctoriale, monter sur les tréteaux académiques, il y aurait plus d'un sot qui se laisserait prendre au brillant de ce nouveau *marquis de Clinquant*. Mais je suis tellement convaincu que mes pensées doivent appartenir également à tous les hommes, ces frères dans l'intelligence, que je les donne à qui veut les ramasser. Tenez, je veux ici vous démontrer tout le mécanisme céleste !

— Vous m'en voulez donc bien pour vouloir, par distraction, me tirailler encore l'esprit par des $A - B + C \times D = E$!

— Ne vous effrayez pas ainsi ! Je ne veux pas vous traîner à ma remorque dans le labyrinthe algébrique des Laplace et compagnie. Non ; Dieu ne fait pas de l'intelligence de ses œuvres une chose aride que quelques génies privilégiés pourraient seuls comprendre, mais une chose dont l'explication ne se refuse pas au plus commun des hommes.

— Sur cette garantie, je vous écoute.

— Pour obtenir le premier mouvement des sphères, Descartes fait tournoyer la matière dans d'innombrables tourbillons de l'ouest à l'est ; et, au milieu de cette tourmente générale et des plus miraculeuses, il prétendit que se produisirent d'innombrables autres miracles. Buffon s'y prit plus maladroitement encore. Sans pouvoir donner une raison satisfaisante à la formation du soleil et des comètes (car il faut toujours remonter à la source des choses), il fait venir une énorme comète, qui, en passant près du soleil, astre qu'il présume être, ce qu'il est loin d'être, un vaste globe liquide, lui fait faire dans l'espace, soit par un coup de queue ou un coup de tête, de vastes éclaboussures, qui fort heureusement devinrent nos planètes. Ainsi, ce ne serait qu'à un pur hasard, à l'insolence d'un flibustier du firmament, que nous devrions, nous et nos mondes planétaires, l'honneur d'exister. Buffon n'aurait pas commis cette bévue s'il eût été religieux.

» Newton fut de tous les inventeurs de systèmes le moins ridicule. Ne pouvant trouver une cause satisfaisante aux premiers mouvements des sphères, il avoua ingénument son impuissance, non pas qu'il attribua cette impuissance à son génie propre (l'homme ne fait jamais de ces aveux), mais bien à celui de l'espèce humaine. Il prétendit que cette découverte était au-dessus de l'intelligence de l'homme : c'était se retirer adroitement d'embarras. Cependant il finit par se hasarder à faire du premier mouvement un miracle, qui a réellement en lui un merveilleux pittoresque : il nous représente, à la création, Dieu lançant de sa main dans l'espace les globes du firmament avec toute la puissance de projection d'une force divine. De cette projection miraculeuse, de concert avec l'attraction, Newton fit sortir la marche orbiculaire.

» Malheureusement il fallait dans ce système un second miracle pour faire accepter le premier; il fallait que les globes, ainsi lancés, ne pussent plus s'arrêter. La chose n'était pas facile à expliquer, à moins de croire que Dieu ranime de temps à autre, par une nouvelle impulsion, les retardataires. Ce serait donner à Dieu une singulière occupation, laquelle accuserait, en outre, une faiblesse d'intelligence dans la conception de sa grande œuvre, la création.

» Cependant, où trouver la cause du mouvement éternel des sphères? Les milieux, quelques faibles qu'ils soient, offrent toujours une résistance aux corps qui se meuvent en eux, et toujours finissent par les arrêter. Si l'espace dans lequel nagent les sphères du firmament est un milieu, et par conséquent un corps résistant, depuis qu'elles ont reçu leur mouvement de projection, les sphères se seraient insensiblement arrêtées. Comme il est loin d'en être ainsi, et que leur mouvement reçoit, au contraire, une accélération, Newton crut encore se retirer d'embarras en disant que ce milieu résistant n'existait pas. Ainsi, ces champs immenses de l'infini seraient un vide ou néant au sein de la création. A cette hypothèse se rattache encore une insuffisance complète ; car elle est incapable de donner la moindre notion de la route par laquelle Dieu fit marcher la création. Il en est de même de tous les autres systèmes.

» Rendons à l'espace la vie et la puissance ; ne croyons pas que Dieu ait fait de ces plaines immenses une chose inutile, où règne, ce qui ne peut exister dans la création, le néant. Oui, ces espaces énormes qui séparent entre elles les sphères du firmament, ont leur utilité, leur puissance que le créateur leur imposa dès le principe. Je dirai plus : ils sont la cause unique des mouvements planétaires : je le prouverai.

— Parbleu ! je suis curieux de le voir.

— En faisant du firmament un plein gazeux constitué par l'entrelacement de chacune des atmosphères si profondes des globes, ce plein fluide est un composé pour le moins de deux éléments : l'un est le principe attracteur, que nous sommes convenus être l'oxygène, principe de toute combinaison ; et l'autre est le calorique, principe de la fluidité, de la désunion, de la répulsion, de l'élasticité enfin. Le milieu qui sépare une planète du soleil porte en lui à la fois le principe attracteur et celui de la répulsion ; et la répulsion est proportionnelle à la masse déplacée du milieu.

» Or, la valeur de cette masse dépend, 1° de la densité du milieu ; 2° du volume qu'il en faut déplacer. Donc, plus cette densité et ce volume sont grands, plus la résistance du milieu est considérable. Mais ce volume qui doit être déplacé se mesure par la surface antérieure du globe qui se meut en lui, et par la vitesse de ce dernier, vitesse que mesure la force attractive de la planète sur le soleil, force qui diminue, ainsi que vous le savez, comme le carré de la distance augmente.

— Voilà déjà quelques principes. Vous ne travaillez pas entièrement dans l'idéal.

— Tant mieux que je vous inspire déjà quelque confiance; car ce que je vais avancer est réellement une nouvelle et étrange chose parmi les connaissances actuelles de la science astronomique. Je n'entrerai pas dans les détails de la formation progressive des globes du firmament; cela serait trop long et assez inutile. Je vous dirai seulement que ces globes ne purent se former qu'isolément, chacun dans son coin, à part dans l'infini, et ainsi à l'abri de toute influence perturbatrice d'un voisin. Mais il advint un temps où les atmosphères de ces globes, s'étant étendues dans l'espace, proportionnellement à l'accroissance des noyaux, vinrent à se mettre en contact avec les atmosphères des globes circonvoisins. De cet instant, ces sphères, ne trouvant plus dans l'espace de matière à solidifier, avaient atteint toute leur croissance.

» Il y a à parier mille contre un qu'aucun de ces globes n'était d'une masse et d'une densité égales, quand même vous feriez partir la création du même instant; car un grand nombre d'empêchements chimiques devait mettre obstacle à cette égalité de puissance. Cependant, il dût y avoir dans l'infini quelques-uns de ces globes qui purent parvenir à des masses colossales, lesquels, en vertu de leur excessive puissance, durent avoir entre eux moins de dissemblance. Les soleils ou étoiles furent de cette catégorie. Sans doute que chacun de ces globes, attiré également dans tous les sens par les autres soleils circonvoisins, se trouva fixé à tout jamais dans la région de l'infini où il s'était formé; car, en vertu de sa masse énorme, il ne pouvait pas se trouver dans les astres circonvoisins une masse beaucoup plus puissante que la sienne, et ainsi capable, par son attraction, de l'arracher totalement de son entrelacement attracteur avec les autres soleils. Ces astres restèrent ainsi éternellement dans la région de l'infini où ils furent engendrés.

» Mais pouvaient-ils réellement rester immuables? Non; car il était impossible que chacun des soleils qui environnent un d'eux fût d'une même masse. Admettez, ce qui est présusumable que, parmi ces globes énormes environnant notre soleil, il y en eût un dont la puissance excédât celles des autres ; ce sera vers cet astre que sera entraîné de préférence notre soleil. Ce dernier se dirigera vers lui, en comprimant leurs atmosphères sur les deux surfaces solides jusqu'à ce que ces atmosphères, arrivées à un degré de pression extrême, les repoussent l'un de l'autre. Ce mouvement des soleils l'un vers l'autre ne trace jamais une orbite, et se fait par une ligne qui serait une droite parfaite sans l'influence perturbatrice des astres circonvoisins.

» Il est prouvé par l'observation que le soleil de notre système planétaire a réellement, avec toutes ses planètes, un mouvement de translation. Le soleil ne peut obtenir ce mouvement que de l'influence prédominante d'une puissante étoile circonvoisine. Je suis tenté de croire que ce mouvement lui vient de Sirius, qui nous paraît la plus grande des étoiles du firmament, en raison, sans aucun doute, de l'énormité de sa masse ou de sa distance la plus rapprochée du soleil, en comparaison des masses ou des distances des autres étoiles. Or, si notre soleil reçoit de Sirius un mouvement presque rectiligne de va-et-vient, il doit dans un temps se rapprocher de cette étoile avec tout son système, et dans un autre temps s'en éloigner en s'avançant vers les étoiles d'Hercule, point du ciel diamétralement opposé à celui où se trouve Sirius. Vous savez que nos astronomes ont, dans ces derniers temps, observé qu'effectivement le soleil, avec toutes ses planètes, avait un mouvement vers la constellation d'Hercule. Ainsi, notre soleil serait dans son mouvement de répulsion de Sirius, lorsque dans les âges antiques il aurait été dans son mouvement d'attraction.

» Mais avant que les étoiles eussent atteint toute leur puissance et qu'elles vinssent ainsi mettre en contact leurs atmosphères, il se trouvait entre ces globes énormes une immense étendue de fluide procréateur, qui enveloppait leurs atmosphères. Dans cette étendue de matière primitive se procréaient d'autres sphères, qui, soit par la multiplicité de leur nombre, soit par la proximité de grands centres attracteurs les arrêtant dans leur croissance, soit enfin par des causes physico-chimiques alors nombreuses, n'avaient encore pu atteindre, en comparaison de l'énormité des masses solaires, qu'un chiffre médiocre de matière solidifiée, lorsqu'elles mirent leurs atmosphères en contact avec celles des colosses solaires. Et ces petits globes, enfants mineurs de la grande œuvre, devinrent les planètes, filles soumises de la création, lorsque les étoiles, se couronnant d'une auréole de feu, se proclamèrent les reines du firmament.

— Vous prétendez donc que les planètes furent jadis en dehors de l'atmosphère solaire?

— Tout vous prouve qu'il en fut ainsi : le mouvement elliptique des planètes et l'observation des comètes, corps qui sont encore de nos jours des ébauches retardataires de la création, et qui demandent leur perfection à ces voyages lointains au travers des atmosphères solaires. Les planètes, comme les soleils, jouissaient primitivement de la fixité dans leur désert, soutenues par les profondeurs du milieu dans lequel elles nageaient; et, soutirant paisiblement du sein de ce milieu les éléments nourriciers qui formaient leurs masses, elles vinrent, par cet accroissement progressif, à mettre leurs atmosphères en contact avec celle du soleil. Forcées d'obéir à la puissance jalouse du potentat, de filles libres de la création, elles devinrent sujettes; car dès lors elles perdirent à tout jamais leur indépendance.

» Captives sous l'impression attractive du soleil, elles s'ébranlent, et s'avancent, lentement d'abord, vers ce foyer attracteur. Aux limites extrêmes de l'atmosphère solaire, ses couches sont au *minimum* de leur densité. Primitivement, tous les constituants atmosphériques et solides des sphères étaient très-peu condensés; car je vous ferai remarquer plus tard que ces globes reçurent successivement des condensations de plus en plus grandes, et je vous calculerai même les époques où elles eurent lieu. Ici je vous dirai seulement que les planètes, à l'époque reculée où elles devinrent globes voyageurs, étaient loin d'être des globes parfaitement solides; elles devaient tenir beaucoup de l'état gélatineux.

Par cette cause et par le peu de densité et de résistance du milieu de l'atmosphère solaire, il leur était d'autant plus facile de pénétrer dans ce milieu, que leur mouvement était des plus lents; et vous savez que la résistance des milieux diminue comme diminue le carré de la vitesse du corps qui se meut en lui. Les planètes pénétrèrent donc totalement dans l'atmosphère solaire, et cela avec tous leurs composés solides et fluides, sans en abandonner un seul atome en arrière. Le vide qu'elles produisaient à la place qu'elles venaient de quitter était à l'instant comblé par l'atmosphère solaire, qui ainsi les enveloppa.

— Les planètes entrèrent donc imparfaites dans le système solaire?

— Sans aucun doute. Elles durent être d'une densité si faible, qu'elles ne pouvaient être que d'une consistance gélatineuse. Quelques-unes pouvaient même avoir plusieurs centres d'attraction, que finit par réduire en un seul la résistance du milieu dans lequel se trouvent ces corps, résistance amenée par la vitesse croissante de la planète, et vitesse qui augmentait comme le carré de la distance au soleil diminuait. Je me réserve de vous retirer de ces quelques principes, non-seulement la physique des comètes, mais encore celle du soleil. Pour le moment, je me contenterai de chercher, d'après ma théorie, la cause de chacun des mouvements planétaires, le chiffre de ces mouvements pour chaque planète, la masse, le poids et la densité de ces globes, les rapports entr'eux du temps qui s'est écoulé depuis le moment qu'ils rentrèrent dans l'atmosphère solaire et devinrent planètes, ou autrement dire l'âge de ces corps comme planètes.

— Quelle audacieuse entreprise! Vous êtes un homme qui ne connait de borne en rien.

— Ce que je vous annonce n'est pas de la métaphysique; c'est de la science, c'est du positif; c'est Dieu qui parle par ses œuvres : je ne fais que répéter ce qu'il dit à l'homme depuis la création.

— Vous faites l'humanité bien sourde!

— Elle est plutôt aveugle. La métaphysique, toujours guidée par l'intérêt grossier et une politique égoïste, la priva jusqu'ici de la vue intellectuelle que donne l'observation des mouvements de la nature.

— Quel heureux siècle que celui qui donna le jour à un clairvoyant tel que vous!

—Encore des sarcasmes avant de pouvoir me juger!... Croyez, capitaine, qu'il y a loin de pouvoir m'enorgueillir de mon caractère : ce n'est qu'à un vice de ma nature, le seul vice qui ne trouve pas grâce dans notre société actuelle; ce n'est qu'à l'insouciance de moi-même, que je puis rêver aux grands faits du Créateur. Et pour vous montrer aussi combien je suis bon diable, c'est que, malgré vos épithètes, je vais vous faire gratuitement don de l'explication des plus grands phénomènes de la mécanique céleste.

— Vous êtes prodigue !

— Il n'y a pas de prodigalité à distribuer à tous ce qui appartient à tous... Les planètes, en pénétrant dans l'atmosphère solaire avec tout ce qui les constitue, éprouvèrent de la résistance des fluides au travers desquels elles se mouvaient ; car ces fluides ou milieux, étant matériels, résistent aux efforts des masses qui tendent à les déplacer, efforts que mesure la vitesse du corps, c'est-à-dire sa force attractive. Cette résistance du milieu étant proportionnelle à la masse du fluide déplacé, il advint que, lorsque les planètes se furent approchées du soleil à la distance qui contenait la masse de milieu capable de faire, par sa résistance, équilibre à leur puissance attractive, elles ne purent pénétrer plus loin. La masse du milieu sur laquelle une planète s'appuie augmente d'abord sa résistance comme le carré de la distance diminue, puisque la masse de ce milieu augmente comme la densité de l'atmosphère solaire, laquelle densité augmente aussi dans ce rapport; mais la résistance de cette masse de milieu augmente encore comme le carré de la vitesse de la sphère qui se meut dans ce milieu. En effet, il est prouvé en physique que la résistance des milieux croît à mesure que la vitesse du mobile augmente; elle ne croît pas simplement comme la vitesse, mais comme le carré de la vitesse : de sorte que si l'on suppose deux corps égaux A et B, qui se meuvent tous deux dans le même milieu, et que A se meuve avec une vitesse triple de celle de B, A éprouvera une résistance neuf fois aussi grande que celle qu'éprouvera B; car quand des corps semblables se meuvent à travers le même fluide avec des vitesses différentes, cette résistance croît en proportion du nombre des particules frappées dans un temps égal, et ce nombre est comme l'espace parcouru dans le même temps, c'est-à-dire comme la vitesse. Mais, de plus, cette résistance croît en proportion de la force avec laquelle le corps heurte contre chaque partie, et cette force est comme la vitesse du corps. Par conséquent, si la vitesse est triple, la résistance est triple à cause du nombre triple de parties que le corps doit écarter : elle est aussi triple à cause du choc trois fois aussi fort dont elle frappe les particules. C'est pourquoi la résistance totale est trois fois aussi grande.

— Ainsi, un corps qui se meut dans un fluide est retardé, partie en raison simple de sa vitesse, et partie en raison doublée de cette même vitesse; et quand cette vitesse est arrivée à un certain point, le corps frappe le fluide plus vite qu'il ne peut céder, et ce fluide sert de point d'appui. Appliquons à la mécanique céleste ces principes de la résistance des milieux. La résistance du milieu qui sépare une planète du soleil augmente donc de trois manières sous la force attractive qui la produit : 1° Elle augmente comme le carré de la distance au soleil diminue, parce que la densité et ainsi la masse de ce milieu augmente comme diminue le carré de la distance au soleil; 2° Elle augmente comme le carré de la distance au soleil diminue, parce que l'attraction de la planète, et ainsi sa vitesse, augmente comme diminue le carré de la distance; 3° Elle augmente encore comme le carré de la distance au soleil diminue, parce qu'elle n'augmente pas seulement comme la vitesse, mais comme le produit de cette vitesse par elle-même, c'est-à-dire comme le produit du carré de l'attraction par lui-même. De ces conséquences, je retire que la force d'attraction ou centripède augmente comme le carré de la distance diminue, lorsque la force de répulsion ou centrifuge augmente comme trois fois le carré de la distance diminue.

» Ainsi remarquez que la force répulsive du milieu qui sépare une planète du soleil étant à la force attractive comme 3 *est à* 1, je me trouve dans toutes les conditions exigées par la mécanique pour faire tracer à la planète une ligne courbe autour du soleil. Car, pour que le mobile A, que je suppose être une planète (*Fig. 2*ᵐᵉ), soit sollicité à se mouvoir autour du point S, désignant le soleil, il faut nécessairement qu'il soit sous l'influence de deux puissances A B, A C, dont les directions fassent entre elles un angle droit au point A, et dont la force A B soit à la force A C *comme* 3 *est à* 1.

» Le mouvement composé de ces deux forces commencera par A *d*, et continuera vers *l*, *m*, D, si rien ne changeait dans ces forces. Mais si, une fois cette nouvelle direction imprimée, la puissance qui était en A C se trouve placée en *d* H, faisant encore angle droit avec la nouvelle direction *d* D, comme elle le faisait d'abord avec la direction A B, le mouvement se composera de nouveau, et le mobile ira de *d* en *e* : si alors cette puissance se trouve placée en *e* I, faisant encore angle droit avec *e* E, le mobile se portera de *e* en *f* : la pareille chose continuant d'arriver, le mobile se portera de *f* en *g*, puis en *h*, etc., etc., de sorte que ces directions, continuant de changer ainsi, finiraient par aboutir au point A, après avoir fait le tour entier du point S.

— Dans ce mouvement en ligne courbe je ne vois qu'une difficulté, et elle est majeure : c'est que vous me donnez la force répulsive du milieu S A dans la direction de A B, lorsqu'elle n'est réellement que dans celle de A R, diamétralement opposée à celle de l'attraction A S.

— Un peu de réflexion suffit pour faire résoudre cette difficulté qui vous paraît si monstrueuse. Ne vous ai-je pas assez répété que l'espace S A, compris entre le soleil S et une planète A, doit être considérée ainsi qu'une colonne immense constituée par un milieu résistant et attracteur tout à la fois. Or, cette distance S A est pour la planète A la différence de ces deux forces diamétralement opposés de direction, dont l'une, l'attraction, est dans la direction de A S, et l'autre, la répulsion, dans la direction de S R. Placée entre ces deux forces opposées et incessantes, la surface de la sphère A est réellement sous l'influence de deux pressions énormes, dont l'une, l'attraction, se fait contre elle dans la direction R A, et l'autre, la répulsion, dans la direction S A, pressions puissantes se faisant chacune sur deux points extrêmes de la circonférence du globe et éloignés l'un de l'autre exactement de 180° degrés.

» La planète ne peut alors rester immobile en A, suspendue au-dessus du soleil S; car elle est de forme sphérique, et reçoit, à 180° degrés de l'un de l'autre, le *maximum* des deux forces comprimantes sur deux petits segments de sa circonférence, lesquels offrent d'autant moins d'étendue de surface plane que le volume de la sphère est plus petit. Le globe A se trouve donc dans les meilleures dispositions possibles pour fuir de ces deux puissantes et incessantes pressions à direction diamétralement opposée, en s'échappant par la tangeante A B, c'est-à-dire à 90° degrés de chacun des deux points où se tient le *maximum* des deux forces agissantes. Le corps A s'élance d'autant plus facilement vers B qu'il a devant lui un milieu qui lui offre une résistance qui est la racine cubique de la résistance de A S.

» Ainsi, toutes les planètes étant simultanément attirées et repoussées du soleil, aucune ne peut se dérober à l'influence de cet astre, comme aucune ne peut venir, dans une chute parfaite, se perdre sur sa masse. Toutes tenteront en vain à s'échapper de leurs pressions; elles fuiront seulement par la tangeante en glissant suivant le prolongement du rayon S A que présente sa distance au soleil. Or, elles ne peuvent ainsi glisser sur ce prolongement sans tracer un cercle autour du soleil, puisqu'elles ne cessent d'être sous l'impression de leurs deux forces combinées. Ce cercle ne peut non plus être parfait tant que ces deux forces ne seront pas devenues égales; et ainsi, tant que les planètes seront encore pour le soleil dans le cas de corps en chute, elles traceront autour de cet astre une ellipse plus ou moins allongée, selon l'époque plus ou moins reculée de leur entrée dans le système solaire.

— Ah! voilà donc une cause nouvelle du mouvement orbiculaire trouvée!... Elle nous débarasse des difficultés des anciennes théories.

— Cet échappement des planètes par la tangeante n'est pas moins sollicité par les raisons que je viens de vous donner que par la rotation propre du soleil, qui, présentant à l'action planétaire des points de sa surface toujours dissemblables, doit engager toutes les sphères qui pèsent sur lui à suivre, dans leur échappement par la tangeante, la direction du mouvement de la rotation de sa masse. En effet, la rotation du soleil se fait de l'occident vers l'orient, et c'est dans cette même direction de l'occident vers l'orient que toutes les planètes s'échappent par la tangeante, c'est-à-dire marchent dans leurs orbites. Il est impossible qu'un corps qui, ainsi que les sphères planétaires, fuit par la tangeante la contrainte de deux pressions à direction opposée, dans un milieu résistant, ne puisse pas avoir, dans son mouvement de translation, un second mouvement, celui de rotation sur son axe, dans la même direction du mouvement orbiculaire, de l'ouest à l'est.

— La rotation des planètes se trouverait donc engendrer par la cause qui produit le mouvement orbiculaire?

— Par cette même raison, la rotation des planètes qui possèdent des satellites doit être d'autant plus accélérée, eu égard à la différence des masses à mouvoir, que ces masses ou planètes ont plus de satellites. Nous reviendrons sur ce sujet; pour le moment, il nous suffit que nous soyons bien convaincus que la force qui lance les planètes dans leurs orbites est l'excès de la puissance répulsive du milieu sur leur attraction. Car la force répulsive est toujours à la force attractive *comme* 3 *est à* 1. Or, une partie de la force répulsive S A du corps planétaire A (*Fig.* 2me), s'emploie pour lutter contre la force attractive dont la direction est R A S, et dont la puissance augmente comme le carré de la distance diminue, lorsque la seconde se perd pour le déplacement du milieu

AB, qui offre à la planète, s'échappant par cette tangeante, une résistance proportionnelle à sa masse, laquelle augmente aussi comme le carré de la distance AS diminue ; la troisième partie de la force répulsive reste donc pour lancer la planète dans l'orbite A*h* avec une vitesse qui augmente de même, eu égard toutefois à la masse planétaire à mouvoir, comme le carré de cette distance AS diminue.

— Il résulte de tout ce que vous venez de me dire que l'attraction augmente comme le carré de la distance diminue, lorsque la résistance de la masse du milieu comprimé augmente comme trois fois le carré de cette même distance. Alors les planètes recevant du soleil trois fois plus de répulsion que d'attraction, comment auraient-elles pu s'approcher de lui de manière que leur répulsion devienne 3 lorsque leur attraction reste 1.

— Votre réflexion serait très-bonne si vous pouviez ignorer les belles expériences de Mariotte sur l'élasticité des gaz, lesquelles vous démontrent que leur résistance est, il est vrai, directement proportionnelle aux pressions qu'on exerce sur eux, mais que leur volume est inversement proportionnel. Ainsi, la pression de la masse du milieu qui sépare la terre du soleil est bien égale à trois fois le carré de la diminution de la distance de ces deux astres, lorsque l'attraction n'est que le carré de cette diminution ; mais le volume de cette masse de milieu est inversement proportionnel à sa pression, et n'a, par conséquent, pour étendue que la racine cubique du chiffre de la force répulsive, qui n'est autre que le chiffre de la distance de la planète au soleil. C'est par cette diminution du volume de la masse du milieu, proportionnée à sa pression, que, quoique les planètes reçoivent une augmentation de pesanteur sur le soleil comme diminue le carré de la distance, elles peuvent cependant comprimer une masse du milieu de l'atmosphère solaire capable de produire une force de répulsion qui est 3 lorsque l'attraction est 1.

— En raison de cette diminution du volume de la masse du milieu comprimé, une planète s'approche ainsi beaucoup plus près du soleil qu'elle ne le ferait sans cette diminution de volume; et comme ce rapprochement fait augmenter la masse du milieu, dont la densité augmente comme la carré de la distance diminue, je conçois maintenant pourquoi l'attraction d'un globe planétaire, passant de son aphélie à son périhélie, semble l'emporter sur la force répulsive.

— Remarquez aussi que, dans ce mouvement, cette suprématie apparente de l'attraction sur la répulsion travaille elle-même à faire naître la puissance qui doit repousser la planète du soleil : elle tend le ressort qui, par son débandement, la chassera de son périhélie vers son aphélie. Quand une planète arrive à son périhélie, son attraction est à son *maximum*, et lui donne sa plus grande vitesse dans son orbite, en même temps que la masse du milieu qui la sépare du soleil se trouve, ainsi que sa pression, des plus considérables; et la répulsion de cette masse est augmentée comme trois fois le carré de la distance a diminué, lorsque l'attraction n'a augmenté que comme a diminué ce carré. Il advient alors que le globe frappe le milieu plus vite qu'il ne peut céder; et ce milieu, en vertu de sa résistance poussée à son *maximum*, devient point d'appui à la planète. Celle-ci est instantanément arrêtée dans le mouvement accéléré de sa direction attractive, et ce point d'arrêt d'un instant suffit pour lui faire perdre spontanément toute sa prodigieuse impulsion de vitesse acquise dans sa chute vers le soleil. Alors elle ne pèse plus sur le milieu que du poids de sa masse, puisqu'elle vient de perdre subitement toute l'impulsion acquise dans sa chute. Là, les rôles changent : la masse du milieu, ne trouvant plus dans la planète arrêtée toute la puissance de la vitesse qui l'animait, tend, dès l'instant que celle-ci se perd, à reprendre le volume qu'elle possédait avant sa pression; ce qu'elle ne peut faire qu'à l'aide de sa puissante réaction. Cette colonne ou masse de milieu comprimée, qui sépare la planète du soleil, se trouve alors en tout semblable à un ressort qui se débanderait entre ces deux globes.

— Vous appliquez aux mouvements planétaires les lois du choc des corps élastiques.

— Les globes célestes ne sont-ils pas, en raison des puissantes atmosphères qui les enveloppent, des corps parfaitement élastiques? Les planètes, venant des profondeurs du firmament tomber vers le soleil avec une impulsion uniformément accélérée, ne sont-elles pas chacune dans le cas du choc des corps élastiques frappant une masse immuable, le soleil? La colonne ou masse de milieu comprimé que mesure la distance de chacune des planètes au soleil, n'est-elle pas un ressort constant se réargissant contre les surfaces des planètes et celle du soleil? La puissance de réaction de ce ressort venant de fluides comprimés dont la mobilité de leurs parties fait qu'il n'y a que celles qui choquent l'obstacle qui fassent effort, les autres ne contribuant pas à cet effet (d'où vient que leur réaction demande du temps avant de pouvoir agir avec toute sa puissance); cette réaction du milieu, dis-je, est donc proportionnée aussi à l'étendue du volume ou grosseur des planètes; car la surface antérieure de ce volume mesure l'étendue de la masse de milieu comprimée?

— Si, lorsqu'une planète est arrivée à son périhélie, la masse du milieu comprimé entre sa surface et celle du soleil est semblable à un ressort parfait se débandant entre ces deux globes, il y a donc un moment de repos avant cette réaction du milieu?

— Non; car il est certain qu'un corps à ressort qui vient frapper un plan (et le soleil, vu sa masse énorme comparée à celle de chacune des planètes, peut ici être considéré ainsi qu'un plan), se bande et diminue peu à peu le volume de son ressort en consommant petit à petit tout le mouvement qu'il a et qu'il emploie à bander son ressort. Quand une fois le ressort est totalement bandé et que le corps a perdu tout son mouvement, le ressort se débande aussitôt sans qu'il y ait d'intervalle entre le commencement du débandement et la fin du bandement. En effet, qu'elle serait la cause qui ferait que le ressort resterait bandé lorsque le mouvement du corps est entièrement cessé et que rien ne s'oppose au débandement du ressort? La masse du milieu se débande donc aussitôt, et rend par degrés à la planète, se trouvant à son périhélie, tout le mouvement qu'elle vient de perdre, précisément comme un pendule qui retombe après avoir en montant consommé tout son mouvement; et le bandement et le débandement se font dans un temps parfaitement égal.

— Mais le ressort de cette masse de milieu comprimé a-t-il en se débandant la puissance de chasser la planète de son périhélie à son aphélie?

— Il ne peut plus vous rester de doute sur ce que les globes célestes doivent être considérés, vu les puissantes atmosphères qui les enveloppent chacun, comme des corps élastiques dont le ressort est parfait. Or, il est prouvé par l'expérience que la réaction résultant du choc de deux corps parfaitement élastiques produit toujours une impulsion de mouvement double de l'impulsion qui engendre le mouvement primitif du choc. Le boulet qui s'échappe de la bouche du canon s'élance avec une grande impétuosité; car il est sous l'influence d'une réaction doublée du ressort de la poudre enflammée, qui, se débandant entre le boulet et la culasse du canon, se réagit avec sa puissance totale sur le boulet seul, puisqu'il trouve dans le poids du canon une masse qu'il ne peut ébranler.

» Dans cette expérience, le boulet est sous l'influence de la réaction doublée de la poudre, et il en est de même d'une planète, lorsqu'elle vient choquer la masse énorme du soleil qu'elle ne peut ébranler, quelque grande que soit la vitesse avec laquelle elle le frappe. Toute la réaction de la masse comprimée du milieu qui sépare les deux globes au périhélie ne pouvant donner un mouvement rétrograde qu'au plus petit globe et ainsi à la planète, celle-ci se trouve alors obéir seulement à la réaction totale du milieu, réaction qui la repousse du soleil et la chasse à son aphélie, en lui donnant dans ce mouvement une impulsion double de celle que lui donne en sens opposé son attraction; aussi retourne-t-elle de son périhélie à son aphélie.

» Si, une fois qu'une planète est à son périhélie, l'attraction du soleil cessait tout à coup, la réaction du milieu agissant seule sur le mouvement de la planète, celle-ci serait lancée de son périhélie vers son aphélie avec une vitesse double de celle du mouvement qu'elle possédait en descendant de son aphélie à son périhélie; mais comme l'attraction est incessante sur la planète, et que son action est diamétralement opposée de direction à la réaction du milieu, elle diminue de moitié l'impulsion de la répulsion. Alors la vitesse du mouvement de la planète de son périhélie à son aphélie, résultant de cette différence, n'est plus que sous une vitesse simple de la réaction du milieu, laquelle lui donne ainsi un mouvement parfaitement semblable en vitesse à celui de son aphélie à son périhélie. En ceci je suis conforme aux lois du choc central des corps élastiques, lesquelles prouvent que la vitesse respective est la même avant et après le choc.

—Que les partisans de Buffon prétendent encore qu'une comète brutale est venue frapper le soleil, et que notre monde peut fort bien redouter de pareilles avanies! Jamais deux globes un peu puissants en surface ne pourront confondre leurs masses.

—Il est un autre accord qui n'est pas moins précieux pour cette théorie nouvelle que j'applique à la mécanique céleste. Comme Newton, je trouve que les corps planétaires tournent autour du soleil par l'effet d'un mouvement dont l'impulsion augmente comme le carré de la distance au soleil diminue. Ainsi que Képler, je trouve que les carrés de la vitesse de ce mouvement pour deux planètes comparées sont entr'eux comme les cubes de leurs distances au soleil. Si, à cette théorie, vous pouvez en opposer une autre qui puisse donner une satisfaction meilleure aux mouvements sidéraux, je conviendrai que je suis dans l'erreur.

— Si la résistance du milieu croît comme trois fois le carré de la distance diminue, lorsque l'attraction ne croît que comme le carré de cette diminution, le mouvement des planètes dans leurs orbites ne naît pas de l'attraction proprement dite, mais bien de la répulsion, puisque ce mouvement vient de l'excès de la force répulsive sur la force attractive. Newton s'est donc trompé en prétendant que le mouvement dans l'orbite venait de la force attractive.

— Comme le chiffre de ce mouvement est le même, soit qu'on l'attribue à la répulsion ou à l'attraction, il semblerait qu'il serait indifférent qu'on les fît sortir de l'une ou de l'autre. Cependant il ne doit pas en être ainsi; car si vous l'attribuez à l'attraction seule, comme le fit Newton et tous les astronomes qui le suivirent, vous vous liez les mains; vous rendez inexplicable la cause de la force répulsive, la cause vraie de la marche dans un orbite elliptique, et celle de la rotation sur un axe; d'immenses découvertes vous échappent. Enfin vous arrachez à l'astronomie les germes de la robuste vitalité qui doivent la rendre mère des progrès futurs de l'intelligence humaine.

— Je conçois maintenant, grâce à votre théorie, qu'une planète puisse de son périhélie retourner à son aphélie, et que la vitesse de ce mouvement rétrograde soit en tout semblable à celui que ce globe avait lorsque son attraction la faisait tomber de son aphélie à son périhélie; je conçois que ce dernier mouvement ait lieu dès l'instant que s'est usé tout l'excès de la réaction du milieu contre la force attractive, et qu'alors la planète retombe de nouveau à son périhélie pour retourner aussitôt à son aphélie, et *vice versâ*.

— Retenez bien aussi que, pour chaque globe planétaire, la vitesse dans l'orbite est après le choc sur le soleil la même qu'elle était auparavant. C'est une loi imposée par le Créateur au choc des corps élastiques.

— Ce pauvre soleil ! vous le battez comme enclume. Que doit être sa densité sous l'action incessante de toutes ses planètes !

— Cette grande densité du soleil est une chose indispensable à sa puissance suprême; car s'il possède une atmosphère attractive immense, il la doit à l'énorme densité de sa masse.

— Mais cette densité doit être prodigieuse?

— Malgré l'excessive densité du soleil, que nous ne pouvons pas calculer, puisqu'il nous est impossible de connaître toutes les planètes du système, la masse de cet astre ne possède-t-elle pas encore un volume qui est 1,326,480 fois celui de la terre. C'est en raison de sa masse colossale que le soleil ne peut recevoir du choc d'une planète, quelque puissante qu'elle soit, un mouvement rétrograde; ce qui d'ailleurs serait impossible, puisqu'étant au centre des mouvements planétaires, il est retenu fixe à ce centre par les planètes agissant simultanément sur tous les points de sa circonférence. Ainsi, vu la masse énorme du soleil, cet astre reste immuable sous les chocs répétés des planètes, auxquelles, en raison de leurs chocs, il transmet un mouvement de rétrogradation, comme le ferait une masse inébranlable plane et parfaitement élastique.

» Quelque prodigieuse que soit sa masse, le soleil ne doit-il pas cependant recevoir de la somme des actions planétaires sur lui un mouvement quelconque; car, en raison de sa forme sphérique, il ne faut pas une force bien grande pour être ébranlé? Dans le choc des corps élastiques, comme le sont toutes les sphères du firmament, la puissance d'impulsion du corps choquant se communique au corps choqué suivant le rapport des masses. La réaction double toujours dans le corps choqué (qui est ici le soleil) la somme d'impulsion que celui-ci acquiert par communication. Ainsi, le soleil est toujours sous l'impression de la même réaction du milieu qui repousse toutes les planètes à leurs distances de lui, réaction dont la puissance est 3 lorsque celle de l'attraction est 1. Le soleil est donc constamment sous l'impression de toute la somme des réactions des planètes contre lui. Comme, outre l'énormité de sa masse qui ne peut lui permettre un mouvement de rétrogradation, il est au centre de l'orbite de chacune des planètes, il ne cessera pas d'être fixe; mais, vu sa forme sphérique, il lui faudrait une force bien moindre que celle du choc de toutes les planètes sur lui, pour recevoir un mouvement de rotation sur lui-même, mouvement d'autant plus facile à lui être imprimé que chacune des planètes tourne autour de lui avec des puissances différentes de l'une de l'autre et à des points toujours dissemblables de sa circonférence.

— Voici une cause de rotation du soleil dont j'étais loin de me douter. Quoi! ce globe superbe n'a pas toutes les prérogatives! la plus modeste planète peut lui revendiquer quelque chose de sa toute-puissance!

— Chacune peut même lui réclamer une part au travail de sa brillante auréole; car ce sont les planètes qui, par le concert harmonieux de leurs puissances réunies, engendrent cette atmosphère de feu, qui couvre le maître ainsi qu'un manteau royal.

— C'est plus fort! Voilà maintenant les planètes qui éclairent le soleil!... Je ne serais pas étonné de vous entendre dire aussi qu'elles l'échauffent!

— Certainement, elles produisent sur lui ces deux effets.

— Vous êtes fou!

— L'ai-je prouvé par ce que je vous ai déjà démontré?

— Vous me jetez à la face des choses si étranges, si dissemblables des croyances professées jusqu'alors, qu'on peut fort bien présumer que l'originalité de votre génie est un pur dérangement de cerveau... Prouvez-moi alors votre bon sens en me prouvant la réalité de vos suppositions; car j'aime à croire que ce ne sont de vous que des suppositions.

— Non pas! je vous affirme que ce sont des vérités.

— Si vous ne m'aviez pas déjà donné au sujet du magnétisme et de la combinaison des forces planétaires des résultats satisfaisants, je vous tournerai le dos.

— Oh! je ne tiens pas à vous imposer des croyances nouvelles! restez donc dans votre ignorance scolastique. Brisons là-dessus, et ne parlons plus d'astronomie!

— Ne nous fâchons pas. Pardonnez-moi si j'ai tant de peine à me résoudre à ne plus croire ce que j'ai toujours cru. Diable! ce premier sentiment d'incrédulité est très-naturel! Je sais que vous n'avancez rien dont vous ne soyez certain de la solution. Allons, je vous écoute!

— A demain. C'est ma vengeance!

— Ah! traître...

MOUVEMENTS PLANÉTAIRES.

QUATRIÈME QUART.

MOUVEMENTS PLANÉTAIRES.

De huit heures du matin à midi

Comme nous l'avions prévu, la nuit se passa pour l'équipage aux préparatifs mystérieux de la joyeuse scène qui devait se jouer à l'aurore.

La Vierge céleste venait de tremper ses blanches ailes dans les eaux de l'océan, et bientôt elle disparut elle-même sous l'horizon liquide; mais son bras tenait encore au-dessus des flots mouvants le brillant Épi, comme un gage qu'elle laisse à l'humanité de la fécondité qu'elle promet, au printemps, par son coucher héliaque et cosmique.

A cet instant, l'orient s'illumine, et lançant ses feux vers le ciel, vient éclairer un spectacle inaccoutumé sur notre navire. L'avant n'est plus une proue qui creuse de sa lame tranchante le sein de la mer. Elle est métamorphosée en une tente presque coquette, dont les draperies, que soutiennent les bras robustes de caliornes, laissent voir dans son intérieur des trônes sur lesquels siégent des personnages étranges, dont l'assemblage grotesque donne une comique charge de l'assemblée des dieux olympiens.

M. John était alors à l'arrière, un peu interdit de la vision qui se déroulait devant lui en même temps que la lumière.

Quatre robustes gaillards, tenant tout à la fois du sylvain et du gendarme, s'acheminèrent de l'avant vers l'arrière, armés d'énormes sabres. Ils enveloppèrent le pauvre John (il avait été dénoncé par l'infernal mousse, qui en ce moment avait l'impudence de prendre les traits de Cupidon). Ayant ainsi le viel officier renfermé au milieu d'eux, les sylvains, conservant toujours un sérieux imperturbable, lui firent signe de marcher vers l'avant.

—Enfants, pas de mauvaises farces! dit John, dont l'esprit flottait entre la résistance inutile et la résignation forcée. »

Mais ces exécuteurs des volontés de l'Olympe étaient d'un mutisme impitoyable. Arrivés avec leur prisonnier aux pieds du Très-Haut, ils firent faire à M. John, par une impulsion vigoureuse et bien calculée, trois saluts profonds mais nullement volontaires devant le père la Ligne. Puis, au signe d'un animal à forme inconnu et qui semblait, par les mouvements qu'il se donnait, remplir les fonctions de maître des cérémonies, on fit asseoir l'officier sur un gigantesque fauteuil qui, derrière lui, tendait ses bras perfides.

Alors s'avancèrent sur la scène deux animaux nouveaux à tête de pie, et dont le corps était recouvert d'une longue robe; ce qui leur donnait assez l'aspect de gens de lois. D'énormes paquets de papiers gras étaient sous leurs bras. Ces messieurs établirent le procès de M. John : l'un était l'accusateur public, et l'autre le défenseur.

Quoique le service maritime exige une discipline qui gêne un peu la liberté, les Américains se sentent toujours à la mer de l'indépendance de la patrie, et sous des scènes telles que celle-ci ils donnent quelquefois de sévères leçons aux jeunes officiers un peu trop enclins au système despotique.

L'accusateur de M. John se mit à lui reprocher vertement les abus de son autorité, et traitait de crime chacune des petites misères qu'il avait fait endurer au peuple matelot. Bref, il remplissait tellement bien sa mission d'accusateur, qu'à son avis notre pauvre second était un chien enragé qu'on devait jeter à l'instant par-dessus le bord.

Le défenseur prit à son tour gravement la parole; et tout en laissant, par d'adroits aveux, peser sur l'accusé quelques charges touchant l'examen de sa conduite gouvernementale, il conclut qu'il était cependant digne de pardon. Le grand tribunal fut de son avis, et décréta que le baptême suffisait pour laver les ordures de son âme, et faire désormais de M. John un homme excellent.

A ces mots, s'avança patelinement, suivi de dignes acolytes, un grand-prêtre au regard doucereux, le traître!... Tandis que ses clercs faisaient la barbe et la toilette du catéchumène, il prononçait sur sa tête des mots d'une langue aussi inconnue à celui qui les prononçait qu'aux assistants : ce qui rendait ces paroles beaucoup plus sacramentales. Puis, d'une main saintement dévote, il verse avec une calebasse de l'eau lustrale sur la nuque du vieux néophyte, tandis que de l'autre, trop fidèle exécutrice de ses noirs projets, il tire traîtreusement du siége la planchette fatale qui mettait obstacle au jeu de la bascule sur laquelle, hélas! reposait avec trop de confiance le centre de gravité de M. John; et ce dernier plonge au fond d'un gigantesque baquet, dont les flancs perfides recèlent de l'onde amère.

A cet instant solennel, les dieux de l'Olympe jettent loin d'eux leurs attributs divins : Jupiter laisse tomber ses foudres de carton, Neptune son trident de bois, et riant des rires d'une joie trop humaine, ils courent, comme de simples mortels, faire tomber sur la tête du nouveau venu dans l'empire du père la Ligne, un déluge incessant.

Ces scènes de la mer n'ont pas dans la marine française le but moral qu'on leur retrouve sur les navires des États-Unis. Aussi sont-elles insignifiantes pour les marins français, lorsqu'elles sont pour ceux de la jeune Amérique de joyeuses leçons qui ne sont jamais perdues pour les officiers.

Toute la matinée s'employa de la sorte aux baptêmes de la ligne; l'heure du déjeuner seul y mit un terme. La ration double de vin répara les forces que chacun avait dépensées à cet exercice aquatique; et tout à bord reprit son état normal.

Ce fut alors que le capitaine, me tendant la main en m'abordant, renoua ainsi nos entretiens astronomiques :

— M'en voulez-vous encore d'hier?

— Je le devrais peut-être.

— Un philosophe ne peut pas être rancunier; sans quoi il ressemblerait à ses adversaires. D'ailleurs, je me suis fait, au sujet de la rotation du soleil, une réflexion dont je serai bien aise de vous faire part.

— Vous me prenez par mon faible : c'est mal d'employer la séduction !... Quelle est cette réflexion?

— Puisque la rotation du soleil est, d'après vous, le résultat des forces combinées des planètes sur sa masse, les satellites ne sont-ils pas pour leurs planètes des causes de rotation?

— Sans aucun doute, les satellites sont des éléments de vitesse de rotation pour leurs planètes.

— Encore une découverte !... Mais nos savants ne savent donc rien des mystères du ciel?

— L'astronomie est une prude; il faut toujours lui faire violence pour en obtenir quelques faveurs. Vous et nos savants, vous vous êtes toujours contentés, en ingénus écoliers, de ce qu'elle voulait bien vous laisser voir. Il n'est pas étonnant qu'elle se soit toujours tenue fièrement drapée pour ne pas, la coquette, vous laisser à découvert, dans un instant d'oubli, quelques-uns de ses charmes secrets. Il lui faut un amant audacieux, entreprenant, qui brusque un peu chez elle les convenances. Elle me tenait rigueur comme à tout autre; mais j'ai agi avec elle, comme en pareille occurrence l'amant agit avec sa maîtresse rebelle. Dans un de ces moments de béguculerie où elle me tournait le dos, je déliai sournoisement le cordon de son voile, et lui enlevant ce dernier par un mouvement brusque, je la mis nue devant moi.

— C'était se comporter un peu trop en marin avec cette souveraine du ciel.

— Sans cette audace je n'aurais rien obtenu.

— Croyez-vous qu'elle ait réellement couronné votre impertinence !

— L'astronomie est femme : elle sourit à ma hardiesse. Les fruits nés des amours de mon cerveau avec elle vous prouvent que plus d'une fois elle me donna de saintes voluptés intellectuelles.

— Petit fat !... Jusqu'ici vous ne m'avez encore parlé que théoriquement des mouvements planétaires; appliquez donc la pratique à cette théorie nouvelle. Un système, quoique se soutenant par le raisonnement, n'est pas pour cela toujours vrai : il faut des chiffres pour le faire adopter.

—Eh ! patience, je vous ai à peine posé les premières bases de l'édifice, et vous voulez déjà jouir de sa totalité. Ne fallait-il pas que je vous prouvasse métaphysiquement avant tout la solidité de ma théorie. Je vous ai posé un théorème, je vous en donnerai le corollaire : en mathématique cela est de rigueur. Soyez persuadé que je ne vous ferai pas grâce de l'explication du moindre mouvement planétaire... Je vais, pour chaque planète, vous calculer la valeur des forces combinées qui retiennent ces globes à leurs distances moyennes. Ces distances sont, d'après ma théorie, le résultat de la résistance du milieu qui sépare les planètes du soleil. Je vous ai déjà dit que cette résistance était proportionnelle à la masse du milieu qui doit être déplacée. La valeur de cette masse dépend, 1° de la densité du milieu; 2° du volume qu'il en faut déplacer : donc, plus cette densité et ce volume sont grands, plus la résistance du milieu est considérable, et plus doit être grande la distance d'une planète au soleil. Ainsi, la masse comprimée du milieu par une planète se mesure par le carré de sa distance au soleil (la densité du milieu étant dans ce rapport) et par la surface antérieure ou par le volume de cette planète, (ce qui est indifférent quant au résultat).

» La résistance de l'atmosphère solaire se mesurant par le volume des planètes, et le volume de la terre étant 15,87 (quotient des cubes des diamètres de la terre et de Mercure) fois plus grand que celui de Mercure, la terre déplacerait donc 15,87 fois plus de masse de milieu qu'en peut déplacer

Mercure, si la densité de ce milieu était la même dans toutes les régions de l'atmosphère solaire. Mais comme la densité ou masse de ce milieu diminue comme le carré de la distance augmente, cette masse doit être diminuée de 6,66 (carré de 2,58 = 1, distance de la terre : 0,387, distance de Mercure); ce qui porte la masse réelle du milieu déplacée par la terre à (15,87 quotient des volumes — 6,66 carré du quotient des distances, =) 9,21 fois celle déplacée par Mercure.

» La résistance du milieu étant proportionnée à sa masse déplacée, la terre reçoit donc du milieu qui la sépare du soleil une force répulsive qui est 9,21 fois plus grande que celle que Mercure reçoit du milieu qui le repousse du même astre. En supposant que la force attractive de la terre sur le soleil, résultant de sa masse, soit la même que celle de Mercure sur ce foyer, sa distance du soleil contiendrait donc 9,28 fois celle de Mercure. Mais il n'en est pas ainsi; sa distance réelle ne contient que 2,58 fois celle de Mercure. Pour que la terre puisse vaincre cette résistance du milieu, il faut que l'attraction de cette planète soit sur le soleil (9,21, quotient des résistances : 2,58, quotient des distances, =) 3, 56 fois plus grande que celle de Mercure.

» Or, l'attraction est en raison directe des masses, comme elle est en raison inverse des carrés des distances; pour que la terre ait ainsi, à sa distance, 3,56 fois plus de puissance attractive sur le soleil que Mercure à la sienne, il faut que sa masse soit (3,56, force attractive en plus de la terre × 6,66, carré du quotient des deux distances, =) 23,70 fois celle de Mercure.

» Si la densité de la terre était égale à celle de Mercure, son volume serait autant de fois plus grand qu'est plus grande sa masse, et serait ainsi 23,70 fois celui de Mercure; mais comme il ne l'est que 15,87 fois, c'est-à-dire d'un tiers moindre, la terre est donc d'un tiers plus dense que Mercure. Nous reviendrons sur ce tiers de plus de densité de la terre sur Mercure; car ce chiffre doit nous initier aux plus imposants mystères de la géogonie et des théogonies que s'est données l'humanité.

» Ainsi, la force qui repousse la terre du soleil est 9,21 fois celle de Mercure, et celle qui l'attire vers ce foyer contient 3,56 fois celle de Mercure. Comme ces deux forces ont leurs effets diamétralement opposés, la distance moyenne de la terre au soleil, résultant de la différence de ces deux forces, est ainsi (9,21, quotient des répulsions : 3,56, quotient des attractions,=) 2,58 fois celle de Mercure. L'observation confirme cette vérité; car la distance observée de Mercure au soleil est, d'après Messieurs de l'Observatoire, 0,387 lorsqu'on fait 1 celle de la terre, et (1 : 0,387 =) 2,58.

— Eh! c'est spécieux ce que vous me dites là!

— Peut-être que ces calculs, qui s'appliquent si bien aux éléments de Mercure, se refuseront à ceux des autres planètes. Appliquons à Vénus, la seconde planète inférieure du système, les calculs que nous avons faits pour Mercure.

» Le volume de la terre est 1,09 (quotient des cubes des diamètres de la terre et de Vénus) fois le volume de Vénus; la terre déplacerait donc 1,09 plus de milieu, si, à la distance de la terre du soleil, la densité de ce milieu était la même qu'à la distance de Vénus. Mais la distance de la terre au soleil contenant (1, distance de la terre : 0,723, distance de Vénus, =) 1,383 fois celle de cette planète, et la densité du milieu diminuant comme le carré de la distance augmente, cette densité du milieu à la distance de la terre est 1,912 (carré du quotient 1,383 des distances des deux planètes) fois moindre que de ce qu'elle est à la distance de Vénus au soleil. Alors la masse du milieu déplacé par Vénus est (1,912, quot. des densités — 1,090, quot. des vol.,=) 0,822 de fois plus grande que celle déplacée par la terre.

» La résistance du milieu étant proportionnée à sa masse déplacée, la distance de Vénus au soleil devrait être 0,822 de fois plus grande que celle de la terre à cet astre. Mais il n'en est pas ainsi; la distance réelle de la terre au soleil est, au contraire, 1,383 fois celle de Vénus. Pour que cela soit, il faut donc que l'attraction de Vénus sur le soleil soit (1,383 quot. des distances × 0,822 quot. des répulsions, =) 1,136 fois celle de la terre sur le même astre.

» Or, l'attraction étant en raison directe des masses et en raison inverse des carrés des distances, pour que la terre, à sa distance 1, 383 fois celle de Vénus au soleil, ait son attraction 1, 136 fois moindre que celle de Vénus, il faut que sa masse soit (1, 912, carré du quotient des distances : 1, 136, quotient de l'attraction de Vénus divisée par l'attraction de la terre, =) 1, 683 fois celle de Vénus.

« Si les masses de la terre et de Vénus possédaient la même densité, la terre ayant une masse 1, 683 fois celle de Vénus, aurait ce même chiffre pour volume ; mais comme en réalité son volume n'est que 1, 090 fois celui de Vénus la densité de la terre est donc (1, 683, quotient des masses : 1, 090, quotient des volumes, =) 1, 54 celle de Vénus, chiffre qui, faisant ainsi 3 la densité de la terre, donne 2 à celle de Vénus, ou, autrement dire, la densité de la masse de la terre est un tiers plus grande que celle de la masse de Vénus, ainsi que nous l'avons vu pour Mercure. Cette concordance est des plus précieuses pour l'histoire de notre planète, dont je me réserve de vous apprendre plus tard les terribles épisodes.

» D'après ce que nous venons de voir, la force qui repousse Vénus du soleil est 0, 822 de fois plus grande que celle qui repousse la terre du même astre ; mais la force qui l'attire sur cet astre, étant 1,136 fois celle qui attire la terre, la distance de Vénus au soleil sera contenue (1, 136, quotient des attractions : 0, 822, quotient des répulsions, =) 1, 382 fois par la distance de la terre. L'observation confirme encore cette vérité ; car la distance observée de la terre au soleil étant 1, toujours d'après Messieurs de l'Observatoire de Paris, celle observée de Vénus est 0, 723, et (1 : 0, 723 =) 1, 383, même quotient des deux distances que trouvent nos calculs.

— Voyons maintenant Mars. Cette planète, la première des planètes supérieures du système, offre de plus grandes difficultés à vaincre.

— Je lui appliquerai cependant les mêmes calculs.

» Le volume de la terre contient (1, vol. de la terre : 0, 25 vol. de Mars, =) 4 fois celui de Mars. La terre déplacerait donc 4 fois plus de masse du milieu de l'atmosphère solaire, si la densité de ce milieu était partout la même; mais cette densité diminuant comme le carré de la distance augmente, et Mars étant 1, 524 fois plus éloigné du soleil, son carré 2, 310 est la valeur dont augmente la densité, et, par ce, la masse du milieu que la terre déplace de plus que Mars; alors la masse déplacée de ce milieu par la terre est (4, quotient des volumes + 2, 31, carré du quotient des distances, =) 6, 31 fois celle déplacée par Mars.

« Dans la supposition que la force attractive fût la même pour les deux planètes, la terre, recevant du milieu 6, 31 fois plus de résistance, devrait être de tout ce chiffre plus éloignée du soleil que l'est Mars. Mais il en est tout autrement, la terre est 1, 52 fois plus proche. Or, pour qu'il en soit ainsi, il faut donc que la puissance attractive de la terre à sa distance soit sur le soleil (6, 31, quotient des résistances × 1, 52, quotient des distances, =) 9, 59 fois celle de Mars.

» L'attraction augmentant comme le carré de la distance, la masse de la terre est donc (9, 59, quotient des attractions : 2, 31 carré du quotient des distances, =) 4 fois celle de Mars.

» La densité des deux planètes est la même; car si la terre a une masse 4 fois plus grande que celle de Mars, elle a de même un volume 4 fois plus considérable que celui de cette planète.

» Ainsi l'attraction de la terre étant 9, 59 fois plus grande que celle de Mars, lorsque sa résistance est 6, 31 fois plus grande que celle de cette dernière planète, la distance de Mars au soleil devient alors le quotient de ces deux forces opposées, et est donc (9, 59, quotient des attractions : 6, 31, quotient des distances, =) 1, 524 fois celle de la terre au même astre. C'est aussi le chiffre que Messieurs de l'Observatoire ont trouvé par l'observation; car faisant 1 la distance de la terre, celle observée de Mars est 1, 524.

— Courage! ça ne va pas mal jusqu'ici; mais croyez-vous que les planètes télescopiques puissent, elles aussi, s'accommoder de ces calculs?

— Confiant dans la justesse de ma théorie, je ne craindrai pas d'aborder même les planètes astéroïdes. Malgré leurs excessifs petits diamètres, je dois les voir obéir aux mêmes lois, ainsi que les plus vastes globes du système solaire.

» Le diamètre de Vesta est contenu (1, diamètre de la terre : 0,030, diamètres de Vesta, =) 33,33 fois par celui de la terre ; ce qui porte le volume de la planète télescopique à 1109 fois moindre de celui de la terre, lorsque sa distance est 2, 37 fois plus grande. Alors la résistance du milieu est pour la terre (1109, quot. des vol. + 5, 61, carré de 2 , 37, quot. des dist., =) 1114, 61 fois plus grande que pour Vesta ; ce qui, à force d'attraction égale, ferait la distance de la terre de tout ce chiffre plus grande. Mais comme, au contraire, elle est 2, 37 fois moindre, la puissance d'attraction de la terre est donc (1114, 61, quot. des répulsions × 2, 37, quot. des distances, =) 2640, 62 fois plus grande que celle de Vesta. Alors la masse de la terre est (2640, 62, quot. des attract. × 5, 61, carré du quot. des dist., =) 14813, 87 fois celle de la planète télescopique. A densité égale, le volume de la terre serait de tout ce dernier chiffre plus grand ; mais comme il ne l'est réellement que de 1109 fois, la terre est donc 13, 35 (= 14813, 87, quotient des masses : 1109, quotient des volumes,) fois plus dense que Vesta. Or, l'attraction de la terre étant 2640, 62 fois celle de cette planète et sa répulsion 1114, 61, la distance de la terre au soleil est donc (2640, 62, quotient des attractions : 1114, 61, quotient des répulsions, =) 2, 37 fois moins grande que celle de Vesta ; ainsi que le prouve l'observation.

» En appliquant ces calculs à Junon, dont le volume est 200 fois moindre que celui de la terre, je trouve que la répulsion de cette planète télescopique est 207, 11 fois moindre que celle de la terre, et que son attraction est 551 fois moindre aussi. Alors sa distance au soleil devient (551, quotient des attractions : 207, quotient des répulsions, =) 2, 66 fois plus grande que celle de la terre. Sa masse est 79 fois moindre que celle de ce dernier monde, et la densité de celui-ci est un tiers plus grande.

— Le volume de Cérès est contenu (1, volume de la terre : 0, 007, volume de Cérès, =) 143 fois par celui de la terre ; la résistance du milieu est pour la planète télescopique 150, 65 (= 143, quotient des volumes + 7, 65, carré de 2, 76, quotient des distances,) fois moindre ; et son attraction est aussi (150, 65, quotient des répulsions × 2, 76, quotient des distances, =) 415, 78 fois moindre ; ce qui porte la masse de la terre à 3180, 71 (= 415, 78, quotient des attractions × 7, 65, carré du quotient des distances,) fois celle de Cérès ; et la densité de cette dernière est (3180, 71, quotient des masses : 143, quotient des volumes, =) 22 fois plus faible que celle de la terre. L'attraction de notre planète étant 415, 78 fois plus grande et sa résistance 150, 65 fois plus forte, sa distance devient donc (415, 78, quotient des attractions : 150, 65, quotient des résistances, =) 2, 76 fois moindre que celle de Cérès. Effectivement, la distance de la terre au soleil étant 1, celle observée de Cérès est 2, 76.

» Le volume de la terre étant (1, vol. de la terre : 0, 015 vol. de Pallas, =) 66, 66 fois celui de Pallas, la résistance que la terre reçoit du milieu est donc (66, 66, quotient des volumes + 7, 66, carré de 2, 76, quotient des dist., =) 74, 32 fois plus grande que celle qu'en reçoit Pallas ; mais l'attraction de la terre est alors (74, 32, quot. des résist. × 2, 76, quot. des dist., =) 205, 11 fois plus grande ; ce qui fait sa masse (205, 11, quot. des attr. × 7, 66, carré du quot. des distances, =) 1571, 13 fois celle de Pallas. Ainsi, la densité de cette dernière planète est (1571, 13, quotient des masses : 66, 66, quotient des volumes, =) 23 fois moindre que celle de la terre, lorsque sa distance devient (205, 11, quot. des attract. : 74, 32, quot. des résist., =) 2, 76 fois celle de notre monde, ainsi que le prouve l'observation.

— Je vois que la grande porosité de ces quatre planètes télescopiques, comparée à leurs très-petites masses, est la cause de leurs grandes distances du soleil.

— Après ces quatre planètes astéroïdes, vient Jupiter, le colosse du système planétaire, comme pour apporter à notre analyse les deux extrêmes, l'excessivement grand et l'excessivement petit. Le volume de Jupiter est 1470 fois celui de la terre, et sa distance du soleil est 5, 20 fois plus grande que celle de notre planète. Alors la masse déplacée du milieu par Jupiter est (1470, quotient des volumes — 27, 04, carré de 5, 20, quotient des distances, =) 1442, 96 fois celle déplacée par la terre. La résistance du milieu étant proportionnée à sa masse déplacée, Jupiter reçoit donc du milieu qui le sépare du soleil une résistance 1442, 96 fois plus grande que celle reçue par la terre ; alors, à force d'attraction égale, Jupiter devrait se trouver 1442, 96 fois plus éloigné du soleil que notre planète.

» Mais il est loin d'en être ainsi ; sa distance vraie n'est que 5, 20 fois plus grande. Pour que cela soit, il faut donc que l'intensité de la force attractive de Jupiter sur le soleil soit (1442, 96, quotient des résistances : 5, 20, quotient des distances, =) 277, 49 fois plus grande que celle de la terre sur le même astre.

» Ainsi, Jupiter est soumis à l'influence d'une force répulsive qui est 1443, 96 fois plus grande que celle de la terre, et à une force attractive qui n'est que 277, 49 fois celle de cette planète. La distance de Jupiter au soleil, étant la différence de ces deux forces diamétralement opposées de direction, doit être (1442, 96, quotient des répulsions : 277, 49, quotient des attractions, =) 5, 20 fois plus grande que celle de la terre au même astre. L'observation confirme encore cette vérité.

» A sa distance du soleil 5, 20 fois plus grande que celle de la terre, Jupiter ayant une attraction 277, 49 fois celle de cette planète, et l'attraction étant en raison directe des masses et en raison inverse des carrés des distances, la masse de Jupiter est donc (277, 49, quotient des attractions $\times$ 27, 04, carré du quotient 5, 20 des distances, =) 7492 fois celle de la terre.

» Si la densité des deux planètes était la même, le volume de Jupiter serait 7492 fois celui de la terre ; mais comme il n'est réellement que 1470 fois, la densité de Jupiter est donc (7492, quot. des masses : 1470, quot. des volumes, =) 5 fois celle de la terre. En faisant entrer pour 1 la densité de la terre produite par l'influence lunaire, influence qui existe, comme je vous le prouverai plus tard, les quatre satellites de Jupiter entrent pour 4 dans la densité de leur planète ; car les quatre lunes de Jupiter ont dû diminuer le volume de cette planète de quatre fois comme le volume de la terre le fut par le satellite de cette planète, lorsqu'il lui fut donné. Je vous démontrerai, en un autre lieu, que la terre paya d'un tiers de son volume actuel le privilége d'attacher une lune, un esclave à ses flancs.

» Si vous voulez voir la narration bien détaillée et réellement authentique de cet imposant évènement planétaire, lisez l'*Apocalypse* de saint Jean, ce résumé de la science géologique et théogonique de l'antiquité, et dont l'auteur, dans sa croyance astrologique, portait au siècle du Christ la fameuse *Restitutio*, ce retour tant prophétisé des terribles épisodes géodésiques et humanitaires qui se jouèrent dans la tourmente que le satellite de la terre apporta à notre univers, et dont le dénouement fut un monde nouveau, mais un monde de misères et de douleurs succédant à de primitives félicités humaines.

» L'histoire de la chute de l'humanité, personnifiée dans Adam, ou autrement dire la perte du Paradis terrestre, ce primitif séjour de l'homme, est la conséquence fatale de ce bouleversement de notre terre se crispant sur elle-même dans cette convulsion planétaire qui nous donnait une sphère nouvelle, notre lune, que l'astrologie appela, dans son langage mystique, la femme née du ciel lorsque l'homme existait déjà. Aussi est-ce de la naissance de la Vierge engendrée du ciel que les savants de la plus haute antiquité datent l'entrée du mal dans le monde, et qu'ils placent le départ de toutes les chronologies religieuses et politiques, ainsi que le commencement de la mystérieuse période de l'empire du mal amené par l'étoile nouvelle. Cette fatale période devait, dans leur croyance astrologique, finir au siècle du Christ par l'apparition aussi dans le monde d'une nouvelle étoile, par laquelle notre planète serait encore bouleversée, comme le prophétisent le Christ dans ses *Évangiles*, saint Jean dans son *Apocalypse* et tous les savants de l'antiquité. Mais ces futures convulsions devaient, d'après l'esprit astrologique, être en tout semblables à celles qui précédèrent l'entrée du mal dans l'univers, et amener aussi un monde nouveau, mais un monde de délices, c'est-à-dire la restitution à l'homme de son primitif séjour, de son Paradis terrestre, et ainsi l'anéantissement du mal.

» Si la science a eu des déceptions, ce fut bien cette prophétie redoutée et caressée tout à la fois par toutes les générations ; car, après les siècles qui suivirent celui du Christ, tout alla dans le ciel comme à l'ordinaire, et la terre conserva ses iniquités et ses douleurs. Les savants des âges antiques cumulaient les fonctions de prêtres et de prophètes. Rendre publique une déception si grande, c'eût été plus que perdre le prestige de leur science d'où ils retiraient toute puissance, c'eût été dire aux peuples : vos espérances et celles de vos pères ne sont que des chimères, et nos prophéties de la restitution du Paradis perdu que des mensonges !... Le courage manqua au savant pour faire cet aveu, et l'intérêt matériel et politique le défendait au prêtre.

» Le prêtre et le savant se trouvant dans le même homme, la science et la théologie promulguèrent chez les nations une nouvelle croyance mensongère. Profitant de l'émotion qu'avait produit chez le peuple l'assassinat judiciaire du Nazaréen, (l'homme le plus vertueux de son siècle, et qui le premier annonça dans des prêches publics que le temps de la délivrance de l'humanité était proche), elles donnèrent Jésus le prophète, dont le sang généreux avait vraiment coulé pour la cause sainte et toujours méconnue du prolétaire, comme une incarnation divine s'étant volontairement offerte en hostie au mal en place de l'humanité, dont le destin demandait, pour son rachat de l'empire du mal, le sang du *tiers* de ses enfants.

» La sanglante catastrophe du Christ remplaça métaphysiquement le bouleversement planétaire qui devait faire de notre terre un monde nouveau, un monde de félicités pures succédant à l'ancien plein d'iniquités et de misères. Comme cette réhabilitation matérielle de l'humanité, annoncée par le Christ lui-même pour son siècle, eut aussi sa déception, l'astrologie et la théologie, unies par le même intérêt, prétendirent que cette félicité tant promise n'était pas de la vie matérielle, mais d'une toute d'esprit, qui devait succéder à la première. Aussi est-ce de cette époque que date le dogme de la vie spirituelle succédant à la vie matérielle. Et dès-lors la métaphysique remplaça la réalité, et le spiritualisme tint lieu de la science. Je me réserve de vous démontrer plus tard que l'antique Égypte et nos livres saints sont à peine allégoriques, loin d'être tout-à-fait menteurs.

— Je vois que vous êtes loin d'être au bout des choses nouvelles dont vous voulez enrichir l'astronomie et l'histoire de notre monde. Vous tirez de votre théorie des conséquences qui vous mènent excessivement loin.

— Mais, avant tout, je continue mes calculs des mouvements planétaires... Le volume de Saturne contient 887 fois celui de la terre, et la distance de Saturne au soleil est 9, 53 fois celle de notre planète au même astre. La masse de milieu déplacée par Saturne est donc (887, quotient des volumes — 90, 82, carré de 9, 53, quotient des dist., =) 796, 18 fois celle déplacée par la terre. La résistance du milieu étant proportionnée à sa masse déplacée, Saturne reçoit ainsi de l'atmosphère solaire une résistance 796, 18 fois plus grande que celle qu'en reçoit la terre.

» Si ces deux planètes avaient sur le soleil une égale attraction, Saturne serait donc 796, 18 fois plus éloigné de cet astre que l'est la terre? Mais il est loin d'en être ainsi. Sa distance vraie n'est que 9, 53 fois plus grande. Pour que cela soit, il faut donc que l'attraction de Saturne sur le soleil soit (796, 18, quotient des résistances : 9, 53, quotient des distances, =) 83, 54 fois plus grande que celle de la terre.

» Ainsi, Saturne obéit à une force répulsive qui est 796,18 fois plus grande que celle de la terre, et à une force attractive qui est 83, 54 fois plus grande aussi. Or, la distance de

Saturne au soleil, étant la différence de ces deux forces diamétralement opposées de direction, devient donc (796, 18, quotient des répul. : 83, 54, quotient des attract., =) 9, 53 fois plus grande que celle de la terre au même astre. L'observation prouve qu'il en est ainsi.

» A sa distance 9, 53 fois celle de la terre, Saturne ayant une force attractive 83, 54 fois celle de cette dernière planète, sa masse est donc (83, 54, quotient des attract. × 90, 82, carré du quotient des distances, =) 7587, 10 fois plus grande que celle de la terre; car l'attraction est en raison directe des masses et en raison inverse du carré des distances.

» Si Saturne et la terre possédaient la même densité, le volume de la première planète serait 7577, 10 fois celui de la seconde. Mais comme son volume n'est réellement que 887 fois plus grand que celui de la terre, Saturne est donc (7587, 10, quot. des masses : 887, quot. des volumes, =) 9 fois environ plus dense que la terre.

» En faisant 1 la densité de la terre produite par la lune, celle de Saturne reste 8. Huit corps semblables à la lune travaillent donc à la densité de Saturne; et comme on ne connaît à cette planète que sept satellites, un huitième est encore à découvrir, puisque la densité de Saturne annonce un chiffre plus haut que celui donné par le nombre de ses satellites connus.

— Vous taillez encore ici de la besogne aux astronomes.

— Je croirais ne pas compléter ma tâche, si je ne parlais pas d'Uranus, la dernière planète connue du système.

» Comme le volume d'Uranus est 77, 50 fois plus grand que celui de la terre, et que la résistance du milieu ou atmosphère solaire est proportionnée à son volume déplacé, Uranus déplace donc, en raison de la grandeur de sa surface antérieure, 77, 50 fois plus de milieu que le fait la terre.

» Mais la densité de l'atmosphère solaire diminue comme le carré de la distance augmente. Or, Uranus, ayant sa distance du soleil 19, 18 fois plus grande que celle de la terre au même astre, est dans un milieu 367, 87 (= carré de 19,18, quotient des distances) fois moins dense, ne déplace donc qu'une masse de milieu de (367, 87 — 77, 50, quotient des volumes, =) 290, 37 fois moindre de celle déplacée par la terre.

» A force d'attraction égale, la distance d'Uranus au soleil serait donc 290, 37 fois moins grande que celle de la terre. Mais il est loin d'en être ainsi ; la terre est, au contraire, 19, 18 fois plus proche du soleil que l'est Uranus. Pour que cela soit, il faut donc que la puissance attractive de la terre, à sa distance où elle est du soleil, soit sur cet astre (290, 37, quotient des répulsions × 19, 18, quotient des distances, =) 5569, 29 fois plus grande que celle d'Uranus.

» L'attraction étant proportionée aux masses et à la diminution du carré des distances, la masse de la terre, dont l'attraction est à sa distance 5569, 29 fois celle d'Uranus à la sienne, est donc (5569, 29, quotient des attractions : 367, 87, carré de 19, 18 quotient des distances, =) 15, 41 fois plus grande que la masse d'Uranus.

» Ainsi, l'attraction de la terre étant 5569, 29 fois celle d'Uranus, et sa force répulsive 290, 37, sa distance réelle du soleil, résultat de ces deux forces opposées, est donc (5569, 29, quot. des attract. : 290, 37, quot. des répul., =) 19, 18 fois moins grande que celle d'Uranus au même astre. L'observation le confirme.

» Dans la supposition que les deux planètes possédassent la même densité, le volume de la terre, contenant une masse 15, 41 fois celle d'Uranus, serait donc 15, 41 fois plus grand que celui d'Uranus ; mais comme, au contraire, il est 77, 50 fois plus petit, la densité d'Uranus doit être, toute influence solaire gardée, (77,50, quot. des volumes + 15, 41, quot. des masses, =) 93 fois moins grande que celle de la terre.

» Cette grande porosité d'Uranus, malgré ses six satellites connus, donne raison de sa grande distance du soleil ; car son diamètre est démesurément grand en rapport de sa masse, puisqu'elle est 15, 41 fois moindre que celle de la terre. Ainsi, le grand volume d'Uranus fait que cette planète reçoit du milieu une répulsion considérablement plus grande que la force qui l'attire vers le soleil.

—Pour lors Uranus est ainsi qu'un énorme parachute fort léger, flottant dans l'atmosphère solaire? Il y a bien dans votre théorie quelque chose qui sent la vérité. Tous ces accords, ces conséquences qui s'enchaînent l'une à l'autre, m'entraînent malgré moi. Cependant, je ne puis encore me résoudre à croire que ce soient les Newton, les Laplace qui sont dans l'erreur, lorsque je vois leurs calculs, dont la base est, il est vrai, fort différente de celle des vôtres, donner à Mercure une masse qui est 0,159 de celle de la terre, tandis que les vôtres la fait 23,70 fois moindre, et à Jupiter une masse seulement de 340 fois celle de notre planète, tandis que vous la faites, vous, 7492 fois plus grande. Ils donnent à Saturne une masse 108 fois celle de la terre, et vous la portez, vous, au chiffre prodigieux de 7525,80. Il est jusqu'à la pauvre exilée, la planète Uranus, à qui, sans égard pour sa grande distance du soleil, vous donnez une masse 15,41 fois moindre que celle de la terre, lorsque tous nos astronomes de l'ancienne théorie lui en reconnaissent, au contraire, une de 17,74 fois plus grande. Ces discordances entre les deux théories sont énormes.

» Qui donc de vous ou de nos savants êtes dans l'erreur? Je vous connais pour un bon garçon, pour même un marin de quelque mérite ; mais je mé suis toujours fait d'un homme de génie une idée fort différente de celle que j'ai de vous. D'ailleurs, puis-je penser que de tous les hommes, dont l'intelligence éclaira l'humanité, aucun n'a pu atteindre à la conception de votre mécanique céleste! Je ne puis donc croire que vous, vous seul, homme si ordinaire et complétement inconnu de la république des sciences, soyez dans le vrai. Le croire, ce serait risquer de me montrer ridicule.

— Voilà le grand mot lâché!.... Une destinée semblable est fatalement attachée à tous les hommes qui travaillent au problème de la vérité. Ils furent chacun pour leur siècle des êtres d'autant plus ridicules qu'ils touchaient plus fortement au vrai... Galilée annonce au monde la rotation de la terre :

on le traite de fou bon à être renfermé, et il meurt prisonnier. Képler imposait ses lois aux mouvements des sphères :
on haussait les épaules devant lui ; et ce grand génie, le plus
grand qu'eût jamais engendré l'humanité, mourut de faim,
oublié dans le dédain orgueilleux de la sottise de son siècle.
Newton, noble disciple de ces deux grands hommes, quoique
plus heureux que ses maîtres, ne fut pas moins, pendant
toute son existence, tiraillé par des critiques plus qu'a-
mères ; mais, au moins, le génie de sa nation sut le défendre.
C'était une grande compensation.

— Je conçois qu'on puisse s'exposer avec quelque orgueil
aux mêmes ridicules qui couvrirent les Galilée, les Képler
et les Newton. Mais, vous, vous détruisez vous-même les
conséquences qu'ont amenées les travaux d'un de ces grands
génies, de Newton.

— Est-il dit que, parce qu'un homme se serait distingué
par de grandes découvertes, il soit infaillible sur tout? Newton, en analysant les travaux de Képler, en retira la certitude d'une force de gravitation vers le soleil. Aussitôt,
comme ébloui par cette grande vérité, il rapporte tout à
cette force. Ses successeurs firent comme lui : ils tirèrent la
densité des corps célestes seulement de l'attraction. C'était
résoudre la chose à moitié. Aussi, comme la masse des corps
est le produit de leur densité par leur volume, et que la densité, que les astronomes retiraient uniquement de la force
d'attraction, était fausse, il n'est pas étonnant que les calculs de l'ancienne théorie, dont on n'avait que la moitié des
éléments vrais, donnassent aux planètes des masses considérablement moins grandes qu'elles le sont réellement. Loin
que ma théorie soit une réfutation des découvertes astronomiques antérieures, elle n'est, comme vous le voyez, que le
complément du système qu'elles produisent.

— Puisque toute planète s'échappe par la tangeante de
l'action de deux forces diamétralement opposées de direction, la vitesse du mouvement d'une planète dans son orbite
est donc le résultat propre de la force répulsive, qui, ne pouvant, en raison de l'entrave apportée par la force attractive,

repousser la planète au-delà de sa distance du soleil, la lance dans son orbite avec une puissance égale à celle qu'elle aurait à l'écarter du soleil, si l'attraction de cet astre sur la planète cessait spontanément, ou autrement dire, le mouvement dans l'orbite est donc l'excès de la force répulsive sur la force attractive. A l'aide de ce raisonnement, ne serait-il pas possible de calculer la vitesse du mouvement de chacune des planètes dans son orbite?

— Essayons. Je viens de vous calculer que la force répulsive, produite par le milieu résistant, était pour la terre 9,21 fois celle de Mercure, toute proportion gardée pour différence de volume et de densité du milieu dans lequel nagent ces deux planètes. La terre est donc lancée par la tangeante, c'est-à-dire dans son orbite, avec une puissance qui est 9,21 fois plus grande que celle qui lance Mercure dans la sienne. Mais une force de projection dépense d'autant plus de sa puissance à mouvoir une masse que cette masse est plus grande; et le mouvement de cette masse est d'autant plus lent, à force de projection égale, qu'il faut à celle-ci plus de puissance pour la mouvoir, c'est-à-dire que la vitesse du mouvement dans l'orbite diminue comme augmente la masse du corps à mouvoir.

» Alors, quoique la terre reçoive une impulsion dans son orbite qui soit 9,21 fois plus grande que celle que Mercure reçoit dans la sienne, comme sa masse est 23,70 fois plus grande, la force de l'impulsion de la terre, quoiqu'étant 9,21 fois celle de Mercure, perd donc 23,70 fois de sa puissance en mouvant notre planète; ce qui diminue d'autant le mouvement qu'elle imprime à notre planète dans son orbite, mouvement qui, ainsi, ne devient plus que (9,21, quotient des projections : 23,70, quotient des masses, =) 0,39 de fois du mouvement de Mercure, c'est-à-dire que le mouvement de Mercure étant 1, celui de la terre serait 0,39, et alors (1 : 0,39 =) 2,56 fois moindre.

» Mais la résistance du milieu croît aussi à mesure que la vitesse du mobile augmente; elle ne croît pas simplement comme la vitesse, mais comme le carré de la vitesse. Ainsi, la terre ayant une impulsion 2, 56 fois moindre dans son orbite que celle de Mercure dans la sienne, reçoit du milieu une résistance qui est 1, 60 (= racine carré de 2, 56, quotient des mouvements) fois moindre que celle que reçoit Mercure ; ce qui diminue d'autant la vitesse de cette dernière planète dans son orbite, vitesse qui ainsi, au lieu d'être 2,56 fois plus grande, n'est plus que (2, 56, quotient des mouvements : 1, 60, carré de ce quotient, =) 1, 60 fois celle de la terre dans la sienne. Effectivement, l'observation nous démontre que Mercure parcourt dans son orbite 49483 mètres dans une seconde de temps et que la terre en parcourt 30798 mètres dans le même temps. Or, (49483, vitesse de Mercure : 30798, vitesse de la terre, =) 1,60 ; donc, le mouvement de la terre dans son orbite est réellement 1, 60 fois moindre que celui de Mercure.

» Je vous le demande : qu'ont à faire ici les forces mystérieuses de centrifuge et de projection admises dans les théories anciennes? Les calculs de ma théorie ne sont pas, comme vous pouvez l'apprécier, une rencontre heureuse de chiffres, laquelle amènerait ces grandes concordances de la théorie à l'observation. D'ailleurs, continuons ces calculs pour les autres planètes.

» La force de répulsion que la terre reçoit du milieu est, comme je vous l'ai dit, 0, 822 de fois moindre de celle de Vénus, et la masse de la terre est 1, 683 fois celle de cette planète ; alors la force de projection qui pousse Vénus dans son orbite est donc (1, 683, quotient des masses × 0, 822, quotient des répulsions, =) 1, 383 fois plus grande que celle qui pousse la terre dans la sienne. Comme Vénus, en raison de ces 1, 383 fois plus de vitesse, reçoit du milieu une résistance de 1, 176 (racine carrée de 1, 383, quotient des vitesses,) plus grande, son mouvement devient (1, 383 : 1, 176=) 1, 176 fois seulement plus grand que celui de la terre ; car la résistance est proportionnée au carré de la vitesse avec laquelle le milieu est frappé. Effectivement, la vitesse de Vénus dans son orbite est de 36223 mètres dans une seconde, et celle de la terre de 30798 mètres. Or, (36223 : 30798=) 1, 176.

» La terre éprouve du milieu une résistance 6, 31 fois plus grande que celle de Mars ; sa force de projection dans son orbite serait donc de tout ce chiffre plus grande. Mais sa masse est 4 fois plus grande que celle de Mars ; alors la vitesse de la terre dans son orbite ne sera plus que (6, 31, quotient des résistances : 4, quotient des masses, =) 1, 57 fois plus grande que celle de Mars dans la sienne. Comme la résistance du milieu est proportionnée au carré de la vitesse, Mars ne peut avoir son mouvement 1, 57 fois moins grand, mais seulement 1, 23 (rac. carrée de 1, 57). Effectivement, la terre parcourt dans une seconde de temps 30798 mètres dans son orbite, lorsque Mars en parcourt 24952. Or, (30798 : 24952=) 1,23. Donc, etc.

» Jupiter reçoit du milieu une résistance 1442, 96 fois plus grande que celle que reçoit la terre, et sa masse est 7492 fois plus grande. La vitesse du mouvement qu'il possède dans son orbite serait donc (7492, quotient des masses : 1442,96, quotient des résistances, =) 5, 20 fois moindre que celle de la terre ; mais, en raison de cette différence en moins de vitesse, Jupiter reçoit seulement du milieu, dans ce mouvement, 2, 29 (racine carrée de 5, 20) fois plus de résistance ; ce qui porte sa vitesse dans son orbite à seulement 2, 29 fois moindre de celle de la terre dans la sienne. Effectivement, la terre parcourt dans une seconde de temps 30798 mètres dans son orbite, et Jupiter 13436. Or, (30798 : 13436=) 2, 29.

» Le milieu dans lequel nage Saturne lui produit une résistance 796, 18 fois plus grande qu'à la terre ; ce chiffre représente donc l'impulsion de Saturne dans son orbite. Mais la masse de Saturne étant 7587, 10 fois plus grande, sa vitesse devrait être (7587, 10, quotient des masses : 796, 18, quotient des répulsions, =) 9, 52 fois moindre ; et comme cette vitesse doit encore diminuer de 3, 08 (racine carré de 9, 52), la vitesse de Saturne dans son orbite doit être réellement que de (9, 52 : 3, 08 =) 3, 08 fois moindre de celle de la terre dans la sienne. Effectivement, la terre parcourt 30798 mètres de son orbite dans une seconde de temps, et Saturne 9982. Or, (30798 : 9983 =) 3, 08. Donc, etc.

» La résistance qu'éprouve Uranus du milieu est 290, 37 fois moins grande que celle de la terre, et comme sa masse est 15, 41 fois moindre, la terre est donc projetée dans son orbite avec une force qui lui donne une vitesse (290, 37 quotient des résistances : 15, 41, quotient des masses, =) 19, 49 fois plus grande que celle d'Uranus, vitesse qui, augmentant la résistance du milieu comme augmente son carré, n'est plus pour la terre que 4, 40 (rac. carrée de 19, 49) fois celle d'Uranus. Effectivement, la terre parcourt 30798 mètres de son orbite dans une seconde de temps, et Uranus 7048. Or, (30798 : 7050 =) 4, 40. Donc, etc.

— Voilà de quoi surprendre plus d'un astronome, et faire arracher les cheveux à ceux qui en ont encore.

— Ici, je considère les planètes comme étant toujours à leur distance moyenne, et traçant autour du soleil un cercle parfait. Deux causes seules pourraient leur faire tracer ce cercle ; il faudrait, 1° que Dieu eût lui-même posé bien doucement les planètes à cette moyenne, de manière qu'elles ne reçussent l'impulsion d'aucun mouvement de chute pour rester à ce point d'équilibre des deux forces astronomiques ; 2° qu'il y eût découlé depuis la création de notre système solaire un nombre de siècles si considérable que les planètes ne fussent plus dans le cas de corps tombant, et qu'elles eussent ainsi perdu l'excentricité de leur orbite. Comme il est loin d'en être ainsi, et que toutes les planètes ont une orbite elliptique, elles proviennent donc originairement de régions lointaines, en dehors de l'atmosphère solaire. La date de la création de notre système solaire n'est donc pas aussi reculée qu'on pourrait le croire.

» Dans le choc des corps élastiques, il y a toujours, dans le mouvement de rétrogradation du corps repoussé, une perte, minime pour une seule révolution, mais sensible dans un grand nombre de ces révolutions. Il résulte de cette perte dans la réaction qu'une planète n'arrive jamais exactement au point où était son dernier aphélie ; il y manque toujours un espace fort petit, sans doute, mais qui n'en existe pas moins. Cette perte diminue donc l'excentricité de l'orbite ; et comme elle est produite par un excès de la puissance attractive sur la réaction du milieu, elle doit augmenter la vitesse du mouvement dans l'orbite proportionnellement à la diminution de l'excentricité. Je ne m'arrêterai pas à l'explication et aux calculs de cette vitesse croissante, qui sont du domaine des astronomes des détails. Je me contenterai de dire que, puisque la moitié de la différence de la plus grande distance d'une planète avec sa plus petite donne son excentricité, et que cette excentricité diminue comme augmente le nombre des révolutions des planètes autour du soleil, une planète est donc dans le système solaire depuis une époque d'autant plus éloignée que son excentricité, comparée à celle d'une autre planète, est plus petite. D'après cela, il ne serait donc pas impossible de connaître l'âge des globes planétaires, c'est-à-dire de calculer depuis quand ces globes sont devenus planètes de notre système solaire.

— Je suis curieux de savoir laquelle de ces dames célestes peut revendiquer le droit d'aînesse. Mais n'y aurait-il pas de votre part de l'indiscrétion à dévoiler ainsi ce que peut-être, si ces beautés du ciel ressemblent de caractère à nos beautés terrestres, elles ont tant de soin à cacher.

— Le genre de coquetterie de là-haut est tout autre que celui d'ici-bas. La grande œuvre de la création renferme en elle trop de l'esprit divin pour croire qu'elle ne ressemble pas un peu à l'esprit humain qui s'embellit en vieillissant.

— Voilà une sentence philosophique qui sera fort goûtée par les coquettes filles d'Ève! Il est galant de poser en doctrine que l'esprit du cœur se substitue à la beauté du visage qui s'en va.

— Il faut avouer que la science a de singuliers caprices. Jadis elle faisait voir à nos pères de belles vierges, de blanches fées dans chacune des étoiles du firmament, à qui elle ne semble plus même maintenant laisser le nom d'étoiles que comme un privilége consacré par un antique usage. Et cependant il y eut des temps encore peu éloignés où les plus pures pensées de l'homme se portaient vers elles comme vers des anges; car ce furent la vue des étoiles et leur mystérieux

mouvement qui apportèrent l'idée de ces prétendus êtres supérieurs, qui portent encore le nom astrologique d'anges.
Dès sa naissance, l'enfant était fiancé à une de ces vierges
immortelles, et sa destinée était pour toujours enchaînée à la
sienne par un hymen spirituel. Adolescent, toute la poésie
de son jeune cœur, s'élevant comme un encens de la terre
vers le ciel, portait à cette épouse idéale les prémices de ses
pensées. Ces amours spirituelles se montraient toujours ja-
louses de la fille d'Ève; et cette pauvrette languissait de douleur, flétrie sous le mépris de son frère. Cependant, c'est dans
le sein de cette douce campagne que Dieu déposa les germes
de l'amour saint et de la réelle félicité, en proclamant cette
œuvre, orgueil de son génie, l'épouse de l'homme.

» Tant que régna la philosophie du christo-platonisme,
la femme, esclave de la matière, se flétrissait sous le dédain orgueilleux de son frère; car, fleur mystérieuse dont
la vertu et les charmes secrets se cachent sous l'idéal du cœur,
elle en trouvait chez l'homme la source tarie. Mais, grâce
aux belles acquisitions astronomiques, les rôles sont changés.
Les filles du ciel, les étoiles, ces prétendus anges gardiens,
sont pour toujours renversées de leur trône usurpé : l'homme
ne peut plus voir en elles que des masses de matière compacte au lieu de ces sveltes et vaporeuses fées, chimères de
ses pères.

» Ce fut alors que rentrèrent dans leur cours naturel, ces
aspirations de l'âme vers l'être mystérieux que couvent déjà
les rêves de l'adolescent, et que, jeune homme, il ne tarde
pas à reconnaître dans la jeune fille au travers du nuage magique, dont Dieu, à la création, la couvrit ainsi qu'un être
saint. C'est de ce noble et si doux respect pour la femme que
découlent ces divines émotions qui donnent naissance à ce
fleuve de félicité pure, qui tombe de l'âme de l'homme en
perles fécondantes.

» Par l'astrologie qui lui donnait chacune des sphères du
firmament pour un génie supérieur, l'homme revêtissait ces
filles chimériques de toutes les poésies que le Créateur avait
versées en son cœur pour en orner la fille d'Ève; et celle-ci,

ange déchu par ce divorce du cœur, vivait triste comme une réprouvée parmi les hommes. Le mépris pouvait-il pour elle s'élever plus haut, lorsqu'au moyen âge, époque où le spiritualisme régnait en souverain, on mit dans un doute doctoral de théologie christo-platonicienne, s'il existait une âme dans cet être dégradé? Mais vers ces derniers siècles, l'astronomie,. en dévoilant toutes les séductions de l'astrologie, rendit pour toujours à l'épouse de l'homme les charmes du prestige que donnent à sa robe virginale les rêveuses amours du cœur. Du fond de son obscure retraite, Képler fit plus pour la réhabilitation de la femme et de l'esprit humain que toute la multitude des moralistes théologiens qui le précédèrent.

— Je vois que le beau sexe, en mémoration de sa délivrance du brutal matérialisme dans lequel il gémissait jusqu'à l'époque de la traduction des lois de Képler, devrait, reconnaissant, élever un monument à la gloire de cet astronome à haut chapeau couvert de signes symboliques, et dont la baguette magique lui restitua l'empire des cœurs.

— Ne plaisantez pas; la femme doit plus qu'elle le pense aux découvertes astronomiques. En adroit courtisan, je vais dévoiler à tous la vétusté de quelques-unes de ses antiques rivales. Je me fais même fort de démontrer que la plus dangereuse, la plus coquette des vierges célestes, celle qui s'arrogea, dans sa fière beauté, le titre de Vénus, de déesse des amours, est, parmi les filles du ciel, l'aïeule de toutes les planètes du système solaire.

» L'influence des satellites rentre dans le calcul de l'époque de l'entrée des planètes dans le système solaire; car les satellites sont des causes de condensation qui, quoiqu'en dehors de celle produite par le soleil, ne contribuent pas moins, en rendant le volume des planètes plus petit, à diminuer plus vite leur excentricité. D'après les conséquences que fait naître ma théorie, si le soleil agissait seul sur les planètes, la densité de ces dernières serait pour toutes la même. Il est loin d'en être ainsi; je vous le démontrerai. Mercure et Vénus sont tous deux d'un tiers moins denses que la terre, lorsque Jupiter l'est 5 et Saturne 9 fois plus. A quoi attribuer cet excès de densité de la terre sur les deux premières planètes, si ce n'est pas au satellite de la terre, puisque Mercure et Vénus n'en ont pas, lorsque la terre en possède un, Jupiter quatre, et Saturne sept connus, et dont un huitième est encore à découvrir.

» Ainsi, je dirai que la lune rentre pour un tiers dans la condensation de la terre. Faisant 3 la somme de la condensation absolue de la terre, le chiffre de celle qui lui est produite par le soleil devient 2, lorsque celle causée par la lune est 1, chiffre qu'il faut retrancher de la différence de densité de la terre avec celle des autres planètes. Ayant trouvé, à l'aide de nos calculs, que Jupiter était 5 fois plus dense que la terre, en retranchant de 5 le chiffre 1 de la densité de la terre produite par la lune, l'excès de densité de Jupiter sur celle de notre planète reste 4. Or, comme la différence de densité de ces deux planètes serait 0, si le soleil agissait seul sur elles, et qu'elle est 1 pour la terre par son satellite, elle est 4 pour Jupiter en raison de ses 4 satellites.

» La densité de Saturne, ai-je calculé, est 9 fois environ plus grande que celle de la terre ; comme elle serait 0 par le soleil, et que celle de la terre est 1 par son satellite, Saturne reçoit donc plus que la terre (9 — 1 =) 8 fois plus de densité par une puissance autre que celle du soleil, et qui ne peut être que par 8 satellites. En effet, Saturne possède 7 satellites, et sans aucun doute qu'on lui en retrouvera un huitième.

» D'après cet aperçu, il est certain que les satellites, en diminuant le volume des planètes, contribuèrent à diminuer plus vite l'excentricité de ces dernières et ainsi à porter la date de leur arrivée dans le système à une étendue de siècle beaucoup trop grande. Mais, puisque nous connaissons la valeur de la densité des planètes produite par leurs satellites, nous connaissons aussi le chiffre dont leur excentricité à diminuer de plus que cela serait arrivé si les planètes n'avaient toujours été que sous l'influence solaire.

» L'excentricité de Mercure est 0, 2055, et celle de notre planète est 0, 0169 ; donc l'excentricité de Mercure est

(0, 2055 : 0, 0169 =) 12 fois plus grande que celle de la terre ; comme le temps écoulé depuis l'arrivée des planètes dans le système est proportionné à la différence de leurs excentricités, Mercure serait donc venu dans le système depuis une période de temps représentée par 12 depuis que la terre y serait rentrée. Mais cette dernière planète reçut de son satellite une densité qui diminua son volume et ainsi activa la diminution de son excentricité d'un tiers ; ce qui porte l'âge de la terre comme planète à (12, quot. des excent.—4, tiers de ce quot. 12, =) 8 fois plus grand que celui de Mercure.

» L'excentricité de Vénus est 0, 0071, qui étant contenue (0, 0169, excentricités de la terre : 0, 0071, excentricités de Vénus, =) 238 fois par celle de la terre, porterait l'âge de Vénus, comme planète, de tout ce chiffre plus élevé que celui de la terre. Mais comme le satellite de notre planète diminue son volume et active ainsi la diminution de son excentricité d'un tiers, Vénus n'est donc que de (2, 38, quotient des excentricités—0, 79, tiers de ce quotient., =) 1, 59 fois plus âgée que la terre.

» L'excentricité de Mars est 0, 0931, qui contient (0, 0931, excent. de Mars : 0, 0169, excent. de la terre, =) 5, 50 fois celle de la terre ; ce qui ferait la terre de tout ce chiffre plus âgée. Comme la densité de ses deux planètes est la même, et que celle de la terre doit être diminuée d'un tiers pour l'influence de la densité produite par la lune, notre planète est donc plus âgée que Mars seulement de (5, 50, quotient des excentricités — 1, 83, tiers de ce quot., =) 3, 67.

» L'excentricité de Jupiter est 0, 0482, et contient (0, 0482, excent. de Jupiter : 0,0169, excentr. de la terre,=) 2, 87 fois celle de la terre ; et comme, toute influence gardée des satellites, Jupiter eut la diminution de son excentricité activée de 4 fois plus que celle de la terre, son arrivée dans le système, et ainsi son âge comme planète, est donc (2, 87, quot. des excentricités : 4=) 0, 71 de fois moindre que celui de la terre.

» L'excentricité de Saturne est 0, 0562, qui contient 3, 33 fois celle de la terre ; et comme les 8 satellites que Saturne a de plus que la terre, ont activé de 8 la diminution de son excentricité, cette planète est donc (3, 33, quotient des excentricités : 8 =) 0, 41 de fois moins âgée que la terre.

» Je n'appliquerai pas ces calculs à la planète Uranus, dont les éléments et le nombre des satellites ne sont pas seulement inexacts ou inconnus, mais l'excessive porosité de cette planète nous empêche aussi de la comparer avec la terre. Sans aucun doute qu'Uranus est un des derniers enfantements du firmament. Sa grande porosité le prouve assez.

» Quoique la diminution de l'excentricité des satellites ne provienne que de l'influence de leurs planètes, tous les mouvements planétaires sont tellement en rapport l'un à l'autre qu'on peut, sans crainte d'une erreur sensible, calculer l'âge des satellites par la différence de leur excentricité à l'égard de leur planète, de même que si ces dernières fussent le soleil, et ainsi trouver un chiffre approximatif de leur arrivée dans le système depuis la venue de leurs planètes. L'excentricité de la lune, dépouillée de toutes les variations produites par l'action solaire, est 0, 1360, et contient 8, 05 fois celle de la terre. Comme lors de sa chute vers notre planète, ce qui se passa sur la terre arriva de même sur la lune, puisque ces deux globes se trouvaient sous l'influence de la même réaction, nous pouvons admettre que le quotient 8, 05 de leur excentricité représente une quantité de siècles écoulés avant l'arrivée de la lune, c'est-à-dire que la terre était déjà, avant que la lune lui fût donnée pour satellite, dans le système depuis 8, 05 fois autant de temps qui s'en est écoulé jusqu'à nos jours, depuis l'évènement fatal qui enchaîna la lune aux flancs de la terre. Nous classerons ainsi les périodes écoulées entre l'arrivée d'une planète à celle d'une autre dans le système, en supposant que cette période soit 1 pour la terre :

Vénus.. + 1, 59 avant l'arrivée de la terre dans le système.

Terre... 1.

Saturne . — 0, 41 après l'arrivée de la terre dans le système.

Jupiter.. — 0, 71   *Idem.*

Mars... — 3, 67   *Idem.*

Mercure — 8 ·   *Idem.*

Lune... — 8, 05   *Idem.*

» Comme vous le voyez, la lune est la dernière venue ; Mercure la précéda de si peu de temps, qu'il semble son précurseur. N'est-il pas le Mercure, dieu avertisseur, l'Anubis, gardien de la mystérieuse période égyptienne, dont le commencement avait été marqué par la chute de l'homme, par la perte de son Paradis terrestre, et à la fin de laquelle la croyance religieuse annonçait la fameuse *restitution*, cette réhabilitation de l'humanité entière, la restitution de son primitif séjour ; période que la savante, mais trop discrète Egypte de l'antiquité, conservait secrètement dans son sein, comme un dépôt sacré qui lui était confié par le ciel, pour un jour avertir l'humanité que le temps était venu où la terre, à la suite d'une catastrophe aussi terrible que la première qui lui avait arraché les germes de sa primitive et luxuriante fécondité, en lui déchirant ses entrailles, devait secouer pour toujours le cilice de la misère et du deuil, qui la couvre depuis ce moment fatal, afin de se revêtir de la riche robe que Dieu, à la création, lui avait donnée ? Une étoile nouvelle avait annoncé la première tourmente dans laquelle le Paradis terrestre avait fait naufrage, et cette étoile avait été Mercure, qui, en raison de ce fait, fut déclaré le génie avertisseur, l'ambassadeur de la Puissance Suprême près de l'humanité, le précurseur du terrible évènement de la venue dans le monde de la Vierge. Une étoile nouvelle devait aussi avertir le retour de ce même évènement, mais dont les conséquences devaient être la *restitution*.

» Le Christ, après avoir recueilli les lambeaux épars de l'antique science égyptienne, ne fit qu'annoncer aux peuples que le temps était venu de la restitution et que ce vieux monde, plein de misère et de turpitudes, allait périr pour faire place au royaume du bien ; il prêchait cette restitution tant attendue par les nations, et qui avait été promise par le ciel à nos pères au commencement du mal.

» En effet le ciel des fixes annonçait pour le siècle du Christ le retour du terrible évènement planétaire qui avait précédé la perte du Paradis terrestre, mais retour fatalement nécessaire pour la réhabilitation de l'humanité dans ses primitives destinées, le bien-être universel. Je vois encore dans les groupes et les mouvements des étoiles les traits sacrés et immortels avec lesquels le génie de l'homme forma les pages de l'antique histoire de notre planète. Le firmament en est le livre indestructible.

» Le disciple bien-aimé du Christ, saint Jean, nous écrivit l'*Apocalypse*, comme pour ne pas nous laisser de doute sur les vérités prétendues divines de cette science historique. Il nous dépeint, dans son langage si animé, les détails des terribles épisodes qui, selon les croyances d'alors, devaient accompagner aussi la destruction de ce monde, empire du mal, parce qu'ils avaient accompagné la destruction du Paradis terrestre. D'après l'esprit astrologique, le tiers des hommes et des choses devait aussi périr; car, dans la destruction du premier monde, le tiers des hommes et des choses avaient péri !

» Sous ces inspirations, que me donne l'étude de l'œuvre de Dieu, l'astronomie se présente à moi revêtue de sa glorieuse puissance. Elle me dévoile tous les mystères de l'antique et si savante philosophie. Le cours des astres me décèlent des dates précieuses, qui viennent correspondre aux terribles événements que me racontent les cicatrices de la terre. Le ciel n'est plus pour moi une voûte insouciante, parsemée de quelques brillants, mais un vaste et saint livre dont les pages mystiques, en se déroulant chaque jour devant moi, me donnent chaque jour, comme au prêtre de la mystérieuse Égypte, à lire un verset de la sanglante histoire de notre planète. Je me sens fier de ma science; car j'ai fait revivre le cadavre de l'antique philosophie humaine. Mais le moment de vous initier aux mystères de cette science sainte n'est pas encore venu.

» Remarquez, cependant, que Vénus, dont le nom est celui consacré à la reine des amours et au génie de la fécondité, fut la première des planètes dont l'homme put avoir connaissance. Je me réserve aussi pour plus tard de vous démontrer que les dénominations de chacune des planètes connues des anciens, et qui s'offrirent successivement aux regards de l'homme dans cet ordre : Vénus, Saturne, Jupiter, Mars, Mercure et la lune, ne sont que les peintures des événements sous les influences morales et physiques desquels chacune de ces planètes, à son arrivée dans le système solaire, trouva la terre et l'humanité.

— Vous me promettez de la science bien profonde !

—C'est de l'histoire. Pour le moment je me contenterais de traiter des mouvements généraux et de la physique de chacune des planètes. Il me reste encore à vous parler de ce que je vous ai avancé au sujet de l'accélération de la rotation des planètes produite par leurs satellites. Pour obtenir des chiffres aussi exacts, pour cette accélération de rotation, que ceux que j'ai trouvé pour les autres mouvements, il faudrait que je calculasse les masses, les densités, et ainsi toutes les influences de chacun des satellites sur sa planète ; ce qui exigerait un déploiement de chiffres des plus considérables et une perte de temps fort inutile, vu le peu d'intérêt scientifique qui en résulterait. Je me contenterai donc de vous donner qu'un chiffre approximatif, en supposant, ce qui est peu éloigné de la vérité, que l'influence de chacun des satellites sur sa planète est la même chez toutes.

» Je vous ai dit que la vitesse de rotation des planètes sur leur axe est produite, ainsi que le mouvement dans l'orbite, par la différence de la force attractive et de la force répulsive, différence qui fait échapper la planète par la tangeante. Ainsi, la vitesse de rotation d'une planète doit être proportionnelle à la vitesse de son mouvement dans l'orbite ; et si elle ne l'est pas, il faut en attribuer la différence à deux causes : 1° à l'action des satellites sur les planètes ; 2° aux influences attractives que, dans certaines positions, les planètes possèdent les unes sur les autres, influences qui, vu le peu de force nécessaire pour produire un mouvement de rotation à des corps sphériques, doivent jeter de grandes perturbations dans la rotation des globes célestes, et faire de ce mouvement le plus irrégulier de tous ceux des sphères.

» Il faudrait un volume entier de calculs pour saisir ces irrégularités de rotation des planètes, et plusieurs siècles

d'observations incessantes pour, à l'aide de la vue, saisir seulement quelques-unes de ces irrégularités ; encore ne pour-
rait-on pas affirmer l'exactitude de ces observations, que la
nébulosité atmosphérique de certaines planètes laisse toujours imparfaites. Je tenterai cependant ces calculs de mouvement de rotation d'après les influences des satellites et la
vitesse dans l'orbite. Mais je ne vous donne mes résultats que
comme de simples approximations.

» La vitesse du mouvement de Mercure dans son orbite est
1, 60 fois celle de la terre dans la sienne ; donc la vitesse de
rotation de Mercure devrait être 1, 60 fois la vitesse de celle
de la terre. Mais il n'en est pas ainsi : la rotation de Mercure
est $1^{J''}$ 003, et celle de notre planète est $0^{J''}$ 997 ; la rotation
de cette dernière est ($1^{J''}$ 003 : $0^{J''}$ 997 $=$) 1, 006 fois celle
de Mercure, lorsque cet astre devrait l'avoir 1, 60 fois celle
de la terre. Donc, la rotation de la terre est d'une vitesse de
(1, 60 $\times$ 1, 006 $=$) 1, 609 fois celle de Mercure, ou, ce qui
est la même chose, la terre possède dans le mouvement de
sa rotation une accélération 0, 609 de fois en plus sur celui
de la rotation de Mercure. Cette accélération, ne pouvant
provenir de la force de projection de la terre dans son orbite,
qui, au contraire, lui fait sa rotation 0, 60 de fois moins active, n'est que le résultat de l'influence accélératrice de son
satellite, influence à laquelle Mercure échappe, puisqu'il ne
possède pas de satellite.

» A cette première cause d'accélération de rotation pour
la terre, j'ajouterais les perturbations variables produites aux
mouvements de la terre à de certaines positions, perturbations auxquelles le mouvement de rotation est le plus sensible, et qui proviennent des influences des masses de Vénus
et de Jupiter, qui, vu leur proximité de la terre, sont des
causes de troubles aux mouvements de la terre, en leur apportant tantôt du retard, tantôt de l'accélération, et auxquels Mercure échappe encore, vu son grand éloignement de
tout astre assez puissant pour troubler ses mouvements.

» Je vous ferais ici observer que 0, 609, excès de vitesse de
la rotation de la terre sur celle de la rotation de Mercure,

approche du tiers de 1, 60, valeur du mouvement calculé. Ce qui me ferait presque supposé que notre satellite, qui est, dans la comparaison de la densité de Mercure et de Vénus, une cause d'un tiers de plus de condensation pour la terre, pourrait bien être aussi la cause d'un tiers d'accélération dans sa rotation, et le reste de vitesse qui dépasserait ce tiers pourrait être attribué aux influences de Vénus et de Jupiter sur notre planète.

» La vitesse du mouvement de projection de Vénus dans son orbite est 1, 176 fois celle de la terre dans la sienne. La vitesse de la rotation de Vénus devrait être 1, 176 fois celle de notre planète; mais l'observation de ce mouvement chez Vénus la donne de $0^{J'}$ 973, lorsque celle de la terre est $0^{J'}$ 997; donc, au lieu d'être 1, 176 fois celui de cette dernière planète, le mouvement de rotation de Vénus n'est réellement que $(0^{J'}$ 997 : $0^{J'}$ 973 =) 1, 024 fois ce dernier; donc, la rotation de la terre est (1, 176 : 1, 024 =) 1, 142 fois plus active que celle de Vénus. J'attribue cette accélération de la rotation de la terre comparée à celle de Vénus, 1° à l'influence du satellite de la terre, influence dont Vénus n'est pas affectée, puisque cette planète n'a pas de satellite; 2° à l'action de la masse de Jupiter sur la terre, qui se trouve plus proche de ce corps colossal que l'est Vénus, puisque notre planète se trouve placée entre les orbites de ces globes.

» D'après ces quelques principes, qui donnent à tous les satellites une influence accélératrice au mouvement de rotation de leurs planètes, vous concevez que, malgré les masses énormes de Jupiter et de Saturne et leur peu de vitesse dans leurs orbites comparée à celle de la terre dans la sienne, ces deux planètes, ainsi qu'Uranus, peuvent fort bien avoir la vitesse de leur mouvement de rotation très-considérable; car Jupiter possède quatre satellites puissants, Saturne huit et un anneau, Uranus six et un anneau.

» La vitesse de rotation de ces planètes est dont le chiffre de leur mouvement dans leur orbite augmenté d'autant qu'elles possèdent plus de satellites. La vitesse de la terre dans son orbite est, vous ai-je démontré, 2, 29 fois celle de

Jupiter. Comme la vitesse de la rotation des planètes est toujours proportionnée à leur mouvement de projection, la terre devrait donc avoir sa rotation 2, 29 fois plus active que celle de Jupiter; mais il n'en est pas ainsi. D'après l'observation, Jupiter met $0^{J''}414$ pour parcourir les 360' de son équateur, lorsque la terre emploie $0^{J''}997$; la vitesse de rotation de Jupiter est donc ($0^{J''}997 : 0^{J''}414 =$) 2, 42 fois celle de la rotation de la terre, lorsqu'au contraire elle devrait être 2, 29 fois moindre. L'accélération réelle de la vitesse de la rotation de Jupiter est donc ($2, 29 \times 2, 42 =$) 5, 54 fois celle de la terre avec l'influence de la lune. Qui peut donc procurer à Jupiter cet excès de vitesse de rotation que sa force de projection est loin de pouvoir lui accorder, si ce ne sont pas ses quatre satellites?

— Si vous faites 1 l'influence de chacun des quatre satellites de Jupiter, comme celle de la lune pour la terre, il y a un reste de 0, 54 sur l'accélération 5, 54, et dont je ne peux me rendre compte. En astronomie il ne faut rien omettre.

— Je suis de votre avis, capitaine ; aussi je vous dirai tout de suite, ce que je me proposais de vous démontrer plus tard, que cet excès de 0, 54 sur la rotation que les quatre satellites de Jupiter lui donnent, provient de ce que l'équateur de cette planète, roulant toujours, à quelques minutes près, sur son orbite, n'oscille pas, comme les équateurs des autres planètes, autour de la ligne d'attraction. Car alors rien de cette force est perdu pour les mouvements de Jupiter, surtout pour celui de sa rotation.

» Je vous ai précédemment calculé que la force de projection de la terre dans son orbite était 3, 07 fois celle de Saturne dans la sienne ; donc, la rotation de la terre devrait être aussi 3, 07 fois celle de cette planète. Mais l'observation démontre qu'au contraire étant $0^{J''}997$, celle de Saturne est $0^{J''}428$; ainsi elle devient ($0^{J''}997 : 0^{J''}428 =$) 2, 33 fois la vitesse de la terre, au lieu d'être 3, 08 fois moindre. Ainsi, la vitesse réelle de la rotation de Saturne, en dehors de la force de projection, est ($3, 07 \times 2, 33 =$) 7, 18 fois plus grande que celle de la terre, vitesse qui lui vient de ses 8 satellites. Je ne traiterai pas de la rotation d'Uranus, n'ayant pas les éléments astronomiques nécessaires pour obtenir un résultat satisfaisant : le nombre des satellites de cette planète ne nous est pas encore assez avéré pour cela. D'ailleurs, il fut impossible jusqu'ici d'observer sa rotation.

— La rotation des planètes est ainsi d'autant plus active que les globes sont plus éloignés du soleil.

— Combien sont majestueuses et puissantes les prévisions du Grand Être dans l'œuvre de la création ! Sa justice et sa bienveillance paternelle sont égales pour tous. Il ne voulut pas de disgraciés dans les enfantements de son génie : il ne voulut pas que ces immenses globes, qui se perdent dans les profondeurs de l'atmosphère solaire, soient privés, comme osent le prétendre les calculs de nos *savants* astronomes, de la fécondante action du soleil. Il donna à tous une puissance d'autant plus grande qu'ils se trouvent plus éloignés du soleil, de se donner des satellites qui, en activant le mouvement de leur rotation, exposent en peu de temps toutes les parties de leur circonférence à l'action solaire ; ce qui ne permet pas à leurs énormes surfaces le temps de se réfroidir. Par cette seule raison, il arriverait encore que sur toutes les planètes il régnerait une douce température, qui, en donnant et en entretenant la vie animale et végétale, ne permettrait pas que des vastes globes tels que Jupiter, Saturne et Uranus, soient dans la nature des créations inutiles à l'organisation végétale et animale.

— Si devant Dieu le plus petit des êtres à les mêmes droits que les plus grands, il me semble que vous ne mettez pas en pratique, dans votre revue des mondes célestes, ce bel exemple donné par le Grand Être. Vous avez coulé par-dessus le pauvre Mars avec une dextérité remarquable ; il est vrai que cette planète est si petite !... Cette omission ne serait-elle pas volontaire ?... Ne vous montriez-vous pas, pour cette chétive fille du *plebs* céleste, ainsi que nos graves politiques, dont le génie est impuissant pour résoudre les problèmes sociaux vers lesquels aspire la classe populaire, cette pauvre mère de la nation, et qui voudraient faire croire que c'est par un oubli dédaigneux qu'ils ne touchent pas à cette matière dont l'écorce brute couvre le feu divin ; car s'ils connaissent une chose, c'est leur impuissance.

— Vous m'accusez injustement, capitaine ; et c'est par un oubli bien involontaire que j'ai omis de parler de Mars ; aussi je vais me hâter de le réparer. Souvenez-vous que j'ai trouvé à la terre une vitesse dans son orbite, qui était 1, 230 fois celle de Mars dans la sienne ; sa rotation devrait être ainsi 1, 230 fois celle de Mars. Mais l'observation démontre que lorsque la rotation de la terre est 0^{J} 997 celle de Mars est 1^{J} 027 ; donc, la rotation observée de la terre est en vitesse (1, 027 : 0, 997 =) 1, 030 fois celle de Mars, lorsque calculée elle doit être 1, 230. Divisant ce chiffre par 1, 030, nous trouvons que Mars a une vitesse de rotation de 0, 197 de fois plus grande que celle que pourrait lui donner sa force de projection dans l'orbite. Il faut attribuer cet excès de vitesse dans la rotation de Mars à l'influence combinée de la terre et de Jupiter sur lui, et principalement à celle de Jupiter.

— Ainsi, de tous les mouvements des sphères, celui de leur rotation proviendrait des causes des plus compliquées, et serait de tous le moindre uniforme. Toujours il augmenterait selon que la planète se trouverait plus proche d'un globe circonvoisin ; à cette cause se joindrait encore celle-ci : que, puisque le mouvement de rotation est produit par la force de projection de la planète dans son orbite, et que cette force n'est pas elle-même uniforme, qu'elle diminue dans les aphélies et augmente dans les périhélies, la rotation des planètes doit donc diminuer et augmenter de vitesse dans le même rapport.

— Cette accélération et diminution de vitesse dans la rotation des sphères trouvent sans doute votre esprit peu disposé à l'accepter, parce que vous avez toujours entendu dire par nos astronomes que la vitesse de la rotation était uniforme. Mais pouvaient-ils vous dire autre chose, puisque leur théorie, trop étroite, ne pouvait pas leur donner aucun des éléments qui puissent leur faire découvrir, non-seulement l'inégalité de ce mouvement, mais même la cause de la rotation des sphères célestes.

— Je ne doute pas que votre théorie nouvelle soit bientôt en faveur chez les horlogers, fabricants de nos chronomètres. Vous leur fournissez des excuses victorieuses sur les reproches que nous, marins, nous pouvons leur faire du manque de précision de leurs montres. Ils ne manqueront pas d'en accuser le peu d'uniformité dans le temps des jours d'une année comparés entre eux.

—Ces aberrations sont trop petites pour qu'on puisse y avoir égard. Quoiqu'il en soit, il n'est pas impossible de les soumettre aux calculs. Mais je laisse ces travaux de détails aux astronomes de profession.

— Si jamais ces messieurs se trouvent forcés d'avoir quelques considérations à votre théorie et d'y prendre quelques éléments de calculs, ils ne vous pardonneront pas du trouble que vous jetez dans leur docte repos. Si, par malheur, une comète approche trop de notre planète, crac ! voilà la terre qui déroule des jours trop courts, et oblige le pauvre astronome de se mettre en campagne pour courir, en suant sang et eau, après le temps perdu !

— Vous ne plaisanteriez pas ainsi des comètes, si vous saviez, comme moi, ce qu'à fait de mal aux antiques générations de la terre un de ces globes vagabonds, pirates de l'océan de là-haut.

— Ah ! terreurs populaires !

— Le peuple se trompe moins que les savants. L'instruction instinctive du premier, si cela peut se dire, est le fruit des traditions de milliers de générations, qui persévèrent dans le sang comme si elles se fussent incrustées dans les chairs de l'humanité. Elles existent chez l'homme civilisé comme chez l'homme barbare ; elles se sont conservées aussi pures, au travers des siècles, sur les plateaux des Amériques comme sur ceux de l'Afrique et de l'Asie.

» Croyez-vous que la terre ne pleure pas encore du triste don que le ciel lui fit de son satellite, qui n'était qu'un de ces globes errants que vous nommez comètes? Elle paya du prix de sa luxuriante fécondité et des joies de sa félicité le fatal privilège d'attacher un esclave à ses flancs. Ce ne fut qu'envoyant son sein se resserrer sur lui-même, par les plus douloureux crispements, qui diminuèrent d'un tiers l'étendue de son volume, qu'elle reçut la couronne de reine; triste et fatale couronne, qu'elle ne put obtenir qu'en engloutissant dans ses entrailles les masses de chairs broyées des générations témoins de son avènement, et aux descendants desquelles elle ne peut plus donner, sans labour, que la ronce et le chardon. Sans le satellite de la terre nous ne naviguerions pas sur cette plaine liquide; car c'est lui qui retira de la tourmente, dans laquelle il jeta notre planète, cet océan qui couvre les précipices profonds que cet astre ouvrit et creusa lui-même dans le sein de la terre.

» Mais tout cela est de l'histoire, et c'est une sainte et terrible histoire que celle de notre planète. Si un jour la Providence me le permet, j'essaierai de vous en tracer les pages sanglantes. Armé du scalpel, j'ouvrirai de nouveau les entrailles de la terre pour en retirer les cendres de nos aïeux mêlées aux dépôts de l'antique végétation du globe, le tout transformé en masse charbonneuse, dont la chimie saura bien séparé la chair du végétal. Puis nous irons ensemble lire au ciel le livre que le génie humain y déposa, afin de laisser, dans ses pages immortelles, aux générations futures de la terre le souvenir éternel de la primitive félicité de l'homme, sa chute et ses espérances.

— Parole d'honneur! je crois que vous avez quelque chose de détracté dans le cerveau!

— Vous n'êtes donc pas chrétien?

— Voilà une question qui me confirme dans ma croyance.

—Si vous aviez médité nos livres saints, comme je l'ai fait, vous auriez foi, ainsi que moi, aux grandes vérités historiques qui en sont les bases et le sujet. Je ne rougis pas d'y croire, parce que je les vois se peindre en traits de feu dans les moindres épisodes de l'histoire du monde. Le ciel et la

terre me les racontent : suis-je fou de croire plutôt ces témoins immortels que vos Voltaire et vos Dupuis.

— Je ne sais pas jusqu'où peut aller ce qu'un autre que
moi appellerait votre génie; mais je doute que vous puissiez
concilier les *vérités métaphysiques*, ainsi qu'on décore les rêveries du christianisme, avec les vérités matérielles que nous
appelons science.

— Je sais qu'il faut à vous, de l'école nouvelle, que le fait
parle avant la métaphysique. Aussi est-ce par cette marche
que je veux vous forcer à avoir foi aux imposantes vérités du
christianisme. Mais j'ai préalablement plus d'une chose à terminer avant de travailler à votre conversion. D'abord, j'ai
à continuer l'exposé des mouvements planétaires suivant
ma théorie.

» Vous n'êtes pas sans que vous vous soyez déjà demandé
comment il se peut faire que la terre, dans sa révolution annuelle autour du soleil, maintienne son axe de rotation dans
une situation telle que les deux pôles de cet axe répondent
toujours aux mêmes points du ciel, et que jamais celui d'un
hémisphère n'est plus ou moins attiré par le soleil que celui
de l'hémisphère opposé, quoique la ligne d'attraction qui
joint le soleil à la terre oscille constamment autour de l'é-
quateur de cette planète. Vous feuilleterez en vain tous les
Traités d'astronomie pour trouver la solution de ce problème.

— En effet, nos savants sont muets sur ce point.

— C'est qu'il est impossible à la théorie ancienne de traiter cette difficulté avec quelque succès. Ses limites sont trop
rétrécies pour cela. D'après la mienne, c'est une de ces choses
dont l'intelligence est des plus faciles. Rappelez-vous que la
distance des planètes au soleil représente la différence de
deux forces opposées d'effets : l'une, l'attraction, les pous-
sant vers le soleil, et l'autre, la répulsion, dont l'influence
est de les en écarter. Or, cette force répulsive est le résultat
de la réaction de la colonne de milieu qui suspend toute planète au-dessus du soleil, et embrasse dans sa réaction toute
la surface de l'hémisphère de la planète tourné vers le soleil,
et contre laquelle surface elle réagit.

» La compression de cette colonne de milieu est proportionnée à la puissance attractive du globe, et la réaction proportionnée à la compression, et ainsi à l'attraction ; en effet, l'excès de la force répulsive sur la force attractive ne se dépense-t-il pas en lançant la planète dans son orbite? Ainsi, chacune des régions de la surface de l'hémisphère d'une planète tourné vers le soleil est attirée avec une force égale à celle qui la repousse. Il résulte de cet équilibre parfait des deux forces contraires sur tous les points de cette surface, qu'il est impossible qu'une planète puisse avoir un balancement des pôles de son axe de rotation ; car, pour que cela ait lieu, il faudrait qu'il existât sur la surface de la planète des points où dominerait tantôt l'attraction et tantôt la répulsion.

» Toutes les sphères du firmament possèdent à leurs régions équatoriales un renflement considérable ; ce qui prouve que là se trouve une masse plus grande de matière que sur tous les autres points de ces sphères. Comme l'attraction augmente d'intensité comme augmentent les masses, les régions équatoriales des planètes doivent être considérées comme étant le lieu de leur centre de gravité. C'est donc à ces régions que l'attraction solaire est à son *maximum* sur la surface de la sphère.

— Ainsi, contrairement aux observations faites avec le pendule, ce serait, non pas aux pôles, que la puissance attractive sur la surface serait à son *maximum*, mais bien à l'équateur?

— Si je vous démontrais, ce que je ferai dans un autre moment, à l'aide de la seule différence de l'état atmosphérique des régions polaires avec les régions équatoriales, que le pendule doit plus peser aux pôles qu'à l'équateur, et que les chiffres de cette différence sont en tout semblables à ceux trouvés par l'observation du pendule sur ces diverses contrées, que me répondriez-vous?

» Le centre de gravité d'une planète réside à son équateur, parce que là sa masse est plus grande. Le *maximum* de l'attraction du soleil est donc à ce point de la surface du globle, puisque l'attraction est proportionnnelle aux masses. Mais à l'équateur aussi se trouve l'excès de la force répulsive de la colonne du milieu, qui, embrassant toute la surface de l'hémisphère tourné vers le soleil, maintient l'axe de rotation des planètes toujours parallèle à lui-même, puisque les deux forces qui pourraient lui produire des mutations sont toujours en équilibre sur la surface de la planète.

» Ainsi, sur la surface des sphères il existe, entre l'attraction et la répulsion, un équilibre qui ne peut jamais être rompu, puisque l'attraction qui attire cette surface ne peut augmenter sans qu'à l'instant n'augmente de même la force qui la repousse; car de l'attraction naît la répulsion, et l'excès de celle-ci sur la première, excès provenant de la nature du milieu qui la produit, se dépense toujours en lançant par la tangeante les planètes dans leur orbite, et en leur donnant en même temps leur rotation.

—Permettez que je récapitule moi-même les principes que vous venez d'émettre, afin de les bien comprendre... L'attraction, en faisant comprimer entre les surfaces du soleil et d'une planète la colonne de milieu qui sépare ces deux globes et que mesure leur distance, fait naître de ce milieu comprimé une réaction entre les surfaces de ces deux globes, réaction qui, par la nature du milieu qui la produit, est à l'attraction *comme* 3 *est à* 1. Mais cet excès de la force répulsive sur l'attraction se dépensant totalement en lançant par la tangeante la planète dans son orbite, il résulte de cet échappement continuel donné à l'excédant de la force répulsive qu'il règne sur la surface des deux globes un équilibre parfait entre leur attraction et leur répulsion, et que c'est par cet équilibre, qui ne peut jamais être détruit, que l'axe de rotation d'une planète est toujours parallèle à lui-même.

—C'est cela. Mais je dirai plus : j'ajouterai que tout axe de rotation d'une planète doit toujours être parallèle à l'axe de son orbite.

— Je comprends parfaitement, et je crois bien expliquée et réelle la cause que vous donnez à ce que l'axe de la terre soit, comme l'affirme l'observation, toujours parallèle à lui-même. Mais ajouter qu'il est parallèle aussi à l'axe de l'orbite de cette planète, c'est, il me semble, un paradoxe qui ne pourra jamais faire croire que l'orbite de la terre n'est pas oblique au plan de son équateur, et que ces cercles ne font pas entre eux, en se coupant, un angle de 23° 28′, quoique cela soit avéré par l'observation.

— Et pourtant l'axe de la terre et celui de son orbite, ou autrement dire l'écliptique (1) et l'équateur de la terre sont toujours parallèles, s'ils ne coïncident pas toujours. Ils sont loin d'avoir entre eux cette prétendue obliquité, comme on l'admit jusqu'ici. Aussi est-ce en raison de cette erreur universelle des astronomes qu'il n'a jamais été possible de trouver une explication satisfaisante à ce que l'axe d'une planète soit toujours parallèle à lui-même.

— Je vois qu'il va encore vous surgir une découverte !

— Quand on voit une chose mauvaise, ne faut-il pas en chercher une meilleure pour la remplacer? D'ailleurs, vous jugerez vous-même si je me suis égaré ou non... Les planètes ne sont-elles pas de vastes globes sphériques qu'enveloppent des atmosphères d'une profondeur puissante et dont la densité augmente comme diminue le carré de cette profondeur? Ces globes sont donc d'une forme et leur atmosphère d'une constitution telles qu'ils doivent produire à toute force comprimante agissant dans le milieu de leur atmosphère une réfraction des plus puissantes.

— Effectivement, il existe chez ces globes tous les éléments nécessaires pour produire une considérable déviation à la ligne qui représente la direction de l'impulsion que les planètes reçoivent des forces combinées du soleil sur leur centre de gravité : 1° ils sont sphériques, et ainsi exposent toujours leur surface obliquement à la ligne de cette impulsion, source puissante de déviation de cette ligne; 2° ils sont enveloppés d'une atmosphère dont l'étendue est immense, et dont la densité augmente comme le carré de sa profondeur diminue.

____

(1) Cercle que la terre trace dans le ciel en tournant autour du soleil.

Cela seul suffit pour faire considérablement dévier de la droite la ligne d'impulsion qu'une planète reçoit, pour son centre de gravité, des forces combinées du soleil.

— De cette conclusion, nous devons donc tirer ceci : que l'impulsion que reçoit du soleil une planète, déviant progressivement pour celle-ci de la verticale qui joint les centres de gravité (équateur) des deux globes, cette impulsion solaire, quoique produite par le centre de gravité de la planète (ses régions équatoriales), et se dirigeant vers lui, ne peut cependant pas, en raison de la grande réfraction qu'elle éprouve en passant dans le milieu qu'elle traverse, frapper directement la surface de la planète et son équateur, mais toujours frapper obliquement cette surface et hors de son équateur (centre de gravité).

— Je conçois maintenant, à l'aide de l'intelligence de ce mécanisme, pourquoi les planètes s'échappent si facilement par la tangeante dans un orbite et reçoivent en même temps un mouvement de rotation sur leur axe. Ces deux mouvements sont des conséquences immédiates de ce que les planètes reçoivent toujours leur impulsion des deux forces combinées, non-seulement obliquement sur leur surface, mais encore hors du centre de leur gravité (équateur).

— Mais les globes planétaires ne recevront-ils de cette impulsion, tombant toujours obliquement sur leur surface et hors de leur centre de gravité (équateur), que ces deux mouvements? Non, surtout si leur volume n'est pas, comme celui de Jupiter et du soleil, d'une étendue si considérable que leurs surfaces tiennent plus d'une surface plane que d'une surface sphérique. En effet, l'impulsion que reçoit une planète est bien destinée, par les forces combinées, à agir sur les régions de son centre de gravité, c'est-à-dire sur ses régions équatoriales; mais toujours aussi elle est forcée de dévier de ce point, d'abord, comme nous venons de le voir, par la refraction atmosphérique, puis encore parce qu'elle frappe constamment une surface solide sphérique dont la résistance diminue dans le rapport du rayon à la sécante des latitudes; car sa sphéricité, augmentant dans ce rapport, sollicite sans cesse la ligne d'impulsion à couler de l'équateur vers un des pôles.

» Ce phénomène ne naît aussi, comme ceux du mouvement obiculaire et de rotation, dont il n'est en quelque sorte qu'une suite, que de l'excédant de la force répulsive sur la force attractive, excédant qui, se réagissant obliquement sur la surface résistante d'une planète et hors du point de son centre de gravité (équateur), ne peut travailler qu'à déplacer la masse planétaire. Effectivement, la ligne d'impulsion des deux forces combinées qui joint une planète au soleil, et de laquelle nous faisons sortir l'impulsion de tous les mouvements planétaires, doit être considérée ainsi qu'une ligne immuablement fixe, comme l'est le soleil, du centre duquel elle part verticalement (sauf la courbure que lui fait faire le milieu réfringent qu'elle pénètre), vers l'équateur de la planète, à qui elle donne l'impulsion de tous ses mouvements. Ce n'est donc pas cette ligne, toujours immuablement fixe, qui obéit à toutes les exigences des mouvements, mais bien la planète seule. La locution était donc vicieuse, lorsque tout-à-l'heure je vous disais que cette ligne de l'impulsion coulait sur la surface de l'équateur vers un des pôles ; c'est la planète seule qui opère ce mouvement par le déplacement contraire de sa masse vers le pôle opposé, en voulant soustraire sa surface de la contrainte incessante et oblique de cette impulsion répulsive, ainsi qu'elle le fait en s'élançant par la tangeante dans son orbite.

» Dans ce mouvement d'un pôle à un autre, et qui est un déplacement réel de la masse planétaire, l'équilibre de la force attractive et répulsive sur la surface du globe, loin d'être détruit reçoit, au contraire, une stabilité plus grande, puisque ce déplacement n'est, comme le mouvement dans l'orbite, que le résultat de l'échappement de l'excédant de la répulsion sur l'attraction, qui, s'il ne se perdait pas en produisant ces deux mouvements et celui de rotation, détruirait l'équilibre, et donnerait ainsi journellement de grandes et fort dangereuses mutations de l'axe de la terre. Ainsi, quoique le centre de gravité (équateur) de certaines

planètes se trouve quelquefois éloigné de la ligne attractive
du soleil de 30°, leur axe n'en peut recevoir aucun déplacement, et reste constamment fixe aux mêmes points du
ciel, parallèle à lui-même et à celui de l'orbite de la planète;
car ce déplacement du centre de gravité d'une planète n'est
aussi qu'une partie de l'excédant de la force répulsive sur la
force attractive, excédant qui ne peut se dépenser de la sorte
et pour le mouvement obiculaire sans forcer l'axe à se tenir
constamment sous un équilibre parfait et parallèle à lui-
même, faisant toujours angles droits avec le cercle orbiculaire.

» Outre la rotation sur l'axe, il résulte donc de l'excédant
de la force répulsive sur la force attractive deux déplacements dans la masse d'une planète, 1° celui dans le mouvement orbiculaire de l'ouest à l'est; 2° et celui dans le mouvement du nord au sud et du sud au nord, où d'oscillation
du centre de gravité (équateur) sous la ligne d'attraction.
Ces deux mouvements ou déplacements de la masse des planètes et celui de la rotation sur l'axe s'exécutent simultanément, car ils sont produits par la même cause, l'excès de
la répulsion sur l'attraction. De la simultanéité de ces trois
mouvements il résulte, pour chacune des planètes, un mouvement composé tenant des trois primordiaux, de celui de
rotation, de celui du déplacement de sa masse de l'ouest à
l'est dans l'orbite, et de celui de l'oscillation de cette masse
d'un pôle à un autre, sous la ligne d'attraction.

» Un mouvement ainsi composé de ces trois mouvements
ne peut donc s'exécuter sans faire tracer à la planète dans
ses deux déplacements simultanés une spirale continue et
dont les spires vont en décroissant de l'équateur vers le pôle.
Quel aspect résulte-t-il de ce mouvement composé dans le
déplacement de la masse de la terre? Le soleil, qui cependant reste fixe, ainsi que sa ligne d'attraction, doit paraître
à chacune des révolutions de la planète sur son axe, s'être
avancé insensiblement de l'équateur de la planète vers un
de ses pôles. Ce mouvement apparent du soleil, et qui, dans
le fait, n'est que le produit du déplacement de la planète

vers le pôle opposé à celui où le soleil semble s'être porté, est ce qu'on appelle la marche du soleil de l'équateur à un tropique, c'est-à-dire le passage d'un équinoxe à un solstice.

» Vous concevez que ce déplacement d'une masse planétaire étant une lutte réelle avec l'attraction (puisqu'il écarte le centre de gravité de cette masse de sa ligne d'attraction) ne peut durer qu'autant que dure la résistance de la surface de la planète pour l'excédant de la force répulsive sur l'attraction ; elle doit donc avoir un terme. Or, cette résistance de la surface, qui produit ce mouvement apparent du soleil de l'équateur vers un pôle, diminue, ainsi que je vous l'ai déjà dit, comme la sphéricité de la surface augmente de l'équateur au pôle, c'est-à-dire diminue comme augmente le rapport du rayon à la sécante des latitudes.

» Il y a donc un point sur la surface des planètes, et qui ne peut être distant que de 30° à 35° au plus de l'équateur, où doit être consommé tout cet excès de résistance de la surface. Ce point sera celui où s'arrêtera dans l'espace la planète dans son mouvement en spirale de l'équateur vers un pôle, et ce point est ce que nous nommons tropique.

» Dès l'instant que cet excédant de la résistance de la surface est usé par la sphéricité de cette surface, l'attraction rappelle aussitôt vers sa ligne le centre de gravité (équateur) de la planète. Ce qui donne l'apparence du retour du soleil vers les régions équatoriales, lorsque, dans le fait, c'est la planète qui opère ce retour en reportant son centre de gravité (équateur) sous la verticale attractive du soleil, mouvement que nous nommons le passage du solstice à l'équateur. Ce mouvement du retour de la masse planétaire du solstice à l'équinoxe ne cesse pas, comme vous le comprenez bien, d'être aussi composé des mouvements orbiculaire et de rotation. Il s'exécute, comme celui du transport de la planète de l'équinoxe au solstice, en spirale continue, mais dont les spires vont en croissant, au lieu que celles de la première spirale vont en diminuant.

» Une fois le centre de gravité ou équateur de la planète a-t-il atteint la verticale attractive du soleil, qu'il en reçoit

14

de nouveau, toujours obliquement à sa surface, une impulsion qui en repousse aussi de nouveau la masse planétaire ; car vous comprenez que la planète, en venant reporter son équateur sous l'obliquité de la ligne attractive en traçant une spirale en spires croissantes, ne peut faire autre chose que de rétablir l'excès de la résistance de la surface, qui augmente comme diminue le rapport du rayon à la sécante de la latitude. Ainsi, la masse de la planète sera de nouveau repoussée par l'obliquité de la ligne attractive vers la direction du ciel où correspond un de ses pôles ; mais cette fois, ce sera vers le pôle céleste opposé à celui vers lequel elle s'était avancée dans le premier mouvement ; car elle continuera l'impulsion qu'elle avait dans sa marche en spirale à spires croissantes pour descendre une spirale en spires décroissantes, jusqu'au point (le tropique) de la surface où elle s'arrêtera pour retourner en spires croissantes vers l'équateur céleste.

» Par des phénomènes en tout semblables à ceux-ci, toute planète, dont le volume n'est pas si prodigieusement grand que sa surface se comporte pour la ligne attractive ainsi que si elle était plane, transporte sa masse d'un pôle céleste vers l'autre, et *vice versâ*, en promenant constamment ses régions intertropicales sous la ligne attractive du soleil. Elle opère, sous cette ligne, une véritable oscillation de sa masse du nord au sud et du sud au nord pendant tout le cours de son mouvement dans son orbite, tout en roulant sur un axe immuable qui, malgré cette oscillation incessante de la masse planétaire, ne cesse pas d'être parallèle à lui-même et à celui de l'orbite de la planète.

» Vous voyez, mon cher capitaine, que dans cette oscillation de la masse de notre planète, oscillation qui nous donne les charmes des variations de saisons, il n'y a rien de bien miraculeux, et que tous ces phénomènes astronomiques, 1° la rotation sur un axe toujours parallèle à lui-même ; 2° le mouvement orbiculaire ; 3° les changements en déclinaison et longitude du soleil (lesquels, lorsqu'on les considère pour la terre, se nomment mouvements dans l'écliptique et *obliquité de l'écliptique*), ne sont que les résultats d'une

seule cause : l'excédant de la force répulsive sur la force attractive, dont ma théorie vous explique les puissantes conséquences, autant qu'il est possible d'expliquer une chose
aussi abstraite.

— Je vous comprends, moi, parce que je suis déjà initié à
la science astronomique et à ses termes ; mais je crois qu'il
sera difficile à tout autre de vous comprendre de même, si
vous n'expliquez pas, par une figure, cette oscillation de l'é-
quateur des planètes sous leur ligne d'attraction solaire et
sur le cercle de leur orbite, oscillation qui leur donne la vicissitude des saisons.

— L'explication graphique de ce phénomène n'est pas impossible ; et tenez, je vais à l'instant vous en dresser la figure.
Cette droite A M (*Fig.* 3ᵐᵉ), représente la ligne immuable des
forces combinées du soleil A sur la planète T, et A O est un
arc de l'orbite dans laquelle roule cette planète T, vu du
centre de l'orbite.

» Faisant N et S les pôles de la planète T, la droite N S
devient son axe de rotation ; E Q est son équateur qui oscille
sur la ligne immuable A M jusqu'à R V et C P, cercles qui
sont ainsi les tropiques, c'est-à-dire les points de la surface
de la planète qui correspondent à ceux du ciel que l'oscillation de la planète de B vers G et de G vers B ne dépasse
jamais.

» A l'aide des tirants F et H, maintenus en B et en G (qui
remplacent ici la force d'équilibre de la planète), il vous
est impossible de faire osciller le petit rond mobile de papier T, de son équateur E Q aux tropiques R V et C P sur
la droite immuable A M de l'attraction du soleil, sans que
l'axe N S ne soit pas toujours parallèle à lui-même et ne
fasse plus angle droit avec A O, arc de l'orbite de la planète T.

» Je ne vous donnerai pas plus d'explications de cette
figure, afin de vous laisser le plaisir d'appliquer vous-même
son intelligence aux phénomènes astronomiques et météorologiques qu'elle représente et que nous venons de traiter. »

Le capitaine, qui avait écouté si longtemps ma longue dissertation avec une complaisance silencieuse vraiment extraordinaire pour son caractère, prit mon petit morceau de papier découpé; et après avoir fait plusieurs fois, avec un grand recueillement, osciller le petit rond T sur la ligne A M O, il me tendit la main en me disant :

— Pardon, si dans des moments d'incrédulité je vous ai traité de cerveau... malade. Jamais je n'avais pu me rendre compte, comme je viens de le faire en cet instant, de l'inclinaison de l'axe sur le plan de l'orbite, ainsi que nos astronomes appellent si improprement cette oscillation du centre de gravité (équateur) des planètes sur le cercle orbiculaire. Votre théorie a donc sur l'ancienne un grand avantage : celui de lever d'immenses difficultés aux solutions des problèmes astronomiques.

— Cet aveu, considérez-le bien, capitaine, est celui de la victoire de ma théorie sur l'ancienne.

—Ce n'est pas parce que, moi, je croirais reconnaître des vérités dans ses conséquences que votre théorie serait pour cela meilleure à la grande œuvre de nos hommes de génie. Vous et moi, nous pouvons fort bien être sous l'influence de la même illusion. Sur une question aussi grande, je ne puis décider moi-même, j'en appellerai à l'Académie.

— Bon ! comme dans la science positive il n'y a pas de milieu entre la vérité et l'erreur, qu'il faut être applaudi ou bafoué, dans votre doute pour l'une ou l'autre de ces deux choses qui doit m'être réservée, vous ne trouvez rien de mieux que de me conseiller la publicité, c'est-à-dire que si je suis dans l'erreur je dois avoir la double sottise de l'imprimer.

— Nous serons deux pour en porter le ridicule; je ne puis me défendre de partager la déception dans laquelle vous seriez si votre théorie était une erreur, puisque je prends une certaine part dans la croyance de son excellence.

—Mais je ne veux pas que vous croyiez à demi; il faut que votre croyance soit entière. D'ailleurs il me reste encore

à vous donner le complément à la vérité de ma théorie...
Je vous ai dit que les mouvements orbiculaire, de rotation,
et celui de l'oscillation du centre de gravité sur la verticale
A M (*Fig.* 3me), provenaient tous les trois de la même cause :
de l'excès de la force répulsive sur celle d'attraction. La
puissance de cet excès de répulsion est 1; elle ne peut s'employer pour opérer un mouvement sans qu'elle perde, sur la
vitesse d'un autre qu'elle produit, un chiffre égal à celui
qu'elle dépense pour engendrer le premier. Par exemple,
une planète doit avoir le mouvement de sa rotation sur son
axe d'autant plus rapide qu'elle dépense moins de son excès
de répulsion pour faire osciller son centre de gravité EQ
(*Fig.* 3me), sous la verticale A M.

» En calculant la vitesse de rotation que toutes les planètes doivent posséder, en raison de leur force de projection
ou excès de force répulsive sur l'attractive, et l'accélération
que lui donne l'influence des satellites, j'ai toujours trouvé
que la vitesse de rotation de Jupiter, après avoir eu égard à
l'influence de ses satellites, avait un excès de 0,54 qui ne
pouvait non plus provenir de la force de projection dans
l'orbite. Cette planète seule offre cette anomalie aux lois qui
régissent les sphères. Mais est-ce bien une anomalie? cet
excès de vitesse dans la rotation ne provient-il pas d'une
toute autre cause que de celle du mouvement orbiculaire et
de l'influence des satellites? Je viens de vous dire qu'une
planète devait, toute proportion gardée de la vitesse de son
mouvement orbiculaire et de l'influence de ses satellites,
avoir la vitesse de sa rotation d'autant plus grande que son
centre de gravité (équateur) oscille moins sur son orbite.

» Cette oscillation doit être nulle, ou à peu près, chez Jupiter; car il a 0,54 d'excès de vitesse de rotation que ne
peut lui donner le nombre de ses satellites et sa force de
projection dans l'orbite. Or, pour qu'il en soit ainsi, il faut
donc que l'excès de la répulsion sur l'attraction, ne pouvant
rien dépenser ou très-peu de sa puissance pour opérer une oscillation de la masse de Jupiter sur son orbite, s'emploie sur
le mouvement de rotation, dont il augmente ainsi la vitesse.

» Effectivement l'observation démontre que l'équateur de Jupiter n'oscille sur son orbite que de 15′ de sa circonférence. Ainsi, cet excès 0,54 de vitesse de rotation de Jupiter n'est pas une anomalie aux lois qui s'appliquent si invariablement aux autres planètes; mais il provient de ce que de toutes les planètes, Jupiter est le seul qui n'ait pas d'oscillation sensible de son équateur sur son orbite. La force que les autres planètes dépensent chez elles pour produire ce mouvement d'oscillation de leur masse, s'emploie chez Jupiter pour sa rotation.

» Il est inutile, je pense, de vous répéter ici que Jupiter doit à l'énormité de son volume de ne pas avoir cette oscillation. Il existe donc un rapport entre le chiffre du volume, qui donne aux planètes une étendue de surface plus ou moins convexe, et celui de leur force de projection dans l'orbite, pour que les planètes puissent avoir un mouvement d'oscillation sur leur orbite, mouvement qu'elles ne peuvent avoir, sans doute, si le rapport du chiffre de leur volume à celui de leur force de projection est trop considérable. Nous pouvons encore nous assurer si cela est vrai.

» Saturne, par exemple, qui, après Jupiter, est le plus gros des globes planétaires, a une oscillation de son équateur sur son orbite de 30°. Le rapport de son volume à sa force de projection dans son orbite est de (887 vol. : 3,07 =) 288, lorsque celui du volume de Jupiter et de sa force de projection est (1470 vol. : 2,29 =) 643, et ainsi environ trois fois plus grand que 288, rapport du volume de Saturee à sa force de projection. Sans aucun doute, c'est parce que le rapport du volume de Saturne à sa projection n'est que le tiers de celui de Jupiter, que, lorsque Jupiter n'a qu'une oscillation de 15′ sur son orbite, Saturne en possède une sur la sienne qui prend le tiers de son hémisphère ; en effet, l'équateur de cette dernière planète s'éloigne de 30° de l'orbite.

» De ces calculs nous devons donc tirer cette loi : que l'étendue de l'oscillation d'une planète sur son orbite augmente comme diminue le rapport de son volume à sa force de projection dans l'orbite. Et comme la force de projection des planètes augmente, comme l'observation le prouve, quoique les volumes de ces globes restent les mêmes, l'oscillation des planètes sur leur orbite doit donc diminuer comme augmente la force de projection.... Ne chiffonnez donc pas ainsi ce papier, ma mécanique céleste; nous en aurons peut-être encore besoin.

— Il y a déjà tant de choses dans ce chiffon découpé (*Fig.* 3me), qui ne semble bon que pour amuser un nourrisson, que je ne puis l'apercevoir sans éprouver une espèce de honte, pour ma qualité d'homme, de me voir forcé d'y trouver les plus hautes conceptions, celles-là même qui échappèrent à nos grands génies.

— Il faut vous habituer à sa vue.

— Allez donc porter aux successeurs de Laplace ce modèle de mécanique céleste; et dites-leur que par lui s'expliquent tous les mystères de leur science !

—Certes, du prime-abord je serai reçu par des huées; mais j'ai assez de confiance dans le bon esprit de ces messieurs de la haute science, pour présumer qu'une fois l'intelligence de ce petit joujou bien comprise, les rieurs passeraient de mon côté.

—Vous ne savez donc pas qu'il y a, dans les croyances scientifiques, autant d'opiniâtreté et d'entêtement que dans les croyances religieuses?

— Eh, qu'est-ce que cela peut me faire? Oui, je crois que, sur un point métaphysique, on ne puisse jamais être d'accord, et qu'on peut vous prouver aussi bien que vous avez tort ou raison. Mais je ne fais pas ici de la métaphysique; ce sont des faits que je rapporte. Seuls ils parlent; on les voit, on les palpe en quelque sorte; eh ! qu'ai-je à m'occuper de ceux qui veulent, par parti pris à l'avance, refuser de voir et de sentir !

» J'ai beaucoup de respect pour Laplace : ses travaux de détails astronomiques sont des plus beaux, et font grand honneur au génie de l'homme. Mais, par malheur, Laplace négligea trop les bases astronomiques pour s'occuper des minuties du métier. Croyez-vous que dans ses calculs sur la chaleur et la lumière que chaque planète reçoit de l'influence solaire, il ne fait pas preuve d'une inconséquence vraiment extraordinaire? Mais je remets à cette après-midi la critique du système de Laplace sur la lumière et la chaleur solaires, que je ferai suivre d'un système tout autre que le sien, et qui est aussi de mon invention.

LUMIÈRE ET CHALEUR SOLAIRES.

CINQUIÈME QUART.

LUMIÈRE ET CHALEUR SOLAIRES.

De quatre heures à huit heures du soir

Si je voulais aller chercher le lieu où siège l'égoïsme de l'homme, je prendrais l'estomac.

L'estomac est tout, non-seulement pour la vie animale, mais pour la moralité et la gestion des choses humaines. De tous nos organes, il est le plus prévoyant. Je serais presque porté à croire que c'est de lui que nous vient notre logique la plus militante. Quoi qu'il en soit, il est certain que c'est l'estomac qui, dans certaines idées sociales, apporte le plus d'opiniâtreté.

Cette proposition, ami lecteur, peut te paraître plus que paradoxale. Cependant elle est si vraie, qu'il ne m'est pas difficile de te le prouver.

L'estomac plein n'est pas méchant; mais il est aveugle et d'une lourdeur stupide. Il ne veut et ne recherche que le repos. Pour lui tout est bien : il est optimiste. Si vous allez troubler son sommeil par vos cris de misère, il ne voudra pas croire à vos maux; il vous engagera à vous taire. Si vous continuez, il vous traitera de séditieux. Il est heureux; vous devez l'être.

L'estomac vide est, au contraire, essentiellement actif et terrible, pour l'estomac plein, par sa turbulente intelligence.

Les luttes sociales dans lesquelles s'agite l'humanité reposent uniquement sur ces deux états de l'estomac humain ; et ces luttes dureront tant qu'il y aura dans les sociétés des estomacs vides et des estomacs pleins. Car ces derniers se refuseront toujours à toutes les améliorations sociales, ne pouvant, de leur nature, s'élever aux conceptions de l'organisme social demandé par les estomacs vides.

Des hommes, qui longtemps avaient été de la catégorie des estomacs pleins, n'avaient jamais pu croire que les sociétés que l'homme jusqu'ici s'est faites étaient mauvaises. Mais ils les trouvèrent détestables dès que des revers de fortune les eurent jetés dans la catégorie des estomacs vides. L'intelligence humanitaire leur était venue avec le besoin. A quelque chose malheur est bon !

Il y aurait des volumes de dissertations à faire sur les propriétés morales de l'estomac. Les quelques réflexions de ci-dessus me vinrent en voulant me rendre compte, à part moi, de la béatitude dans laquelle s'épanouissait tout mon être, et que je m'imaginai être universelle, en quittant une excellente table, où nous venions de faire un dîner dans lequel avait apparu tout le luxe gastronomique que la mer peut permettre.

Absorbés par cette félicité égoïste des estomacs pleins, longtemps, le capitaine et moi, nous poussions silencieusement de nos lèvres vers le ciel, comme un hommage de reconnaissance, la fumée odorante de nos cigares.

Mais cette extase, sommeil de l'âme, s'évanouit avec les dernières bouffées de tabac ; et nous ne tardâmes pas à nous rappeler que nous avions encore à parler des grandes questions astronomiques. Je commençai ainsi :

— Au dernier quart, je vous ai promis de traiter de la lumière et de la chaleur que les planètes reçoivent du soleil, et des météores lumineux et magnétiques qui en résultent.

le tout retiré des conséquences d'une théorie nouvelle qui est
à moi. Mais, pour cela, je dois commencer par battre en brèche le système de Laplace, qui, jusqu'ici, s'est couvert d'un
semblant de vérité accueilli par tous nos astronomes et par
vous-même.

— Les calculs de Laplace sur la lumière et la chaleur que
les planètes reçoivent du soleil sont d'une vérité si patente,
qu'il n'est pas possible à la critique de pouvoir les attaquer.

— C'est ce que nous allons voir.

» Laplace, en faisant du soleil un vaste globe en combustion éternelle, ne fit pas grand effort d'imagination; il ac-
cepta tout entière la croyance du peuple, qui, jugeant des
choses par les sensations qu'elles donnent, crut toujours,
depuis l'origine de l'humanité, que le soleil est une masse
en ignition continuelle. Cette erreur prit tant de crédit par
le temps qu'elle dura, qu'elle semble s'être enracinée dans
la science.

» Des hommes de haut génie furent amenés par elle à
se dire : puisque le soleil est un corps en combustion, et
que toute combustion a un terme, celle du soleil ne doit pas
toujours durer : elle doit s'affaiblir insensiblement. Il arrivera donc une époque où, s'éteignant pour toujours, le soleil laissera les mondes planétaires dans des ténèbres éternelles; et ces globes, privés du seul foyer qui les échauffe et
les anime, ne seront plus alors que des glaciers, domaines
de la mort.

» Épouvantés de cette menace, ils cherchèrent l'heure de
cet anéantissement général du règne organique ; nos savants
firent à ce sujet de fort beaux et fort longs calculs. Quelques-
uns crurent même trouver qu'un hémisphère du soleil était
déjà, en comparaison de l'autre, assez avancé dans sa car-
bonisation, pour que sa combustion fut déjà tellement affai-
blie qu'il ne pouvait plus envoyer aux planètes autant de
lumière et de chaleur que dans le temps passé.

» Newton et Laplace, eux-mêmes, crurent à cette émission de lumière et de chaleur par le soleil. Laplace fit plus : il

calcula leur intensité. Il ne suffit que de rapporter ses calculs pour vous faire comprendre combien était grande, je ne dirai pas son erreur, mais son inconséquence, ou si vous voulez mieux, sa négligence.

— Je préfère cette dernière expression ; elle choque moins l'esprit de nationalité dans la critique d'une des belles célébrités françaises.

— Voilà la base des calculs de Laplace sur la lumière et la chaleur qu'expédie le soleil aux planètes.... Le soleil étant un corps sphérique lumineux, on le conçut comme le centre commun d'une infinité de rayons de lumière et de calorique transmis aux globes qui roulent autour de lui.

» On décompose ainsi cette émission en considérant le soleil comme un point radieux A (*Fig, 4*^{me}). Si une planète B se trouve placée devant ce point radieux A, elle reçoit un certain nombre de ses rayons, qui, partant tous d'un point commun A, forment une pyramide dont la base B est mesurée par la surface de l'hémisphère planétaire tourné vers le soleil, et le sommet A est cet astre. Les rayons arrivent donc divergents sur la surface B de la planète ; cette divergence se mesure par l'angle GCF ou ECD (*Fig.* 5me), qu'ils forment entre eux. Cet angle est d'autant plus ouvert que la planète est plus proche du soleil ; et *vice versâ*.

» Comme les rayons qui forment cette pyramide A B sont divergents, la base va toujours en s'élargissant à mesure que la planète s'éloigne du soleil. En conséquence, cette planète est de moins en moins éclairée et chauffée, puisque sa surface, restant la même, reçoit de moins en moins de rayons solaires ; car à deux distances le diamètre de la base de la pyramide est double de ce qu'il est à une distance, et son aire est quadruple. Donc, sur un espace donné, les rayons y sont quatre fois aussi rares. Ainsi la lumière et la chaleur qui viennent directement par émission du soleil, s'affaiblissent en raison du carré de la distance.

— Voilà une théorie sur la lumière et la chaleur dont les principes sont si palpables dans leur vérité, que vous ne devez pas être tenté d'en faire la critique.

— Je ne suis pas de votre avis lorsqu'on les applique aux globes planétaire. Voyez dans quels égarements ils ont poussé Laplace, qui ne se servit que de ces seuls principes pour chercher le degré de température et de lumière que chacune des planètes reçoit du soleil.

» Il sait que la distance de la terre au soleil étant 1, celle de Mercure est 0, 387, et qu'ainsi la distance de la terre au soleil est (1 : 0, 387 =) 2, 58 fois celle de Mercure à cet astre ; donc, d'après le principe que la lumière et la chaleur du soleil s'affaiblissent en raison du carré de la distance, la lumière et la chaleur que Mercure reçoit du soleil sont 6, 66 (carré de 2, 58) fois plus considérables que celles qu'en reçoit la terre.

» Ainsi, d'après les calculs de Laplace, la température de Mercure dépasse celle de l'eau bouillante ; et si un jour un pauvre habitant de la terre allait s'égarer dans ce monde brûlant, il serait bientôt réduit à l'état de homard cuit, s'il tombait dans une mer de cette planète, en supposant, ce qui alors serait peu probable, que Mercure puisse avoir des mers, ayant une si haute température ; car les eaux doivent être constamment chez cette planète à l'état de vapeur.

» D'après Laplace, voilà un globe bien inutile à l'organisation animale et végétale. On ne peut guère lui reconnaître d'utilité qu'en croyant qu'il ne fut créé que pour, par sa température dévorante, faire l'office du Tartare de la Fable aux âmes des damnés d'ici-bas. Dans l'intérêt de votre philosophie, qui vous fait renier jusqu'aux vérités matérielles du christianisme, vous ne pouvez donc croire qu'il y ait dans l'univers un tel lieu créé pour une telle fin.

— En effet, ce serait donner trop de prise à nos théologiens modernes ; et je crois même que les gaillards se sont déjà avisés, d'après les températures calculées par un savant tel que Laplace pour chacune des planètes, de faire de ces globes des enfers progressifs pour les âmes pécheresses.

— Tous offriraient, effectivement, dans la température de chacun d'eux, des supplices proportionnés aux crimes.

— Mais je n'en veux pas, moi, de ces nouvelles impostures théologiques !

— Il y en aurait pour tous les degrés de péchés : enfers terribles, enfers moyennement terribles, purgatoires sévères, purgatoire à douces corrections; ce dernier serait la planète Vénus. C'est peut-être là où vont se purifier les âmes qui ont trop aimé ici-bas? Dans ce cas, ce serait la planète où il y aurait plus d'âmes féminines que de masculines, et Vénus, quoique purgatoire, serait assez bien dénommée.

— Encore une fois, je n'en veux pas, moi, de ces enfers et purgatoires !

— Chez Mars, la peine est plus prononcée; il doit être le purgatoire antagoniste à Vénus. Il est donc le lieu de punition des gens d'humeur froide, les indifférents, les âmes pour qui l'homme fut toujours une chose, et la fraternité une duperie. Comme il ne peut guère se produire sur Mars que du foin, vu les pâturages superbes que lui donne sa température humide, je serais assez porté à croire que cette planète est le purgatoire des âmes qui, de leur vivant, avaient les inclination un peu bestiales. Les fameux conquérants, par exemple, ne seraient pas déplacés dans Mars. Il leur serait devenu impossible de se repaître du carnage, dont leur ambition couvre notre terre ; car le règne animal ne doit pas encore exister sur Mars, ou s'il existe, il ne doit être qu'aux premiers échelons de l'organisme.

» Combien devraient donc souffrir sur Mars les âmes des Alexandre, des César, qui, sur la terre, portent leur ambition à se faire passer pour plus que l'homme, et qui, sur ce purgatoire, pourraient tout au plus avoir la prétention du cornichon à se faire concombre. Mars ne peut-être ainsi qu'un purgatoire principalement affecté aux âmes masculines. Les planètes Junon, Pallas, Cérès et Vesta ne sont que des petites maisons, succursales de Mars.

— Puisque vous plaisantez, je vous écoute.

— Mercure, Jupiter, Saturne, Uranus et tous les satellites, voilà de terribles enfers encore placés par échelons !

» Sur Mercure sont portées toutes les âmes qui ont mérité les peines du feu, et ainsi les plus grands criminels de l'humanité : les théologiens fanatiques, inventeurs des *auto-dafé* ; les parricides ; les traîtres ; ceux qui ont vendu leur patrie et vivent du sang et des sueurs de leurs frères ; et comme ces crimes sont fort rares et que c'est toujours l'esprit de lucre qui les enfante, le lieu de leur punition est fort petit et s'appelle Mercure, nom qui, étant celui du génie du vol et de la rapine, lui convient parfaitement d'après sa destination infernale.

» Jupiter, Saturne, Uranus et les satellites sont des enfers d'un genre de punition tout opposé à celui de Mercure. Comme Jupiter, Saturne et Uranus ne sont toujours, d'après les calculs de Laplace, que de vastes glaciers progressifs, c'est sur ces planètes que vont se retirer les âmes qui n'apportèrent à l'amitié, à la fraternité que les glaces de la mort. Là se trouvent les mauvais pères et les mauvais fils, les mères et les filles méchantes, enfin, tous les mauvais cœurs ; et comme, grâce à nos institutions sociales par lesquelles l'égoïsme individuel est le mobile de tout, ces vices sont très-nombreux ; il n'y a pas de trop des masses telles que Jupiter, Saturne, Uranus et de celles de tous les satellites et anneaux de quelques-unes de ces planètes, pour supporter cette foule croissante de criminels, et M. Leverrier voudrait en découvrir encore une nouvelle pour suppléer à l'excès de ces âmes damnées qui chargent les anciennes.

» En prenant la chose au sérieux, vous pouvez, d'après ce simple exposé, juger à quels rêves ridicules les calculs de Laplace peuvent donner naissance, et à quels dangers ils conduiraient l'humanité, si la métaphysique religieuse les exploitait.

— Certainement, car le dogme des récompenses et des punitions après la mort ne tend qu'à rendre l'homme indifférent sur les biens de son existence réelle. Inculquer aux peuples cette croyance que le bonheur de l'homme n'est pas de ce monde, mais d'une vie imaginaire, d'une vie future et des plus problématiques, c'est vouloir en faire des victimes dociles de la plus sacrilège et de la plus odieuse des exploitations ; c'est abâtardir le génie humain par le fanatisme et par de vaines terreurs ; c'est lui arracher, par une castration impie, les germes fécondants de toute bonne organisation sociale que l'homme est appelé à se donner.

» Car, pourquoi nous occuper des biens de cette vie mortelle et si courte, lorsqu'une de délices éternels nous attend ? lorsque d'infâmes imposteurs, afin de faire entre eux une orgie des biens que les peuples leur abandonneraient stupidement, nous persuadent que nous recevrons dans une vie future, qu'ils font éternelle, d'autant plus de félicités que nous serons misérables ici-bas ? Cette duperie des siècles passés est, de nos jours, trop grossière pour qu'elle puisse encore trouver de nombreuses victimes ; mais n'en trouverait-elle qu'une, que ce serait encore de trop pour n'être pas une honte pour notre humanité.

—Que Dieu me pardonne ! je ne vous connaissais pas philosophe aussi audacieux ! Comme vous y allez ! Heureusement qu'un océan nous sépare de Rome. C'est cependant au maintien de ce dogme, dont le nom seul vous remue si vertement la bile, que tentent tous les calculs de Laplace touchant la température de chacune des planètes.

— Laplace s'est trompé !

—Ah ! vous voilà donc arrivé !... Ce n'est pas sans peine ! Il fallait, comme il faut toujours, que vous fouillassiez à deux pieds une de ces choses absurdes qu'on appelle vérité métaphysique, pour vous élever à une vérité réelle....... Oui, Laplace s'est trompé ; et vous avouez qu'il s'est trompé par cela seul qu'il favorise un dogme métaphysique ? c'est mettre en principe que la métaphysique est mère de toutes les erreurs qui égarent le génie humain. C'est une nouvelle école que vous faites-là. Je ne chercherai pas si elle est meilleure que ses aînées ; mais je sais fort bien que ces dernières sont toutes détestables et que nos vices sociaux, ainsi que les misères humaines, sont nés d'elles.

» Si Laplace mit tout en ébullition sur Mercure, il fit de Vénus une planète dont la température et la lumière ne seraient que 1, 912 (carré de 1, 383, quotient de la distance de la terre et de Vénus) fois celles de la terre.

» Comme Mars a sa distance au soleil 1, 524 fois celle de la terre, sa lumière et sa température ne seront ainsi que 2, 310 (carré de 1, 524) fois moindres que celles de la terre.

» Mais quel vaste glacier Jupiter serait-il, lui, dont la distance au soleil est 5, 20 fois celle de la terre ! La lumière et la chaleur qu'il recevrait du soleil serait ainsi 27, 04 (carré de 5, 20) fois moindres que celles reçues par notre planète.

» Et ce pauvre Saturne, quel vieillard glacé et ténébreux ne serait-il pas ? lui, dont la distance est 9, 55 fois celle de la terre ? La chaleur et la lumière qu'il recevrait du soleil serait 90 (carré de 9, 53) fois moindres que celles de notre planète.

» Uranus serait sous une influence frigorifique encore bien plus considérable que celle de Saturne ; car sa distance au soleil étant 19, 18 fois celle de la terre, sa lumière et sa chaleur, toujours d'après les calculs de Laplace, seraient 367, 87 (carré de 19, 18) fois moindres que celles de notre globe. Si cela était réellement vrai, pour quels usages ces vastes globes auraient-ils été créés ? Dieu aurait-il fait des genres de matières particulières pour chaque planète, et produit des différences d'actions si diamétralement opposées, que ce qui produirait, sur un globe, de la lumière et de la chaleur serait, pour un autre, une cause de froid et de ténèbres, et *vice versâ*.

» Outre qu'une conduite si bizarre de la part du Créateur ne pourrait nous donner de lui une idée bien flatteuse, la loi de gravitation universelle, à laquelle sont soumises toutes les sphères du firmament, prouve assez suffisamment que toutes sont composées d'une matière homogène. Ainsi, il doit se former sur chaque globe planétaire tout ce qui naît sur la terre, lorsqu'il est sous l'influence de la même température de cette planète. Une seule réflexion suffit pour démontrer le peu de vraisemblance résultant des calculs de Laplace, c'est que, d'après leurs conséquences, si Saturne recevait réellement du soleil une lumière qui serait 90 fois moindre que celle de la terre, il ne pourrait, à la grande distance où il est de nous, être aperçu à l'œil nu, comme il l'a été depuis la plus haute antiquité.

— Cependant, la base des calculs de Laplace est géométriquement vraie. Il est impossible d'en trouver une meilleure aux calculs de la quantité de fluide lumineux que le soleil déverse sur chacune des planètes, puisqu'il est avéré, par l'observation comme par la théorie, que la lumière qui vient d'un point radieux s'affaiblit en raison du carré de la distance : ce qui est une loi provenant de la divergence des rayons que lance autour de lui tout corps sphérique lumineux. Il y a donc encore dans le mode d'éclairage et de chauffage des planètes par le soleil quelque chose de bien mystérieux, d'insaisissable pour le génie humain ?

— Il n'y a pas dans la science astronomique de problème dont la solution soit aussi facile. Laplace, comme ses prédécesseurs dans l'explication des mouvements planétaires, n'a résolu qu'à moitié les problèmes. Il est bien vrai que la lumière qui vient directement d'un point radieux s'affaiblit en raison du carré de la distance ; mais il est vrai, aussi, qu'à cette cause de diminution de lumière provenant de la divergence des rayons lumineux, on doit encore ajouter celle-ci : que la densité de l'atmosphère solaire, diminuant comme le carré de la distance augmente, la divergence des rayons solaires est augmentée aussi proportionnellement à la décroissance de la densité de cette atmosphère ; car il est reconnu en dioptrique que les rayons divergents, comme le sont ceux du soleil, deviennent plus divergents en passant d'un milieu plus dense dans un plus rare, et cela proportionnellement à la décroissance de la densité du milieu.

» Vous voyez que Laplace est encore au-dessous de ses calculs, et que la lumière et la chaleur de Mercure ne peuvent pas être, comme il le dit, 6, 66 (carré du quotient de sa distance et de celle de la terre) fois celle de notre planète, mais bien deux fois ce carré et ainsi 13, 32. La lumière et la chaleur de Jupiter ne seraient pas non plus 27, 04, mais bien 54, 08 fois moindres que celles de la terre. La lumière et la chaleur de Saturne ne seraient pas non plus 90, mais 180 fois moindres que celles de notre globe; elles ne seraient pas non plus 367, 87, mais bien 735, 74 fois plus grandes que la lumière et la chaleur d'Uranus.

» Laplace commit donc une erreur grave dans la base même qu'il donna à ses calculs des températures des planètes. A Mercure il fit son degré de lumière et de chaleur le double moins fort de ce qu'il devait être, lorsqu'à toutes les autres planètes il donna ce degré le double trop fort. Vous voyez qu'il est matériellement impossible que, d'après le mode des calculs de Laplace, la lumière et la chaleur que les planètes reçoivent du soleil puissent venir uniquement d'une émission par cet astre; car ce que Jupiter, Saturne et Uranus recevraient de cette émission serait trop minime pour être significatif.

» Cependant Laplace était dans la bonne voie; mais il s'est arrêté au milieu de la solution du problème. Ainsi que ses prédécesseurs, il fut trop ébloui par les rayons de la vérité qu'il entrevoyait pour pouvoir pousser plus loin. Il aurait dû dire, quoique ça n'aurait pas encore été la vérité entière : oui, la lumière qui vient du soleil s'affaiblit en raison du carré de la distance, ainsi qu'en raison de la décroissance de la densité de l'atmosphère solaire; mais toutes les planètes sont enveloppées d'une atmosphère dont la profondeur des couches, sans avoir besoin de la calculer géométriquement, est proportionnelle aux masses des planètes, et qui, sans crainte d'erreur, peut être considérée comme étant de quelques centaines de lieues.

» Or, la densité des atmosphères planétaires augmentant comme le carré de leur profondeur diminue, et les rayons divergents du soleil devenant, par cet accroissement de densité, de divergents convergents, en passant insensiblement d'un milieu plus rare dans un plus dense, il suffit d'accorder, ce qui est le *minimum* de la réalité, deux ou trois cents lieues de profondeur aux atmosphères planétaires pour que de leurs régions moyennes, à trente ou quarante lieues de la surface, les rayons du soleil, de divergents qu'ils étaient de 200 à 300 lieues, en rentrant dans l'atmosphère planétaire, soient, à la hauteur de trente à quarante lieues, rendus parallèles en traversant ce milieu dont la densité augmente comme diminue le carré de sa profondeur. Du point où les rayons deviennent parallèles, la densité du milieu ne cessant d'augmenter dans le même rapport jusqu'à la surface du globe, de parallèles ils convergent pour se réunir vers le centre de la planète. Voilà ce qu'aurait dû dire Laplace.

» Cette réfrangibilité des rayons lumineux provient de l'affinité ou attraction des corps pour le fluide lumineux. Comme la somme de l'influence attractive d'un globe est vers son centre, les rayons solaires sont donc attirés dans la direction de ce centre. Tous tendent à converger vers ce point, qui serait le foyer où tous se réuniraient, si la surface opaque de la planète ne les coupait pas par son interposition. Ainsi, les rayons solaires étant toujours attirés dans la direction du centre d'une planète, cette cause, seule existant, les ferait rentrer obliquement dans l'atmosphère inférieure de ce globe, quand même la constitution de celle-ci ne les ferait pas aussi converger dans cette direction.

» Tout dans une planète, sa forme sphérique et ses constituants atmosphériques, travaille à faire converger les rayons solaires vers un foyer unique, en rassemblant dans les régions supérieures de son atmosphère les rayons divergents du soleil pour les réunir en une masse pyramidale, dont le sommet se dirigerait dans la direction du centre de la planète, si la surface opaque de celle-ci ne s'interposait pas à leur passage.

» Les rayons solaires, formant ainsi une pyramide dont le sommet est vers le centre de la planète, occupent donc, à nombre égal, un espace qui diminue comme diminue le carré de leur distance à la surface de la planète; car, à une distance double, ces rayons y sont quatre fois plus rares. Il est reconnu en optique que, de quelque manière que les rayons solaires sont réunis, ils produisent une chaleur et une lumière d'autant plus actives qu'ils se trouvent rassemblés en plus grande quantité dans un plus petit espace. Ainsi, le pouvoir lumineux et calorifique des rayons solaires qu'une planète rassemble dans l'espace et attire dans la direction de son centre, diminue, de sa surface vers le firmament, comme le carré de la profondeur de son atmosphère augmente. L'interception des rayons solaires par la surface opaque des planètes coupant leur pyramide, celle-ci se trouve ainsi tronquée ; mais ses conséquences touchant ses degrés de lumière et de chaleur n'en suivent pas moins les mêmes rapports. Ce qui fait que tout le *maximum* de lumière et de chaleur des rayons solaires se trouve à la surface de la planète ; car c'est à ces régions qu'ils sont en plus grande quantité dans un plus petit espace.

» La surface totale de l'hémisphère planétaire tourné vers le soleil, et qu'on appelle hémisphère éclairé, mesure la troncature de cette pyramide, dont l'axe est la droite qui joint le centre de la planète au centre du soleil. Tout le *maximum* de la lumière et de la chaleur solaires pour l'hémisphère éclairé d'une planète est aux régions où tombe directement cet axe ; et de ce point, l'intensité de la lumière et de la chaleur solaires va en décroissant, proportionnellement à l'augmentation de la tangeante des latitudes. La démonstration de ce que je vous avance ici est trop complexe, et il doit en sortir des solutions de phénomènes trop intéressantes et trop nombreuses, pour que je puisse me dispenser de vous tracer une figure.

» Soit S le soleil (*Fig.* 6me), avec un faisceau de ses rayons lumineux ; soit T la terre, et A B C D E les régions moyennes et inférieures de son atmosphère, et F G H I K L les supérieures ; P T s l'axe de la terre ; M T Q son équateur, et Y V Q T M Z R S la verticale qui passe par les centres des deux globes. La planète T, avec son atmosphère, est ainsi plongée dans les rayons solaires, qui tous sont divergents, excepté M Z R S ; l'atmosphère supérieure F G H I K L du globe T en intercepte la quantité qui vient frapper l'arc N Z O. Mais en pénétrant dans ce milieu atmosphérique, dont la densité augmente comme la distance à la surface P M s diminue, ces rayons éprouvent une réfraction croissante vers T, réfraction qui, de divergents qu'ils étaient en frappant l'arc N Z O, les rend insensiblement parallèles dès l'arc *b c d e*, où commence l'atmosphère inférieure A B C D E ; et la densité du milieu de cette atmosphère augmentant, ainsi que celle de la supérieure, comme le carré de la distance à la surface P M *s* diminue, de cet arc *b c a d e* la réfraction continuant, les rayons solaires de parallèles deviennent convergents vers V et non pas vers T, centre de la planète.

— Vous voilà en contradiction avec vous-même. Vous venez de me dire que tous les rayons solaires étaient attirés vers T, centre de la planète ; et maintenant vous voulez que, dans leur convergence, leur foyer ne soit pas en T, mais bien en V, hors de la terre et bien au-delà même de sa surface, dans l'atmosphère de l'hémisphère obscur.

— Il est facile de vous démontrer que, si les rayons solaires n'étaient pas arrêtés par la surface du globe T, ils ne se réuniraient pas en T, centre de ce globe, pour en faire leur foyer, mais bien en V. En effet, l'atmosphère inférieure A B C D E, dont la densité augmente comme diminue le carré de sa profondeur, ne doit-elle pas être considérée ainsi qu'un globe transparent dont la surface est une courbe parfaite et que les rayons solaires, excepté celui R Z M V, pénètrent obliquement dès le cercle *b c d e* ? Le rayon R Z M Y, seul restant parallèle, seul passerait par le centre T de la planète en suivant une ligne droite ; les autres rayons sont réfractés et convergent vers un foyer commun, qui ne peut tomber que sur la droite de ce rayon R Z M V Y.

Or, en considérant un moment une planète, en raison de son atmosphère A B C D E, comme un globe transparent ou comme une lentille dont la surface est une courbe parfaite, la distance du foyer des rayons qui la pénètrent obliquement, dès la surface *b c d e*, est toujours égale au diamètre *a* V de la sphère. C'est une loi d'optique qui est démontrée mathématiquement. En supposant toujours que le globe T soit transparent, les rayons solaires n'auraient donc pas leur foyer en T, centre de la planète, mais en V ; parce que la distance *a* V est égale au diamètre de la sphère atmosphérique A B C D E que pénètrent les rayons convergents. De ces principes, qui sont ceux de l'optique, nous tirons cette conclusion : que le foyer des rayons solaires ne serait pas au centre de la sphère, si ces rayons pouvaient se réunir, mais qu'il serait hors de cette planète, à une distance V, égale au diamètre aV de la sphère atmosphérique A BC DE, de la surface $b c a d e$ V de laquelle ces rayons sont, de parallèles, devenus convergents. Ainsi, les rayons solaires, ayant leur impulsion vers V, la conservent jusqu'au moment où ils frappent la surface solide P M s du globe T qui les intercepte.

— Je comprends maintenant.

—Tant mieux ; car à l'inspection de notre dessin (*Fig.* 6me), je vois sortir de son intelligence de nombreuses solutions de phénomènes météorologiques... Tous les rayons en partant du soleil conservent' toujours entre eux, quoique s'écartant dans leur divergence de plus en plus l'un de l'autre, un espace qui est le même pour tous à une égale distance du soleil. Mais, lorsqu'après avoir traversé l'atmosphère d'une planète ils viennent frapper sa surface solide P M s, cet espace entre eux est loin de rester le même, ainsi que vous pouvez le voir à la seule inspection du dessin.

» Divisons la surface P M et M s du globe T en six parties égales de 30° chacune. De M, point équatorial de cette sur-face, jusqu'aux 30es parallèles la quantité de rayons solaires contenue dans cet espace de 30° est 5, lorsque de ces 30es pa-rallèles jusqu'aux 60es cette quantité de rayons n'est plus que 4, quoique l'espace qui la contient soit toujours de 30″; depuis les 60es parallèles jusqu'aux pôles P et s, la quantité de rayons solaires contenue dans le même espace de 30° di-minue encore plus brusquement, car elle devient 1 1|2.

» Or, la chaleur et la lumière des rayons solaires étant d'autant plus puissantes que ces rayons sont réunis en plus grande quantité, la lumière et la chaleur solaires diminuent donc insensiblement de l'équateur aux pôles, où elles se trou-vent réduites à la plus faible puissance qu'elles puissent avoir sur la surface des planètes. Par la même raison, si l'on sup-pose que les points P et s de la planète T, au lieu d'être ses pôles, soient ses points d'Est et d'Ouest, le soleil, à midi, produit beaucoup plus de lumière et de chaleur qu'il en produisait à 10 heures du matin, et qu'il en produira à 2 heures de l'après-midi; mais à 10 heures du matin et à 2 heures de l'après-midi, il en produit beaucoup plus qu'à 8 heures du matin et qu'à 4 heures du soir, etc., etc.

— C'est donné aux phénomènes météorologiques une solution mathématique.

— Ne voyez-vous pas aussi que ce dessin (*Fig.* 6me) explique le phénomène du crépuscule? Supposons toujours que P et *s* soient les vrais points d'Est et d'Ouest d'un méridien M Q; un observateur placé en *r* aura *j k* pour horizon; un autre observateur placé en *t* aura *p q* pour le sien. Or, en raison de la réfraction des rayons solaires contenus dans les espaces *f* N et *g* O, chacun de ces deux observateurs a déjà vu des flocons de lumière d'abord éclairer le ciel jusqu'en *u* et *x*, puis ensuite la surface des régions où ils se trouvent, longtemps avant que le soleil soit apparu sur leur horizon, ou longtemps après qu'il en soit disparu. Ce phénomène s'appelle crépuscule.

» De cette disposition des rayons solaires, il existe encore un autre phénomène, qui est à peu près semblable à celui du crépuscule; mais on a l'habitude de le regarder comme lui étant étranger. La réfraction des rayons N *u* et O *x*, en les faisant converger dans la direction de V, les empêche toujours de toucher la surface de la terre; ces rayons s'étendent, dans les hauteurs de l'atmosphère, en forme de lance ou pyramide, dont la base est à l'horizon et le sommet se perd dans le ciel. Ce phénomène lumineux, qui est plus sensible là où il y a plus de rayons solaires réunis, a toujours son siège au zodiaque; aussi se nomme-t-il lumière zodiacale, et il précède le crépuscule du matin et suit celui du soir; car il en est en quelque sorte le prélude. Les époques où ce phénomène doit être le plus apparent pour les latitudes moyennes seront celles du printemps et de l'automne.

» Faisons les points P et *s* de la planète T ses points d'Est et d'Ouest (*Fig.* 6me), et Q M son axe, et Q son pôle nord; et considérons le soleil entre l'équateur de la terre et le solstice d'hiver. Les rayons solaires N u et O x sont, de tous ceux qui rentrent dans l'atmosphère de la terre, les plus réfractés ; et ils sont si obliques qu'ils ne peuvent pas toucher la surface du globe T. Ils continuent donc à converger dans l'atmosphère vers V, leur foyer commun, et où ces quelques rayons N u V et O x V, perdus pour la surface des régions polaires Q, se rencontrent et se réunissent. Ces quelques rayons solaires ne peuvent pas se réunir à leur foyer commun V sans produire à ce point de l'atmosphère polaire une combustion lumineuse analogue à celle que nous voyons au foyer d'une lentille. Au point atmosphérique V, il doit donc y avoir un embrasement de l'atmosphère. Or, cette atmosphère est-elle combustible? et comment doit-elle se comporter sous la flamme incessante du foyer V des rayons solaires N V et O V ? Voilà ce que nous allons chercher.

» Une fois leur court été terminé, les moyennes régions atmosphériques des zônes polaires s'épurent bien vite du peu de vapeurs d'eau restant des évaporations faites par le soleil. Ainsi, les rayons solaires N V et O V, dès qu'ils se rencontrent au point V, leur foyer commun, dans les régions moyennes épurées de l'atmosphère polaire, y produisent le phénomène d'une combustion atmosphérique réelle. Sous cette flamme continue d'un foyer si puissant, comment doit-se comporter l'atmosphère polaire de la région V ? Elle est des plus pures, c'est-à-dire elle est privée de toute particule d'eau. Ne contenant ainsi dans sa combinaison que de l'azote et de l'oxygène unis à du calorique, elle offre constamment à l'activité de la flamme du foyer V un mélange pur de gaz azote et de gaz oxygène.

» Or, l'expérience nous démontre que la combustion fixe une partie des substances gazeuses de ce mélange, ou, autrement dire, qu'elle force l'azote de ce mélange à s'oxyder, à se charger d'une grande quantité d'oxygène. Une pareille combinaison de l'oxygène se produit à la région V de l'atmosphère polaire Q ; car cette région est à ce point V sous l'influence d'une flamme puissante et continuelle. Il y a donc là une combustion réelle de l'azote, car combustion veut dire oxydation. L'azote, se chargeant de plus en plus d'oxygène, ne tarde pas à fixer en lui une quantité d'oxygène qui devient le double de son poids.

» Ce degré d'oxydation de l'azote se nomme oxyde d'azote, ou, autrement dire, gaz nitreux. La quantité qu'en produit le foyer V dans l'atmosphère polaire doit être très-considérable et continue, car l'activité de ce foyer est considérable et continue. De la région V de l'atmosphère polaire, où se réunissent les rayons solaires, se forme et s'échappe constamment une masse considérable de gaz nitreux, qui se répand dans l'atmosphère en nuages flottants.

» Mais le gaz nitreux mêlé à l'air atmosphérique devient rutilant, c'est-à-dire apparaît sous des vapeurs rouges, dont l'éclat est d'autant plus vif que l'atmosphère est plus pure, c'est-à-dire plus oxygénée. L'atmosphère des régions polaires est toujours, surtout celle des boréales, dans cet état d'oxydation propice pour donner de l'intensité aux vapeurs rutilantes du gaz nitreux ; car elle est la région atmosphérique de la terre la plus oxygénée, puisqu'elle est presque toujours hors de l'action solaire, laquelle fait dégager le calorique du milieu atmosphérique, phénomène qui ne peut se faire sans désoxygéner l'atmosphère. Je vous le démontrerai plus tard.

» Ainsi, dès qu'il se forme, le gaz nitreux s'étend de V dans l'atmosphère polaire en éclatantes vapeurs rouges, qui, toutes sortant du même centre V, s'étendent au loin en flocons ou nuages lumineux, et produisent ainsi, dans toute sa majestueuse splendeur, le brillant météore des aurores polaires, phénomène dont la cause de la production étant, aux époques des équinoxes, au plus haut point atmosphérique où elle puisse se trouver, est aperçu, pendant le printemps et pendant l'automne, à des latitudes assez éloignées du pôle Q.

— J'étais loin de m'attendre ici à une explication des aurores polaires. Je n'ai jamais connu un savant aussi excentrique que vous dans ses travaux.

— Eh ! qu'importe mes excentricités, si elles doivent apporter à la science humaine de nouvelles données ! Mais je suis encore loin d'avoir tout dit sur les aurores polaires : il me reste à vous donner bien des preuves à la cause que j'attribue à leur formation... Le gaz nitreux, que des rayons solaires, réunis en un foyer commun, font dégager de l'atmosphère polaire, devient rutilant et lumineux dans l'acte d'absorption qu'il fait de l'oxygène de l'air. Or, ce dernier, une fois combiné avec le gaz nitreux, le fait passer de gaz nitreux rutilant à l'acide nitreux invisible, dont l'affinité pour les vapeurs d'eau est si puissante qu'elle attire et fait transporter ses nuages de la région atmosphérique rutilante vers la direction de h et de l, jusqu'à ce qu'ils trouvent enfin dans l'atmosphère la quantité de vapeurs d'eau qu'ils peuvent absorber. Un tel déplacement dans l'atmosphère ne peut avoir lieu sans agiter cette dernière, et c'est au milieu de cette agitation atmosphérique que l'acide nitreux se mêle et se combine avec les vapeurs d'eau.

» Cette nouvelle combinaison gazeuse, étant de beaucoup plus pesante que l'air atmosphérique, ne tarde pas à descendre insensiblement sur la surface de la planète, et cela avec d'autant plus de facilité que les terres alcalines, l'alumine et les oxydes, qui sont répandus avec tant de profusion sur la surface de la terre, l'attirent vers eux par deux modes : 1° en raison de son principe nitreux, 2° et en raison des vapeurs d'eau qu'elle contient. Elle forme avec ces terres des nitrites et des nitrates. Les hautes latitudes sont donc de toutes celles dont les terres doivent contenir plus de nitre ou salpêtre, et où ce sel doit se former, à l'air libre, avec le plus de rapidité et d'abondance. Vous savez qu'il en est ainsi, et que même certaines contrées du Nord de l'Europe et de l'Asie ont leurs terres si chargées de salpêtre, que souvent il forme sur elles une couche épaisse.

— Je vois qu'on ne peut être astronome parfait, si on n'a pas de connaissances en chimie, en physique et en géogénie. D'ailleurs, ne voulez-vous pas de toutes les sciences en faire une unique, que vous appelez la grande science humaine.

— Nous ferons nos réflexions plus tard ; terminons la solution du problème des aurores polaires... Supposons que l'action du foyer V (*Fig.* 6me) des rayons solaires N V et O V se fasse dans un milieu atmosphérique V qui soit chargé de vapeurs d'eau, comme cela a très-souvent lieu au pôle sud, aux époques équinoxiales ; car les régions australes, offrant depuis le 45e parallèle jusqu'au pôle antarctique une nappe immense d'eau, ne peuvent pas épurer leur atmosphère de ses vapeurs d'eau, comme le font les régions couvertes de végétaux de l'hémisphère opposé ; puis, les eaux de l'océan méridional, communiquant directement de l'équateur au pôle par des courants continuels, ont une température qui ne varie que faiblement.

» Comment se fera donc en V (*Fig.* 6me) la combustion de l'azote, ou autrement dire la formation du gaz nitreux, dans l'atmosphère du pôle sud si chargée de vapeurs d'eau ? Cette combustion aura, sans doute, beaucoup de peine à se produire ; elle arrivera très-rarement, mais elle ne sera pas impossible. Dans ce cas, la combustion de l'azote enlève à la vapeur d'eau son oxygène, et met ainsi son hydrogène à nu en même temps que se forme le gaz nitreux (oxyde d'azote). L'étincelle du foyer V, agissant constamment sur ce milieu atmosphérique composé de gaz nitreux et d'hydrogène, finit par l'enflammer en produisant au pôle sud une aurore polaire de couleur verte, comme l'est la combustion d'un mélange de gaz nitreux et d'hydrogène.

— Effectivement, dans mon dernier voyage à la pêche de la baleine, dans les mers du Sud, je me rappelle avoir vu, pendant une nuit entière, un météore de cette couleur verte dans la direction du pôle sud. Je n'ai jamais pu m'en rendre compte.

— La production d'oxyde d'azote par l'activité du foyer V des rayons N V et O V est, sans doute, une des causes des aurores polaires, mais elle n'est pas l'unique : elle est la cause chimique qui explique parfaitement les flocons ou nuages rouges de ces météores. Il existe encore deux autres causes travaillant simultanément à la production des aurores polaires : 1° l'une provient de l'état électrique de l'atmosphère des régions polaires, 2° et l'autre des lois d'optique. Je traiterai de la première dans un autre temps; pour le moment je ne vais parler que de l'effet d'optique.

» L'aurore polaire n'est pas seulement un météore d'un rouge vif; elle contient aussi une longue zône de lumière blanche éclatante. En effet, il se produit dans l'atmosphère polaire un météore de lumière blanche, comme la lumière zodiacale, mais beaucoup plus vive, et qui sera vue de la surface des régions polaires pendant tout le temps que le soleil sera sous l'horizon. Mais la figure 6me est insuffisante pour vous expliquer parfaitement ce phénomène. Je vais vous en dresser une autre, dans laquelle le pôle P sera vu de face.

» Dans ce nouveau dessin (*Fig.* 7me), P est un des pôles de la planète T, vue au travers des atmosphères F G H I K L, la supérieure, et A B C D E, l'inférieure, qui toutes deux enveloppent le globe T, et *i j l m n o* est l'équateur de ce globe. Le soleil est vertical en M, sur l'équateur; la droite *h z* sépare l'hémisphère Y éclairé de l'hémisphère obscur X. Les rayons R représentent la portion des rayons solaires qui ne sont pas arrêtés par la surface de la planète, et qui se perdent dans l'atmosphère vers le pôle P; ils viennent, par leur réfraction dans ce milieu atmosphérique, converger au foyer V, à une hauteur de deux ou trois lieues et ainsi dans l'atmosphère moyenne. Ce foyer n'est pas au-dessus de la surface du pôle, mais bien à une distance P V (*Fig.* 7me) de ce pôle.

» Comme à cette région de l'atmosphère polaire se trouvent converger en V les rayons solaires qui sont trop obliques pour pouvoir toucher la surface de la planète, il se produit dans l'atmosphère un éclatant météore de lumière blanche, faisant dégager en même temps dans la région atmosphérique V une forte quantité de gaz nitreux, qui vient mêler ses brillantes vapeurs rouges à ce splendide rayonnement de lumière blanche. La distance de ce foyer V au pôle P est P V, arc de 14° 1 1|2 environ.

» Ainsi, aux deux régions polaires de la terre, dans les régions moyennes de l'atmosphère, il se trouve, perpendiculaires sur les 75mes 1|2 parallèles, des foyers puissants où viennent se réunir les rayons solaires qui se prolongent, en raison de leur excessive obliquité et réfraction, dans les atmosphères des régions polaires. C'est aussi sur ces 75mes 1|2 parallèles que mes calculs trigonométriques ont placé les pôles magnétiques de la terre.

» La pensée peut se rendre parfaitement compte de ce que doit être, sous les influences de la lumière solaire prolongeant ses brillants rayons au travers d'une nuée d'écarlate, la splendeur des aurores polaires, surtout si on considère que ce météore peut-être double, c'est-à-dire qu'un second est quelquefois superposé sur l'inférieur, de telle sorte qu'il semble n'en former qu'un.

» En effet, tant que les rayons solaires ne rencontrent pas, au sortir de leur foyer V, des vapeurs d'eau, lesquelles les absorbent, ils s'élancent en divergeant de V, et se perdent dans les hautes régions de l'atmosphère X (*Fig.* 7me), en s'inclinant vers l'équateur. Alors le nouveau météore qu'ils produisent par ce rayonnement est visible même aux latitudes moyennes.

» Ainsi, pour les hautes latitudes, les aurores polaires embrassent tout le ciel; elles ont pour centre, au zénith, une espèce de pavillon lumineux, dont les amples rideaux se déploient majestueusement dans le vaste contour de l'horizon polaire. Mais pour les moyennes latitudes, ce phénomène, qui y apparaît fort rarement pour les raisons que je viens de vous dire, se présente, au contraire, en pavillon ou pyramide lumineuse renversée, dont le sommet est sous l'horizon et les rayons s'élancent vers l'équateur, en divergeant et en se perdant en X, dans les régions hautes de l'atmosphère.L'éclat de ce dernier genre d'aurore polaire est un diminutif de celui du premier.

» Dès l'instant que le soleil quitte l'hémisphère du pôle P, les régions polaires de cet hémisphère se trouvent dans une nuit continue. Je vais vous démontrer ce phénomène par cet autre dessin (*Fig.* 8me), qui nous représente les rayons solaires dans leur direction sur la surface éclairée *i r j l s m* du

globe T, au solstice d'hiver. La droite *g k* sépare l'hémisphère
Y éclairé de l'hémisphère X obscur. La verticale SZ du soleil tombe en M, sur le tropique du Capricorne, distance la
plus petite du soleil au pôle austral *s*. En raison de la réfraction des rayons solaires R, la surface des régions polaires australes est éclairée jusqu'au point *m*, recevant ainsi, par réfraction, les rayons solaires jusqu'à ce point de l'hémisphère
opposé au soleil. Ces régions n'ont pas de nuit. Mais la surface
des régions du pôle P ne reçoit alors des rayons solaires que
jusqu'en *i* de l'hémisphère tourné vers le soleil. Donc, au solstice d'hiver, la surface des régions polaires boréales est dans
une nuit complète, lorsque celle des régions australes est sous
une lumière continue. Reprenons maintenant la figure 7me,
qui nous montre les rayons solaires considérés dans leurs
phénomènes optiques et météorologiques en pénétrant dans
le milieu réfringent qui les fait converger en V.

» Au solstice d'hiver, toute la surface *ef*P*g*V des régions
boréales est privée de la lumière du soleil, quoique des
rayons de cet astre convergent en un foyer V, dans les régions moyennes de l'atmosphère polaire, et y soient une des
causes puissantes des aurores polaires. Effectivement, c'est
à cette époque de l'année que ce splendide météore apparaît,
dans ces régions polaires, ainsi qu'un immense pavillon lumineux, dont les rideaux, en se déployant majestueusement
vers tous les points de l'horizon du pôle, semblent couvrir
ces régions glacées d'une tente de pourpre lumineuse, au
sommet de laquelle s'étendent, en rayonnant vers le ciel,
dans la direction de l'équateur, des jets de lumière, ainsi
qu'un immense panache lumineux X s'inclinant vers l'équateur, dans la direction contraire à celle où se trouve le soleil. C'est par ces diverses raisons que les jets lumineux de ce
panache peuvent être vus, de 10 heures du soir à 2 heures du
matin, des latitudes moyennes, lorsque l'atmosphère des régions qui séparent ces latitudes de la zône polaire n'absorbent pas ces rayons lumineux par des vapeurs d'eau.

» Mais dès que le soleil s'éloigne du tropique du Capricorne, et de M s'avance (*Fig*. 8me) vers *e*, l'équateur, pour se

16

rendre vers *r*, tropique du Cancer, une grande partie des rayons solaires qui convergent vers le foyer V (*Fig.* 7me), quittent insensiblement ce point, en descendant vers la surface proportionnellement à la diminution de leur obliquité. La marche du soleil continuant, les rayons de lumière ne tardent pas à toucher la surface polaire et ainsi à l'éclairer; alors le météore atmosphérique s'anéantit. L'effet contraire a lieu pour les régions polaires australes.

» Un foyer si considérable d'activité chimique, tel que l'est le foyer V (*Fig.* 7me) agissant sans cesse dans l'atmosphère *e* P V et *g* P *f*, ne doit-il pas tenir cette région atmosphérique polaire dans un état de combinaison telle, que de puissants phénomènes magnétiques puissent en naître au point de son contact avec le reste de l'atmosphère terrestre? Comme le foyer V ne peut pas s'écarter du pôle P de plus de 14° 1|2 environ, ce sera donc vers les 75mes 1|2 parallèles que ce contact et cette combinaison atmosphérique incessants auront lieu, et que se produiront les causes des grands mouvements magnétiques. Mais je réserve pour plus tard de traiter de ces grands effets de météorologie.

» Vous voyez, d'après ces nombreuses solutions de phénomènes d'optique et de météorologie que je retire du système même de l'émission de la chaleur et de la lumière pas le soleil, combien Laplace et ses disciples sont au-dessous des grands faits qui en naissent naturellement. Laplace s'est arrêté en route. Il aurait dû dire : l'intensité de la chaleur et de la lumière émises du soleil est relative au nombre des rayons solaires réunis dans un espace donné; le degré de chaleur et de lumière que chaque planète reçoit du soleil, n'est pas seulement en rapport du carré de sa distance de cet astre, mais il est aussi en rapport de l'étendue ou diamètre de son atmosphère. Car une planète attire et intercepte d'autant plus de rayons solaires que son atmosphère leur oppose une plus grande étendue. Comme le diamètre ou étendue de cette atmosphère est proportionnelle au diamètre ou surface antérieure du globe solide, on peut prendre la surface antérieure d'une planète pour terme de comparaison.

• Ainsi, puisque Laplace n'a pas voulu, ou plutôt n'a pas eu l'idée de faire entrer, dans ses calculs sur la chaleur et la lumière que les planètes reçoivent du soleil, la différence des surfaces comparées entre elles, je compléterai son œuvre en réparant cette omission.

— Je voudrais pour quelque chose que Laplace soit encore de ce monde.

— Vous lui en voulez donc bien?

— Comme j'en veux à tous ceux qui donnent aliment aux rêves de la métaphysique!

— Ses enfers vous sont indigestes.

— J'espère que vous n'allez pas tomber, vous aussi, dans quelques absurdités, qui, tout en étant opposées à celles de Laplace, pourraient aussi servir de pâture à l'idéal théologique; car depuis que vous vous flattez de me rendre le plus croyant des chrétiens, je me méfie un peu de vous.

— Ne peut-on pas croire à des révélations célestes sans perdre pour cela sa qualité d'homme sensé. Vous, comme bien d'autres, vous vous méprenez toujours sur l'expression de révélation. Vous vous imaginez que cela veut dire que Dieu s'est révélé en cachette à quelques êtres privilégiés, sans que ces derniers eussent mérité cette faveur par leur utilité à l'humanité.

• Lors que Dieu se révèle, c'est à l'humanité entière; et comme il se révèle incessamment à cette fille aînée de la création, afin de la pousser dans la voie de la meilleure organisation sociale, il ne place ses révélations que dans l'étude des lois qu'il impose à la matière, étude qui est accessible à tous.

• Les révélateurs que Dieu emploie sont loin d'être ce que vulgairement on appelle prophètes; ils ne furent tous que des penseurs parvenus, pour leur siècle, à de hautes conceptions scientifiques. Moïse et le Christ sont dans ce sens les plus grands prophètes du monde; car, de tous les enfants de l'humanité, ils furent ceux qui touchèrent Dieu de plus près.

» Il n'est pas une de leurs paroles qui ne soit point brûlante du souffle de Dieu. Je crois à ces hommes, je crois à la sainteté de leur mission ; attendu qu'ils ne cessèrent de travailler au bien-être matériel de l'humanité. Leurs œuvres sont de toutes celles des hommes les seules immortelles ; elles sont et seront toujours les premières bases de l'organisation sociale, hors desquelles l'édifice des sociétés humaines s'écroule périodiquement, frappé par le vent des tempêtes révolutionnaires.

— Mais, mon cher, vous êtes schismatique et hérétique.

— Je ne sais si je suis chrétien orthodoxe ; mais je me flatte d'être un peu initié aux secrets de la science chrétienne.

— Ah ! voilà une science que je ne connaissais pas encore.

— Tant pis pour vous ; car c'est la science politique la seule vraie, et la seule qui, un jour doit être la science de l'humanité entière. Je suis tellement loin de chercher à atténuer le ridicule dont vous frappez mes convictions, que je vous dirai que, non-seulement je crois à la vérité morale de la doctrine du Christ, mais que j'ai foi aussi à l'avènement de l'homme dans toute la splendeur et la majesté que lui prête la prophétie. Il viendra, assis sur la nuée grosse des tempêtes révolutionnaires, imposer le niveau de la croix à l'humanité entière ! Il viendra foudroyer et précipiter dans les abîmes béants de la terre les faux apôtres, les soldats ténébreux de l'Antechrist. Ce jour de la délivrance des nations est proche. La lutte des esprits du mal a pu le retarder jusqu'à ce siècle ; mais ce siècle les a vaincu ; car tous les peuples de la terre sont mus par cette convulsion intestine et mystérieuse qui les agitait sous la voix des premiers apôtres du christianisme. Oui, ce jour de la délivrance de l'humanité est proche ; et je prierais le ciel de m'en rendre témoin, si je pouvais prier.

— Vous êtes le chrétien le plus extraordinaire que je connaisse !

— Ce ne furent pas les hommes qui m'instruisirent. Longtemps j'ai interrogé le ciel et la terre ; et enfin le ciel et la

terre m'ont répondu. A leur voix, j'ai rassemblé les lambeaux
de la science divine qui étaient épars dans les nations, afin
d'en faire ce seul tout que j'appelle science humaine, et qui
donne le christianisme, mais le vrai, pour morale.

» Dans cette œuvre, je crois avoir fait pour la doctrine du
Christ et pour l'humanité, je ne dirais pas plus que les innombrables écrits des théologiens orthodoxes; mais je crois devoir réparer les maux que ces derniers ont retiré de l'œuvre
du Nazaréen, au lieu des bienfaits que l'humanité en espé-
rait. Les orthodoxes n'ont-ils pas, en dénaturant l'esprit
divin du Christ, fait du christianisme une théologie ridicule,
puisqu'elle exige la foi aux dépens de la raison ? Ils ont faussé
la doctrine la plus sainte ; et, spéculant sur les mots, ils ont
placé l'égoïsme là où devait être la fraternité évangélique.
Aussi, après douze cents ans de prêches libres et de la pro-
tection des grands de la terre, voyons-nous la théologie qui
prétendait régénérer le monde et le délivrer du mal, n'apporter aux peuples que l'athéisme, poison de l'âme, qui s'in-
sinua dans toutes les institutions sociales, et qui ronge depuis
longtemps le cœur de l'humanité.

» Le premier fondement d'une bonne religion, qu'est-il,
si ce n'est la preuve de l'existence d'un Être créateur aussi
bon que juste, aussi puissant qu'immuable dans ses volontés?
Un esprit capricieux dans ses œuvres est le stigmate de l'impuissance. Dieu, l'Être fort, ne peut, par sa puissance même,
donner à la matière qui constitue chaque globe céleste,
comme chaque homme, des lois différentes pour la régir.
D'ailleurs, les mouvements des sphères planétaires nous démontrent que toutes ont un unique moteur, la gravitation.
Ainsi, démontrer que la chaleur et la lumière solaire de chacune des planètes, causes de l'organiation végétale et animale, sont semblables pour toutes, c'est, je crois, rendre un
plus grand service à la sainte raison du christianisme, que
ne le font les calculs de Laplace, qui donnent ces mondes en
pâture au fanatisme et à la superstition, honte et opprobre
de toute croyance religieuse. Mais, pour le moment, laissons la théologie en repos.

— Je vous approuve ; et faites-moi voir ce que vous avancez : que toutes les planètes possèdent, à fort peu de chose près, une chaleur et une lumière solaires semblables pour toutes.

— Pour trouver cette grande vérité astronomique, il aurait suffi à Laplace de prendre le rapport du carré de la distance solaire d'une planète à sa surface sphérique. Je veux encore bien vous faire ces calculs pour chacune des planètes.

» Lorsqu'on fait 1 ou bien 15287873 myriamètres la distance observée de la terre au soleil, la moyenne observée de Mercure devient 0, 387 ou bien 5917938 myriamètres, qui est contenue 2, 58 fois par la moyenne de la terre. Or, 2, 58 est la racine carrée de 6, 66, chiffre qui est la valeur dont la terre, en raison de sa distance de 2, 58 fois celle de Mercure au soleil, reçoit moins de rayons solaires, comme l'a fort bien calculé Laplace ; puisque la divergence de ces rayons fait que leur nombre diminue comme augmente le carré de la distance.

» Donc la lumière et la chaleur que Mercure reçoit du soleil devraient être 6, 66 fois celles que la terre reçoit du même astre. Mais comme le nombre des rayons solaires est proportionnel aussi à l'étendue de la surface sphérique du globe qui les intercepte, il faut donc que la surface sphérique ou antérieure de la terre, comparée à celle de Mercure, augmente dans le même rapport que le carré du quotient des distances des deux planètes au soleil, pour que la terre puisse recevoir du soleil une température et une lumière semblables à celles de Mercure, et qu'ainsi la surface de la terre soit 6,66 fois celle de Mercure.

» En faisant 1 le diamètre observé de la terre, celui de Mercure devient 0, 39. Ainsi, le diamètre de la terre est (1 : 0, 39 =) 2, 58 fois celui de Mercure ; et comme le diamètre de la première est de 2865 lieues, celui de Mercure est donc de (2865 : 2, 58 =) 1110 lieues. Carrant ce nombre, qui devient 1232100, et le multipliant par 3, 1416, valeur la plus rapprochée du diamètre à la circonférence, le produit 3870026 lieues est le chiffre de l'étendue de la surface antérieure de Mercure, qui représente la quantité de rayons solaires qu'intercepte l'hémisphère que Mercure oppose au soleil.

» Le diamètre de la terre étant de 2865 lieues, son carré est 8208225 qui, multiplié par 3,1416, rapport du diamètre à la circonférence, donne 25782033 lieues pour étendue de la surface antérieure de la terre, et qui représente la valeur des rayons solaires que notre planète intercepte par la surface de l'hémisphère qu'elle présente au soleil. Or, le rapport de 25782033 lieues, surface antérieure de la terre, avec 3870026 lieues, surface antérieure de Mercure, est (25782033 : 3870026 =) 6,66 ; c'est-à-dire que la terre, en raison de sa surface 6,66 fois plus grande que celle de Mercure, intercepte 6,66 fois plus de rayons solaires que le fait celle de Mercure. Ainsi, lorsque par sa distance Mercure reçoit du soleil une somme de rayons solaires qui est 6, 66 (carré de 2, 58, quotient des distances), quand celle de la terre est 1 ; sa surface, étant 6, 66 fois moindre, lui en fait intercepter 6, 66 fois moins. Or, 6, 66 — 6, 66 = 0 ; donc, la lumière et la chaleur que Mercure reçoit du soleil sont absolument semblables à celles de la terre. Et cette dernière planète n'est pas, je présume, à la température de l'eau bouillante.

— Je vous embrasserais de contentement !

— Oh ! modérez-vous ! il n'y a pas un quart d'heure que vous étiez fort disposé à me traiter....

— Eh bien, oui, je m'en veux pour cela. Mais c'est sublime ce que vous me démontrez !

— Qu'il faut peu de chose pour attirer votre admiration. Vous voyez bien que vous serez de tous les hommes que je veux forcer à devenir chrétiens, celui dont la conquête me sera très-facile !

— Que le diable vous emporte avec votre christianisme !

— Où voulez-vous qu'il m'emporte ? Ce ne peut plus être sur Mercure, où je vivrais aussi à l'aise que sur la terre. Voyons si ce serait quelquefois sur la luxurieuse Vénus ; car le génie

de la tentation doit avoir là quelques relations. La différence des distances moyennes de la terre et de Vénus est
de (1 — 0,723=) 0, 277 en plus pour la terre, et dont le carré
0, 07 est la valeur que la terre, en raison de sa plus grande
distance, reçoit, de moins que Vénus, de lumière et de chaleur solaires. Pour qu'elle en reçoive tout autant que cette
planète, il est besoin que sa surface antérieure soit 1, 07 fois
celle de Vénus.

» Or, en faisant 1 le diamètre de la terre, celui de Vénus
est 0, 97, qui est contenu 1,03 par celui de la terre, lequel
étant de 2865 lieues fait celui de Vénus de (2865 : 1,03=)2781
lieues. Carrant ce nombre, qui devient 7733961, et multipliant ce carré par 3,1416, valeur la plus rapprochée du diamètre à la circonférence, nous obtenons 24292371 pour
chiffre de la surface antérieure de Vénus, et qui est contenu
1, 07 fois par 25782033, surface sphérique de la terre.
Ainsi, la surface de cette dernière planète est de 1, 07 fois
plus grande que celle de Vénus; ce qui lui fait intercepter,
de tout ce chiffre, plus de rayons solaires. Mais comme, en
raison de sa plus grande distance du soleil, ces rayons sont
aussi 1, 07 fois plus rares, et que 1, 07 — 1, 07 = 0, la terre
reçoit donc tout autant de rayons solaires que Vénus et Mercure, et sa température et sa lumière sont absolument semblables à celles de ces planètes. Je vivrais donc tout aussi bien
sur Vénus que sur Mercure et sur la terre.

» Il est cependant une petite planète qui déroge à cette
règle, et je serais, pour cette raison, fort tenté à placer chez
elle les petites maisons pour les fous de Mercure, de Vénus
et de la terre. Cette planète est Mars, dont la distance au
soleil contient 1, 52 fois celle de la terre; ce qui rend les
rayons solaires qu'elle reçoit 2, 31 (carré de 1, 52) fois plus
rares que ceux qu'intercepte la terre.

» Lorsqu'on fait 1 le diamètre de cette dernière planète,
celle de Mars devient 0, 56, et est contenu (1 : 0, 56 =) 1, 78
fois par le diamètre de la terre, lequel étant de 2865 lieues,
fait celui de Mars de (2865 : 1, 78 =) 1665 lieues, dont le
carré est 2772225 qui, multiplié par 3, 1416, valeur du dia-

mètre à la circonférence, donne 8707556 pour surface antérieure de Mars, laquelle surface est contenue 2, 96 fois par 25782033, surface de la terre. Ainsi, comme son plus de distance rend déjà la somme des rayons solaires reçus par Mars 2,31 fois moindre de celle de la terre, et que sa surface, étant 2, 96 fois moindre, en intercepte 2, 96 fois moins ; la lumière et la chaleur de Mars ne peuvent donc être que (2, 31 + 2, 96 =) 5, 27 moindres que celles de la terre. Aussi Mars nous paraît-il d'une lumière trouble et rougeâtre, qui doit être chez cette planète fort peu différente de celle de nos hautes latitudes. Par cette raison, les aurores polaires doivent se produire sur Mars avec une grande facilité et une grande intensité.

» En faisant 1 le diamètre de la terre, celui de Jupiter devient 11, 56, et comme celui de la terre est de 2865 lieues, le diamètre de Jupiter en lieues est donc (2865 × 11, 56 =) 33125, dont le carré 1097265625, multiplié par 3, 1416, valeur du diamètre à la circonférence, fait de 3446511328 lieues la surface antérieure de Jupiter, laquelle contient 134 fois 25782033, surface antérieure de la terre.

» Ainsi, lorsque la distance de Jupiter au soleil, étant 5, 20 fois celle de la terre à ce même astre, lui fait recevoir 27 (carré de 5, 20) fois moins de rayons solaires, sa surface, étant 134 fois celle de la terre, lui fait intercepter 134 fois plus de ces rayons. Alors, la quantité de rayons solaires, c'est-à-dire de chaleur et de lumière que Jupiter reçoit du soleil, ne peut être 27 fois moindre, mais bien (134 : 27 =) 4, 96 ou 5 fois environ plus grande que celle de la terre. Ce qui explique l'éclat brillant sous lequel Jupiter nous apparaît

» Comme vous le voyez, Jupiter est loin d'être une masse glacée. Gardez-vous bien cependant de croire que sa température soit réellement 5 fois celle de la terre ; car je me réserve de vous prouver que la même cause qui fait dégager du calorique des atmosphères des planètes par l'action du soleil sur elles, fait aussi que les satellites sont pour leurs planètes des puissantes causes frigorifiques. Dans la supposition que la lune, satellite de la terre, rentre pour 1 dans la diminution de la chaleur produite par le soleil sur la terre, les 4 satellites de Jupiter rentrent pour 4 dans cette diminution ; et Jupiter doit jouir d'une température absolument semblable à celle de la terre.

» En faisant 1 la distance moyenne de la terre au soleil, celle de Saturne devient 9, 53, dont le carré 90 fit dire à Laplace que la lumière et la chaleur que cette planète reçoit du soleil sont 90 fois moindres que celles de la terre. Saturne serait donc un épouvantable glacier. Voyons s'il en est réellement ainsi.

» Le diamètre de Saturne est de 28936 lieues ; 727192096 est son carré; ce qui porte sa surface sphérique à 2315206273, laquelle contient 90 fois 25782033, surface sphérique de la terre. Ainsi, lorsque la distance de Saturne lui fait recevoir 90 fois moins de rayons solaires que la terre, sa surface, étant 90 fois plus grande que celle de la terre, lui en fait intercepter 90 fois plus. Donc, puisque $90 - 90 = 0$, la lumière et la chaleur que Saturne reçoit du soleil sont absolument semblables à celles qu'en reçoit la terre.

— Oui ; mais Saturne possède 8 satellites qui, d'après votre théorie, doivent diminuer sa température.

— C'est très-vrai ; mais remarquez aussi que Saturne possède un anneau plan qui, étant incliné de 30° sur l'orbite de Saturne, doit, sauf dans certaines positions astronomiques de la planète, lesquelles ne durent que quelques jours, intercepter des rayons solaires proportionnellement à l'étendue de sa surface. Donc, si la surface de Saturne fait, qu'en raison de la distance de cette planète au soleil, Saturne puisse recevoir de ce foyer une température semblable à celle de la terre, l'anneau plan de Saturne doit être aussi pour cette planète une cause considérable de chaleur et de lumière interceptées.

» Or, cet anneau ayant un diamètre de 74000 lieues, offre aux rayons solaires une surface de 16247856487 lieues, qui, combinée avec celle du globe de Saturne de 2315206273 lieues, donne 18563063760 lieues pour surface absolue que Saturne oppose aux rayons solaires, laquelle surface contient 720 fois 25782033, surface de la terre. Ainsi, Saturne intercepte, par les surfaces réunies de son anneau et de son hémisphère tournées vers le soleil, 720 fois plus de rayons solaires que ne peut le faire la surface de la terre, et devrait avoir une température et une lumière 720 fois plus grandes que celles de la terre.

» Saturne, en raison de sa plus grande distance de 9, 53, dont le carré est 90, reçoit 90 fois moins de ces rayons ; donc la somme de lumière et de chaleur de Saturne est (720 : 90 =) 8 fois plus grande que celle de la terre. Mais Saturne possède 8 satellites, à qui le Créateur imposa la fonction de le rafraîchir d'une valeur parfaitement semblable à celle de son excès de chaleur. Donc, comme vous le voyez, nous vivrions aussi bien sur Saturne que sur Mercure, Vénus, Jupiter et la terre.

» Quoique nous n'ayons pas les éléments nécessaires pour calculer la température et le degré de lumière qu'Uranus reçoit du soleil, nous pouvons cependant essayer à lui trouver une approximative. Le diamètre d'Uranus est de 12892 lieues, dont le carré est 166203664 ; ce qui porte sa surface antérieure à 522046708, laquelle contient 20, 25 fois 25782033, surface antérieure de la terre.

» Or, comme la distance d'Uranus au soleil est 19, 18 fois celle de la terre, et que son carré est 367, la lumière et la température d'Uranus est donc (367 : 20, 25 =) 18 fois moindres que celles de la terre ; ce qui est énorme. Mais dans ces calculs nous ne faisons pas entrer un des éléments nécessaires, la surface de l'anneau d'Uranus, dont nous ne connaissons pas encore le diamètre. Cependant, la théorie de mon astronomie pourrait nous aider à trouver le diamètre de cet anneau, si nous connaissions tous les satellites d'Uranus.

» Rappelez-vous que j'ai fait rentrer l'action des satellites dans les condensations des planètes. Ainsi, nous avons vu que Mercure et Vénus étaient un tiers moins denses que la terre en raison de l'influence de la lune sur la terre, satellite dont Mercure et Vénus sont privés. Jupiter est 5 fois, Saturne 9 fois plus denses que la terre ; car, en faisant entrer la lune pour 1 dans la condensation de la terre, les 4 satellites de Jupiter rentrent pour quatre dans la sienne, les huit de Saturne pour 8.

» Jusqu'ici les astronomes se sont demandé d'où pouvaient provenir ces anneaux solides qui couronnent Saturne et Uranus. Cet appel au génie humain n'a pas eu de réponse. Quant à moi, jugeant, d'après les conséquences de ma théorie astronomique, que la densité des planètes se trouve pour toutes en rapport au nombre de leurs satellites, je serai fort porté à croire que ces anneaux solides sont, chez Saturne et Uranus, les anciennes régions équatoriales de l'antique circonférence que ces planètes possédaient avant qu'elles reçussent leurs satellites. Car les régions équatoriales, étant toujours sous l'action directe du soleil, sont celles qui, de toute la masse du globe, sont les plus condensées et ainsi les plus solides.

» Aussi est-ce dans les régions équatoriales de la terre où nous trouvons l'or et le diamant, corps les plus denses de la nature. Cette partie des globes célestes dût être la première solidifiée. Et, sans doute, elle avait atteint sur Saturne et Uranus une solidité telle, que le choc de chacun des satellites de ces planètes ne put rompre et briser cette grande partie de matière très-solide ; et celle-ci forma ainsi un vaste cercle non interrompu, qui se détachait de la planète, tandis que le reste de la planète, se condensant, diminuait de volume.

» Ce phénomène est facile à concevoir. Les satellites d'Uranus et de Saturne ne vinrent pas tous dans le même temps. Entre l'arrivée de l'un à l'autre, il put même y avoir un assez grand laps de temps ; ils travaillèrent donc l'un après l'autre à la condensation de leur planète. Ainsi, la puissance du choc isolé de chacun d'eux ne put rompre et briser ce grand cercle équatorial de matière essentiellement solide ; ce qu'ils n'auraient pas manqué de faire s'ils avaient tous agi simultanément.

« De ces causes, Saturne et Uranus conservèrent en un cercle non interrompu, avec l'épaisseur que nous leur retrouvons, les anciennes régions équatoriales de la surface de leur première circonférence, anneaux qui, venant vers leur centre à se détacher de la surface nouvelle de ces planètes, devinrent pour chacune d'elles des couronnes solides, détachées de la surface de ces globes, sans cesser d'être retenues par leur attraction vers leur centre de gravité nouveau (leur nouvel équateur).

» La terre, dont la surface démontre évidemment un déchirement produit par un défoncement total de son antique surface, nous laisse encore ostensibles les régions de son ancien équateur. Comme ces régions étaient, avant l'arrivée de la lune, de toutes les parties de la surface de la terre, les plus condensées et ainsi les plus solides, nous devons les retrouver dans ces trois-quarts de couronne granitique, qui, ainsi qu'une écharpe, repose sur l'axe actuel de la terre ; car le granit, qui constitue la charpente osseuse de notre globe, est de toutes les substances celle qui est la plus avancée dans la marche de la nature. C'est dans les terres qui recouvrent les débris de ces antiques régions équatoriales de la planète, que nous devons aussi retrouver l'or et le diamant, substances qui sont aussi les plus avancées dans la nature. Cet arc des antiques régions équatoriales de la terre représente, dans son ensemble, tout à la fois les contrées les plus hautes de la terre, et dans le sein desquelles se trouve le plus d'or et de diamant. Ce qui serait facile de prouver par une mappemonde.

— Pilotin, une mappemonde..... Je brûle de vérifier ce que vous m'avancez. »

Le pilotin apportant une mappemonde. — Voilà, capitaine.

— Merci. Ayez l'œil au timonier, et plein les voiles. Ce maraud ralingue, et fait faseyer toute la voilure. Il semble marcher déjà au gibet. »

Ce reproche, adressé indirectement par le capitaine au maladroit timonier, en rendant celui-ci plus vigilant sous la surveillance du pilotin, nous permit de porter toute notre attention sur la configuration des continents de la mappe-monde, et je continuai ainsi :

— Que frappe le plus votre regard dans cette inspection de notre globe? Ne voyez-vous pas que cette chaîne de montagnes qui traverse, à l'occident, les continents américains dans toute leur étendue et forme leurs plus hautes régions, commence au cap Horn, se continue jusqu'au détroit de Bering, où, passant en Asie, elle redescend, vers le sud-ouest, dans la Sibérie, la Tartarie, la Turquie d'Asie, la Palestine, puis en Egypte, en se rendant de la Nubie, par l'intérieur de l'Afrique, au cap de Bonne-Espérance, où elle se trouve subitement coupée à pic? Dans cette immense trajectoire, cette chaîne de montagnes ne trace-t-elle pas toutes les régions les plus hautes du globe, et en même temps les plus granitiques et les plus aurifères? Or, cette vaste chaîne, qui n'est que faiblement interrompue à trois endroits, n'est-elle pas un arc véritable des débris des antiques régions équatoriales de notre globe? Elle en offre tous les éléments et les conséquences. Cet arc, dont le rayon est bien *un tiers* plus grand que le rayon de la circonférence actuelle de notre planète, ne fait-il pas à la terre une écharpe brillante d'or et de diamants plus riche même que la ceinture actuelle que lui fait son nouvel équateur?

— En effet, j'ai assez de connaissance en géognosie pour savoir qu'il en est ainsi de la minéralogie des contrées que traverse cet arc formant les plus hauts lieux du globe.

— Mais, c'est principalement aux contrées où l'ancien équateur de la terre coupe son nouveau, et ainsi dans l'intérieur de l'Afrique, à la Colombie et au Pérou, où l'or et le diamant doivent être le plus abondants. Car ces régions correspondent aux points du ciel sur lesquels pivota, dans son virement, l'axe de la terre; elles se sont donc toujours trouvées sous la ligne équatoriale, et n'ont jamais cessé d'être sous l'influence directe du soleil, de laquelle, sans aucun doute, toutes ces précieuses substances sont sorties. En recueillant toutes les traditions des antiques nations, traditions

qui ont persévéré dans les nouvelles, on retrouve une même
race d'hommes occupant primitivement les régions de cette
zône de l'antique équateur de la terre; cette race est la jaune,
qui semble porter, comme en livrée, la couleur du précieux
métal, de l'or qu'elle foulait sous ses pieds. Aussi cette race
est-elle la première née de l'humanité, désignée sous le nom
d'Adam, dont la traduction littérale de l'hébreu de la *Bible*
est : « *Fait de terre rouge.* »

» Cette infortunée race adamienne (jaune), jadis si puissante d'intelligence et de force physique que lui donnait sa
stature superbe, resta telle que le Créateur l'avait créée, tant
que l'atmosphère de notre globe conserva dans son sein la
quantité d'éléments nécessaire à la puissance de sa vitalité;
mais elle déchut dès le moment où une tourmente planétaire,
produite par l'arrivée d'une étoile nouvelle dans le monde
(le satellite), déchira les entrailles de notre planète jusques
alors riante et chargée de fruits produits sans culture.

» Cette tourmente générale, qui arracha pour toujours à
la terre les germes de sa primitive et luxuriante fécondité,
était, pour l'Egyptien et l'Hébreu, peinte en traits astrologiques dans cette lutte terrible du ciel et de la terre, dans la
révolte des anges (les constellations du firmament) contre le
Très-Haut; dans le combat des Titans qui, en bouleversant
la terre, la couvrirent de *montagnes;* dans la rébellion du
plus bel ange, du Satan des Hébreux contre Dieu ; dans la
mutilation de l'Osiris égyptien (le soleil) par Typhon (le génie du mal), depuis laquelle catastrophe Isis, la vierge in-
consolable (la lune, femme d'Osiris), plane dans le ciel *en
pleurant sur la terre.*

« Sans l'apparition de la Vierge céleste dans le monde, disait dans sa science mystérieuse le prêtre égyptien, le mal
n'aurait jamais pénétré dans le monde, et l'homme aurait
continué à être heureux sur la terre avec ses générations. »

» Le mage disait : « L'entrée du mal sur la terre date de
la venue de la femme céleste dans le monde. » Et dans sa
science astrologique, qui lui faisait croire à une réhabilitation
humanitaire, à une restitution semblable à celle qu'amène

dans le firmament la marche des étoiles, il s'était fait des espérances chimériques du retour matériel du primitif bien-être de l'humanité. Suivant sa science, qui lui faisait croire que les mouvements du ciel se percutaient dans les mouvements humanitaires, ce nouveau règne du bien devait être annoncé et daté par l'apparition d'une nouvelle étoile, comme le règne du mal l'avait été par l'arrivée de son étoile.

» Mariant cette croyance avec l'observation de la rétrogradation des points équinoxiaux, le mage avait fixé à l'aspect sidéral que le firmament présenta au siècle du Christ, l'époque, heureuse et fatale tout à la fois, du rachat de l'humanité. Une vierge d'origine céleste (un nouveau génie céleste) semblable à la première femme (la lune, la femme céleste, non conçue de l'humanité), devait être alors la libératrice de l'humanité ; elle devait réparer le mal que l'arrivée de la première femme céleste avait apporté au monde.

» Le savant donna aux peuples cette prophétie astrologique, comme étant une vérité divine et consolatrice à laquelle il croyait lui-même. Afin qu'elle ne puisse se perdre parmi les temps, afin que toutes les générations futures en soient constamment informées et puissent la lire, il la traça sur la voûte éternelle du firmament, à l'aide d'un classement ingénieux de ses étoiles, lesquelles forment encore entre elles les traits symboliques de cette écriture savante.

» Je lis dans la *Bible* cette prophétie : Le temps de la délivrance de l'humanité sera venu, lorsque la Vierge pure, *Pupilla libera, Koré*, la Jeune Fille qui écrase la tête du Serpent sous ses pieds, enfantera le Bélier plein de lumière, l'Agneau libérateur; et je retrouve ces mêmes paroles écrites au ciel dans le langage sacré des prêtres égyptiens, c'est-à-dire en signes hiéroglyphiques, rendant les choses qu'ils veulent reproduire par les images de ces choses mêmes.

» Je retrouve la Jeune Fille sans tâche, la Vierge-mère du libérateur de l'humanité ; et, comme dans la prophétie, elle écrase réellement la tête du Serpent séducteur, du Serpent céleste, je retrouve cette Vierge-mère dans la constellation de la Couronne boréale, qui, en effet, jusqu'au dernier temps du moyen âge, fut désignée en astrologie par le nom de *Pupilla libera*, jeune fille très-pure. Nous voyons les prêtres du paganisme, de concert avec les astrologues, cacher dans la constellation de la Couronne boréale un grand mystère auquel se rattachaient les destinées de l'humanité, et que tous conservaient religieusement. Les différents noms de cette constellation renferment même en eux un sens mystique, qui prouve toute l'importance que l'ancienne science astronomique attachait à cette constellation; mais son influence nous paraît toujours fatalement dévastatrice et malheureuse pour l'homme.

» Les Caldéens lui donnaient le nom de *Persephon*, qu'on a voulu traduire ainsi de leur langue par *Pher*, Couronne, et *sephon*, boréale; mais ce qu'il y a de plus certain, c'est que les Grecs adoptèrent aussi ce nom qu'ils prononcèrent *Persephone* (dont les racines grecques sont *perthein*, dévaster, et *phonos*, meurtre), nom qu'ils donnèrent à la constellation de la Couronne boréale, et que l'astrologue traitait de fille de Cérès. On lui donne aussi le nom de *Koré*, *Pupilla*, qui, du grec et du latin, se traduisent aussi bien par *puella*, jeune fille, que par *pupilla*, prunelle de l'œil. Loin que ces noms aient été donnés à la constellation de la Couronne boréale sans cause, sans un esprit tout scientifique, ils renferment entre eux un grand sens historique. Dans ses *interprétations des songes*, Artémidore nous le prouve parfaitement par ce passage : « *Bona est Ceres ad nuptias et alias omnes res aggrediendas per se conspectu; non autem pari modo* Koré *propter historiam quæ de ipsa fertur. Hæc enim sæpe etiam oculis somniantis periculum adduxit propter* Koré, *quod nomen in oculo pupillam significat.* » (Lylio Gerald., t. I, p. 197.)

» Ainsi, la constellation de la Couronne boréale était, en astrologie, de mauvais augure, d'après Artémidore, non-seulement en vertu de l'histoire qu'on rapporte d'elle, *non autem propter historiam quæ de ispa fertur*, mais *propter nomen* Koré, *quod nomen in oculo pupillam*, par la raison de son nom de *Koré*, qui signifie prunelle de l'œil, prudence et danger. D'après ces explications des noms indifféremment donnés par les anciens astronomes à la Couronne boréale, on voit que la science, mais la science historique mêlée à l'astrologie, avait fait de cette constellation tout à la fois l'emblème d'un grand fait de l'histoire planétaire funeste à l'humanité, et la gardienne d'une période mystérieuse, dont un des aspects astronomiques de cette constellation devait désigner le terme et ramener fatalement le retour de la même calamité humanitaire.

» Outre ces noms que la science sacrée des prêtres du paganisme accordait à la Couronne boréale, cette constellation en porte un autre encore plus significatif : on l'appelle Proserpine (*pro Serpens*, avant le Serpent). Effectivement, la jeune fille qui figure cette constellation dans les anciens planisphères de l'astrologie, a les pieds sur la tête du Serpent représentant la constellation de ce nom. Il est inutile, je crois, de vous rappeler toutes les fonctions astrologiques et mythologiques que les anciens accordaient à Proserpine, le génie de la mort et de la destruction. Mais ce que je ne dois pas manquer de vous rappeler, au sujet du culte religieux de Proserpine (*pro Serpens*), la dispensatrice tout à la fois de l'abondance et de la stérilité, c'est que ses mystères furent de tous ceux du paganisme les plus vénérés, les plus respectés, et ceux qui se maintinrent le plus longtemps. Dans leurs initiations, auxquelles ne pouvait atteindre que l'élite des prêtres, la pomme et le serpent jouaient le principal rôle.

» Si l'antique Egypte semble le foyer de toutes les traditions humanitaires, on ne doit certainement pas attribuer cette propriété au génie inventif de ses premiers habitants, mais bien à l'état de civilisation et d'instruction fort avancé auquel étaient parvenus les prêtres de cette nation, doyenne des peuples anciens. Les prêtres mariaient l'autel à la science; et la mission à laquelle nous les voyons le plus s'attacher, était l'observation incessante des mouvements du ciel. Aussi les institutions religieuses de l'antique Égypte, d'où sortirent toutes les nuances du paganisme, n'avaient-elles été instituées que pour rappeler sans cesse à l'humanité les terribles épisodes qui bouleversèrent notre planète.

» Les plus grandes solennités religieuses des Égyptiens étaient en l'honneur d'Isis et d'Osiris. Les Grecs, originaires d'Égypte, avaient empruntées les leurs de la mère-patrie ; mais, par la suite, ils tronquèrent ou traduisirent en une autre expression les noms des personnages allégoriques. C'est à cette cause que leurs solennités religieuses n'étaient pas en l'honneur d'Isis, personnage qui n'avait pas d'autel en Grèce, mais bien en l'honneur de Cérès, surnommée, comme Isis l'était en Égypte, la bonne déesse. Aussi, les fonctions de ces deux divinités étaient identiques dans les deux contrées.

» Les mystères d'Isis ont été, en Égypte, plus religieusement gardés et plus scrupuleusement voilés sous l'allégorie, que le furent en Grèce les mystères de Cérès, qui nous laissent voir parfaitement dans Proserpine, la fille pure, la vierge sans tâche enlevée par Pluton (le génie de la mort), l'emblème de la fécondité primitive de la terre perdue et enlevée par le mauvais principe qui régna après la perte du Paradis terrestre, et que la terre ou Cérès recherche et réclame en vain. Comme les mys'ères grecs et égyptiens avaient la même origine géogénique, ils étaient semblables par le fond. Ils ne différaient que dans quelques cérémonies et dans les noms des divinités ; et toujours, lorsqu'on entrait au temple ; lors de l'époque des initiations, on prenait à l'entrée de l'eau sacrée.

» Lorsqu'en Égypte on promenait, dans les processions religieuses des fêtes d'Isis, la table isiaque et le grand flambeau symbolique ; à Athènes, on promenait dans les processions des fêtes de Cérès, une couronne sacrée faite de fleurs, qui représentait la couronne que Proserpine tressait des fleurs qu'elle cueillait, lorsqu'elle fut enlevée par Pluton. Cette couronne était suivie de femmes qui criaient par invalles : *Kaires* (démêler). Les femmes portaient des corbeilles mystérieuses qui contenaient du sésame, du blé d'Inde, des *pyramides*, de la laine *travaillée*, un *gâteau*, un *serpent*, du *sel*, une *grenade*, du lierre et des pavots. Les corbeilles que portaient les filles renfermaient les mêmes emblèmes.

» Le père Tournemine avoue lui-même que ces mystères de Cérès et de Proserpine signifient et le serpent qui trompa Ève et le Messie promis à nos premiers parents. D'ailleurs, ce qui confirme cette opinion du religieux catholique, c'est que, dans les initiations de ces mystères, on faisait circuler un serpent dans les vêtements de l'adepte, et tous les assistants s'écriaient, avec l'accent de la terreur : *Héva! Héva!* nom que le langage astrologique conserva longtemps au Serpent céleste. En Égypte, les processions faites en l'honneur d'Isis, avaient pour but avoué au peuple l'imitation des recherches d'Isis pour retrouver Osiris, le bon et primitif principe qu'avait eu la terre, et que tua Typhon, l'esprit du mal. A Athènes, ces processions étaient pour imiter Cérès cherchant sa fille Proserpine, enlevée par le dieu de la mort. Mais retournons à nos observations du ciel tel que le comprenaient les théologiens astrologues.

» Sous la constellation de la couronne boréale, sous les pieds de la Jeune Vierge très-pure ou Proserpine, se trouve directement, sur les mêmes méridiens, la tête du Serpent qui figure la constellation de ce nom, et dans laquelle les premiers astronomes ont placé le génie de la séduction et du mal. Or, les théologiens, comme leurs confrères les astrologues, ont aussi toujours fait de ce serpent céleste l'âme de la tentation et de la mort. A 180 degrés de la Couronne boréale et de la tête du Serpent céleste, c'est-à-dire au point du ciel qui est diamétralement opposé à ces deux constellations, se trouve la constellation du Bélier. Toutes les sciences ne peuvent, à leur début, avoir qu'un langage figuré. Lorsque les premiers astronomes voulaient désigner qu'une étoile était diamétralement éloignée d'une autre, les expressions géométriques leurs manquaient. Ils exprimaient alors cette pensée par la peinture de la disposition de ces étoiles à l'égard de l'horizon, en disant : Quand l'une se lève, l'autre se couche.

» Mais cette périphrase était longue et gênante ; d'ailleurs, elle était encore trop élevée en science astronomique pour qu'elle fût réellement la primitive expression de cet aspect céleste. En effet, il y en avait une autre plus ingénue, plus concise en même temps, et qui s'approchait plus du pittoresque et de la nature simple des premiers observateurs du ciel. Pour désigner qu'une étoile est diamétralement opposée à une autre, et ne pouvant rendre cette pensée que par l'aspect de ces étoiles à l'horizon, les premiers astronomes firent de l'étoile qui se couchait à l'horizon, la mère de l'étoile qui se levait au même instant à l'Orient. Cette expression peignait parfaitement la position de ces deux étoiles, dont l'une, par son coucher, donnait toujours naissance à l'autre. C'est de ce langage primitif de l'astronomie, langage toujours riche de pittoresque et de poésie, que découlent, lorsqu'on compare les aspects des étoiles et des planètes avec ceux du soleil, toutes les fables et les histoires mythologiques, ainsi que les filiations des dieux en génies-étoiles du paganisme.

» A l'aide de ce léger aperçu de l'esprit de la philosophie astrologique, nous pouvons expliquer la mystérieuse prophétie, tant caressée et redoutée tout à la fois par les peuples, sur la Vierge-mère, vierge toujours pure, écrasant la tête du Serpent, et de laquelle doit naître l'Agneau plein de puissance, génie céleste qui doit délivrer l'humanité de ses iniquités et des maux qu'elle souffre depuis la perte de son Paradis terrestre.

» Sous les latitudes de l'Egypte et de la Palestine, lorsque la constellation de la Couronne boréale, ou, pour nous servir de l'ancienne dénomination de cette constellation, lorsque la constellation de *Pupilla* (*pro Serpens*) se couche à l'Occident, la constellation de l'Agneau apparaît à l'Orient sur l'horizon. *Pupilla* est donc la mère de l'Agneau, puisqu'elle lui donne naissance par son coucher, et comme cette maternité n'est qu'une figure astrologique, la Vierge-mère ne cesse pas d'être vierge. Mais ce mouvement astronomique, ayant journellement lieu, me direz-vous, ne peut servir de date et fixer la venue de la grande période dont je veux traiter.... Sans doute, il en serait ainsi, si on considérait ces constellations hors des mouvements du soleil. La prophétie astrologique, cette grande promesse de réhabilitation et de restitution faite à l'homme par le ciel lors de la perte du Paradis terrestre, ne dit pas simplement que cette délivrance de l'humanité arrivera lorsque la Vierge sans tâche enfantera l'Agneau, mais bien lorsqu'elle enfantera l'Agneau tout-puissant et plein de lumière. Ces adjectifs complètent la pensée de la prophétie.

» L'usage astrologique était de traiter de puissants, d'anges pleins de lumière, les constellations dans lesquelles le soleil se trouvait pour l'époque dont on voulait parler. Les dénominations des douze constellations zodiacales , qui, encore sur nos calendriers, président à chacun de nos mois, attestent suffisamment cet esprit de la philosophie astrologique. Mais c'était surtout la constellation, dans laquelle se trouvait le soleil à l'équinoxe du printemps, qui était traitée de génie tout-puissant, d'ange de lumière; car, la croyance astrologique lui attribuait la victoire sur les génies infernaux et des ténèbres, sur les anges de la mort (les constellations inférieures que le soleil venait de parcourir pendant tout le temps des frimas et de la mauvaise saison). Aussi, la constellation de l'équinoxe du printemps était-elle considérée comme le génie du bien, ayant la toute-puissance sur les animaux célestes. Elle était le général suprême, le premier génie des bons génies (les constellations supérieures). Au contraire, la constellation de l'équinoxe d'automne avait contre l'homme toutes les propriétés malfaisantes. Elle était le généralissime des dieux infernaux et méchants ; c'est-à-dire elle était la première des constellations inférieures.

» Ainsi, lorsque la prophétie astrologique porte à l'époque de l'enfantement de l'Agneau *plein de puissance et de lumière,* par la Vierge qui écrase la tête du Serpent, la fin de la grande période d'infortune et de douleur par laquelle l'humanité devait fatalement passer pour atteindre à sa réhabilitation et reconquérir sa primitive félicité sur cette terre ; elle précise bien l'époque où ce grand évènement humanitaire devait avoir lieu. Cette époque était le siècle du Christ, où la constellation de l'Agneau devenait effectivement équinoxe du printemps ; car, dire en langage astrologique telle chose doit arriver lorsque la Vierge pure (*Pupilla libera*), dont les pieds foulent la tête du Serpent, enfantera l'Agneau *tout-puissant et plein de lumière*, c'est fixer l'arrivée de cette chose à l'époque où la constellation de l'Agneau doit être équinoxe du printemps.

» Or, comme c'est précisément au siècle du Christ que la constellation de l'Agneau devient constellation de l'équinoxe du printemps; c'était donc à cette époque qu'était fixée, par la plus fameuse des prophéties astrologiques, la restitution à l'humanité de son Paradis terrestre. Le Christ fut un des plus ardents prédicateurs qui se chargèrent de prévenir les nations de la prochaine destruction du monde, comme vous pouvez le voir dans ses *Évangiles*. Jésus est lui-même si intimement persuadé de la vérité de cette prophétie, qu'il dit que son siècle ne passera pas avant que l'évènement ait confirmé ses paroles. Certes, c'est une destruction de ce monde qu'il prophétise ainsi; car il a affirmé que ce monde doit fatalement périr, comme périt jadis le premier séjour de l'homme, afin de faire place aussi à un nouveau monde, mais qui, cette fois, devait être un lieu de félicité et de bonheur universel, semblable à celui perdu dans les temps par l'homme. Lisez les *Évangiles*; lisez l'*Apocalypse* de saint Jean : vous y trouverez tout ce que je vous dis ici que sommairement. Rien de cette vérité n'y est caché sous l'enveloppe allégorique; mais ces grands faits y sont rapportés seulement avec tout le feu du langage poétique de l'astrologie. On retrouve dans l'œuvre de saint Jean tous les détails des terribles épisodes qui se sont produits à la destruction du premier monde, le Paradis terrestre, et qui, d'après la philosophie astrologique, devaient se répéter à la destruction nouvelle de ce monde.

» Au siècle du Christ, l'aspect du ciel des fixes offre, dans tout son ensemble, le tableau astrologique désigné par tous les prophètes pour l'époque d'une destruction de ce monde, immédiatement suivie de l'éternelle délivrance de l'humanité et de la défaite du mal. L'Agneau est l'équinoxe du printemps; et la constellation du Serpent, ce terrible génie du mal, vient d'être, par la précession des équinoxes, chassé du ciel supérieur (des signes supérieurs du zodiaque). Il est vaincu, précipité dans son empire infernal (la région du zodiaque où se trouvent les signes inférieurs); mais il reste toujours le maître de ces génies infernaux, de ces anges de la mort : car il est équinoxe d'automne.

»Cette terrible et universelle révolution, prédite par toutes les générations des siècles, et dont le Christ et ses apôtres avaient pris la mission d'en donner aux peuples l'évangile (nouvelle), et de les avertir que le moment était venu, devait bien être une révolution planétaire, une épouvantable secousse de toutes les puissances de la terre, qui frapperait brusquement l'humanité ; car Jésus, dans ses *Évangiles*, dit :

14. « Or, quand vous verrez l'abomination de la désolation établi; alors que ceux qui seront dans la Judée s'enfuient sur les montagnes.

15. » Que celui qui sera sur la toiture ne descende point dans sa maison, et n'y entre point pour en emporter quelque chose.

. 16. » Et que celui qui sera dans le champ ne retourne point sur ses pas pour prendre son vêtement.

17. » Mais malheur aux femmes qui seront grosses ou nourrices en ces jours-là.

18. » Priez que ces choses n'arrivent point durant l'hiver.

20. » Si le Seigneur n'avait abrégé ces jours, nul homme n'aurait été sauvé; mais il les a abrégés à cause des élus qu'il a choisis.

23. » Prenez donc garde à vous; vous voyez que je vous ai tout prédit.

24. » Mais dans ces jours-là et après cette affliction, le soleil s'obscurcira et la lune ne donnera plus sa lumière.

25. » Les étoiles tomberont du ciel, et les puissances qui sont dans les cieux seront ébranlées.

30. » Je vous dis, en vérité, que cette génération ne passera point que toutes ces choses ne soient accomplies.

31. » Le ciel et la terre passeront, mais mes paroles ne passeront point.

32. » Quant à ce jour-là, ou à cette heure, nul ne sait, ni les anges du ciel, ni le Fils (l'homme), mais le Père seul (Dieu).

33. » Prenez garde à vous ; veillez et priez, parce que vous ne savez quand ce temps viendra. »

(Évangile selon saint Marc, chap. xiii.)

» Par ces passages, que je pourrais faire suivre par bien d'autres, vous voyez que le but premier de la mission du Christ 'n'était autre que celle d'annoncer aux peuples qu'était arrivé le temps de la grande promesse qui devait réhabiliter l'humanité devant Dieu et lui restituer sa primitive et si pure félicité ; mais ce qui devait être fatalement précédé d'une terrible tourmente planétaire, de la destruction de notre monde plein d'iniquités et de douleurs, et de laquelle sortiraient peu d'élus au monde nouveau.

» Si je voulais vous rapporter encore ici, à l'appui de cette vérité touchant la mission du Christ et le but de ses *Évangiles* ou nouvelles (qui est la traduction littérale du mot hébreu *évangile*), il faudrait vous citer l'*Apocalypse* tout entière ; car l'auteur de cette œuvre, saint Jean, le disciple bien-aimé du maître, semble s'être complu, pour lever tout équivoque, à rapporter, dans leurs détails et avec le langage astrologique, les futurs épisodes de cette grande tourmente prophétisée par toutes les générations, épisodes météorologiques et géogoniques qui sont absolument semblables à ceux qui apparurent lors du bouleversement planétaire produit par l'arrivée de la lune, la première femme céleste, la femme qui n'était pas d'origine humaine.

» Prédire l'avenir était bien chez les astronomes anciens une science sérieuse et à laquelle ils avaient foi. Les mouvements des étoiles, dont ils ne pouvaient définir la cause, leur avaient donné cette croyance. La précession des équinoxes ayant toujours été pour eux un mystère incompréhensible, ils firent de sa grande période, une période religieuse et sacrée, qu'ils appelèrent *apochatazasis* ou *restitutio*, à cause du rétablissement des étoiles aux mêmes positions, par rapport aux cercles de la sphère que ce mouvement produit. Les astrologues et les théologiens firent toujours, jusqu'aux derniers temps du moyen âge, de ce retour purement astronomique, un retour moral et physique des choses humaines, et auquel Virgile lui-même avait foi, comme il le prouve dans ces vers :

> Alter erit tum Tiphys, et alter quæ vehat Argo
> Delectos heroas : erunt etiam altera bella,
> Atque iterum ad Trojam magnus mittetur Achilles.
>
> Églogue IV, v. 34.

» Saint Jean, le Christ et ses disciples, tous contemporains de Virgile, avaient aussi la croyance du poëte romain, laquelle fut, à vrai dire, toute la philosophie de l'antiquité. Or, en prophétisant pour le siècle du Christ une tourmente planétaire qui devait détruire le vieux monde pour en produire un nouveau, tous les prophètes, ainsi que le Christ et saint Jean, étaient loin de vouloir inventer des événements nouveaux ; ils annonçaient uniquement le retour de pareils et aussi terribles épisodes planétaires, qui avaient détruit le premier séjour de l'homme, son Paradis terrestre ; ils annonçaient enfin, d'après les observations du ciel et d'après les croyances astrologiques reçues alors, que la grande période du malheur humain était à sa fin ; que la *restitution* du Paradis terrestre allait s'opérer ; mais que ce fait devait être fatalement précédé d'une grande tourmente planétaire, d'une abomination de la désolation, de la destruction du vieux monde, à laquelle peu d'hommes échapperaient. Enfin, il devait se produire, à la restitution du Paradis terrestre, toutes les calamités et tous les désastres planétaires qui avaient eu lieu lors de sa perte.

» Mais ce grand évènement devait, d'après l'esprit astrologique, être précédé, comme l'avait été la destruction du Paradis terrestre, d'une étoile nouvelle apparaissant au ciel. Effectivement, vous savez qu'une nouvelle étoile devait, selon les prophéties des mages ou savants de l'Asie, jouer un grand rôle dans la délivrance de l'humanité ; elle devait apparaître à la naissance de l'Agneau libérateur et tout puissant, c'est-à-dire à l'époque où la constellation de l'Agneau deviendrait équinoxe du printemps, et ainsi au siècle du Christ. Si cet immense échafaudage scientifique (que les terreurs de toutes les générations des siècles avaient érigé en ce monument gigantesque qui, jusqu'à nos jours, quoique de matériel il soit devenu spirituel, est encore considéré comme une œuvre divine), recélait dans ses flancs la plus grande déception que l'humanité ait jamais essuyée, c'est que *errare humanum est.*

» Mais, puisque cette grande prophétie n'était, d'après l'esprit astrologique, que l'annonce, pour le siècle du Christ, du retour d'une grande tourmente planétaire, qui jadis détruisit la surface primitive de la terre, et bouleversa notre globe jusque dans ses entrailles, nous devons trouver dans les récits des événements annoncés par la prophétie, comme devant se reproduire de nouveau à la nouvelle destruction du monde, tous les épisodes qui accompagnèrent la première destruction amenée par le satellite ; et nous devons de même voir, dans la prophétie de cette tourmente planétaire, une nouvelle étoile remplir la terrible mission de mort que possédait la lune, lors de son arrivée vers la terre.

» Prenons l'*Apocalypse.* Dans le chapitre IV nous trouvons les premiers et successifs symptômes qu'amena l'approche progressive du satellite vers notre planète. Comme toute la science devinatoire des astrologues n'était que d'observer les faits civils et moraux se passant sous un aspect céleste, et de calculer le retour de cet aspect céleste, sous lequel devait, selon la croyance astrologique, se reproduire ces mêmes événements, l'usage des prophètes était de toujours parler au passé, ou autrement dire de prophétiser en narrant des faits jadis arrivés. Saint Jean et tous les prophètes astrologues agissent ainsi ; car, dans le fait, leur science n'était que de raconter, comme devant se reproduire à une époque calculée, des événements qui avaient déjà eu lieu à une époque antérieure.

» Voulons-nous retrouver les premières commotions de la terre et le trouble porté dans son atmosphère, lors des premières atteintes du satellite se ruant sur notre planète? Saint Jean nous dit, dans son *Apocalypse* (révélation), au chapitre IV :

12. » ...... Il se fit un grand tremblement de terre; le soleil devint noir comme un sac de poil; la lune parut tout en sang. »

» Il nous peint, avec les couleurs les plus vraies, l'impression terrible qui devait frapper l'esprit de l'homme encore ignorant, à cet épouvantable spectacle, où, en même temps que la terre se brisait sous ses pieds, le déplacement brusque de l'axe de rotation de notre planète semblait faire tomber les étoiles sur la terre, en donnant au ciel des fixes, pendant quelque temps, un mouvement apparent et des plus violents d'une rotation secondaire sur lui-même. Aussi saint Jean nous dit-il, comme Jésus, dans la citation de ci-dessus :

13. « Et les étoiles tombèrent sur la terre, comme les figues vertes tombent d'un figuier qui est agité d'un grand vent.

14. » Le ciel se retira comme un livre que l'on roule, et toutes les montagnes et les îles furent ôtées de leur place. »

» La terreur générale des hommes devant le défoncement et le déchirement de la surface de la terre se trouve dans les versets suivants :

15. « Et les rois de la terre, les grands du monde, les officiers de guerre, les riches, les puissants, et tous les hommes esclaves ou riches se cachèrent dans les cavernes et dans les rochers des montagnes.

16. » Et ils dirent aux montagnes et aux rochers : tombez sur nous, et cachez-nous de devant la face de celui qui est assis sur le trône, et de la colère de l'Agneau.

17. » Parce que le grand jour de leur colère est arrivé; et qui pourra subsister? »

» Après avoir ainsi préludé à la narration de la grande tourmente, saint Jean en raconte les effets destructeurs qui, sur la terre, anéantiront tout d'*un tiers*, et qui sont semblables à ceux que produisit réellement le choc primitif du satellite contre la terre.

» Voilà dans le chapitre suivant, raconté par saint Jean lui-même, lui le révélateur, l'incendie de l'atmosphère de la terre embrasée par l'énorme et subite pression des gaz atmosphériques de notre planète, pression produite par le choc de la lune tombant vers la terre.

7. « Le premier ange sonna de la trompette; et il se forma une grêle et un feu mêlé de sang, qui tombèrent sur la terre; et la troisième partie de la terre et des arbres fut brûlée, et le feu brûla toute herbe verte.

8. » Le second ange sonna de la trompette; et il parut comme une grande montagne toute en feu, qui fut jetée dans la mer; et la troisième partie de la mer fut changée en sang.

9. » La troisième partie des créatures qui étaient dans la mer, et qui avaient vie, mourut; et la troisième partie des navires périt.

10. » Le troisième ange sonna de la trompette; et une grande étoile, ardente comme un flambeau, tomba du ciel sur la troisième partie des fleuves, et sur les sources des eaux. »

» Je vous démontrerai chimiquement, non-seulement que c'est de cette époque fatale et par la puissance du choc du satellite que les eaux de l'océan furent produites; mais que c'est aussi de ce moment que ces masses énormes d'eau, aussitôt leur formation, roulant d'abord sur toute la surface de la terre, se chargèrent d'une immense quantité de sels de minéraux, de végétaux incendiés et d'animaux brûlés et broyés qu'elles tenaient en dissolution en elles : ce qui leur donna leur amertume. Saint Jean reporte aussi à cette tourmente planétaire, non-seulement la formation d'une immense quantité d'eau, mais aussi l'amertume des eaux de la terre, laquelle dut, d'abord, être générale pour toutes les eaux de la surface de la terre. Aussi notre révélateur astrologue continue-t-il ainsi :

11. » Cette étoile s'appelait Absinthe, et la troisième partie des eaux ayant été changée en absinthe, un grand nombre d'hommes mourut pour en avoir bu, parce qu'elles étaient devenues amères.

12. » Le quatrième ange sonna de la trompette ; et le soleil, la lune et les étoiles ayant été frappés dans leur troisième partie, la troisième partie du soleil, de la lune et des étoiles fut obscurcie ; ainsi le jour fut privé de la troisième partie de sa lumière et la nuit de même.

13. » Alors je vis et j'entendis la voix d'un aigle qui volait par le milieu du ciel, et qui disait à haute voix : Malheur ! malheur ! malheur aux habitants de la terre, à cause du son des trompettes dont les trois autres anges doivent sonner. »

» Le chapitre de l'*Apocalypse* qui suit ce huitième, complète l'exposé des grands faits météorologiques et géogoniques que s'est proposé de rapporter le savant astrologue. Saint Jean donne, à son étoile tombée du ciel, le semblable et terrible pouvoir que la lune posséda réellement lorsque, des profondeurs de l'espace, elle se précipita avec une violence excessive vers notre planète. Il lui fait ouvrir les entrailles de la terre ; lesquelles vomirent sur la surface une multitude d'animaux jusqu'alors inconnus à l'homme, monstres aquatiques renfermés dans les lacs souterrains et très-nombreux que recélait primitivement le sein de la terre ; et de ces abîmes ouverts s'exhalèrent aussi une immense quantité de gaz, qui, passant à la combinaison de l'eau, au milieu de l'embrasement de l'atmosphère et par cet embrasement, aidèrent à la production des mers. Mais laissons l'écrivain astrologue traiter lui-même ces grands faits planétaires, avec son langage aussi vrai qu'il est empreint de cette animation toute particulière et si riche de peintures et de pittoresque astrologique, que surent toujours donner à leurs œuvres les prophètes astrologues.

1. « Le cinquième ange sonna de la trompette ; et je vis une étoile qui était tombée du ciel sur la terre, et la clef du puits de l'abîme lui fut donnée.

2. » Elle ouvrit le puits de l'abîme, et il s'éleva du puits une fumée semblable à celle d'une grande fournaise, et le soleil et l'air furent obscurcis par la fumée de ce puits.

3. » Ensuite il sortit de la fumée et du puits des animaux-poissons sur la terre ; et il leur fut donné un pouvoir semblable à celui qu'ont les scorpions de la terre. »

» J'ai, dans ce dernier verset, pris la liberté de changer l'expression sauterelles en animaux-poissons ; car, dans l'original grec, le mot de cette expression désigne aussi bien des sauterelles que des animaux-poissons et rampants.

» Il n'y a pas seulement les peuples de l'Egypte et de l'Asie méridionale et occidentale qui crurent au dogme de la perte d'un primitif séjour qui avait été plein de douceurs, et à celui de la destruction de notre monde actuel pour le retour de ce Paradis terrestre. Cette croyance astrologique était générale chez tous les peuples de l'antiquité. Les devins toscans enseignaient que l'univers serait dissous pour prendre une face nouvelle. Des signes, paraissant au ciel et sur la terre, devaient aussi annoncer ce grand évènement. Les anciens peuples du Nord avaient foi aussi à la croyance de la destruction du monde actuel par un embrasement universel, comme dans l'*Apocalypse*, et auquel devait succéder aussitôt un monde plein de délices.

» L'*Edda* parle, comme l'*Apocalypse*, d'un ciel nouveau et d'une terre nouvelle. « Il sortira, dit-il, de la mer une autre terre belle et agréable, couverte de verdure et de champs, où le grain croîtra de lui-même et sans culture. » Dans le *Volusta*, poème des Scandinaves, on y voit aussi le Dragon de l'*Apocalypse*, le génie du mal que le fils d'Odin attaque et tue. « Alors, le soleil s'éteint ; la terre se dissout dans la mer ; la flamme dévorante atteint toutes les bornes de la création, et s'élance vers le ciel. Mais du sein des flots, continue la prophétesse, je vois sortir une nouvelle terre habillée de verdure. On voit des moissons mûres qu'on n'avait pas semées : le mal disparaît. »

» Il faudrait des volumes entiers, si je voulais rapporter ici toutes les traditions des peuples anciens sur leur croyance de la perte d'un Paradis terrestre et celle de la restitution d'un nouveau à la suite d'une grande calamité planétaire, d'une lutte des puissances du ciel. Les Chinois, les Japonais, les Javanais, aussi bien que tous les peuples de l'Asie occidentale, et même jusqu'aux anciennes peuplades des plateaux des deux Amériques et des îles de l'Océanie viennent m'apporter d'immenses et riches matériaux à cette histoire de notre terre. Mais je dois m'arrêter ici, le cadre que je me suis proposé n'étant que celui de la physique céleste, c'est-à-dire ne devant traiter que du mécanisme des mouvements célestes.

— Je ne vous ai pas interrompu jusqu'ici dans la crainte de perdre quelques-unes des bonnes choses dont vous étiez en train de me donner ; mais depuis bien longtemps j'avais de la peine à retenir ma langue, qui voulait vous demander s'il était bien exact que l'Agneau fut primitivement, comme vous l'avez laissé croire, le premier symbole de la divinité des chrétiens ; car, delà sort toute l'explication de l'origine du culte que s'est donné l'humanité, il y a bientôt deux mille ans, époque où la constellation du Bélier était devenue équinoxe du printemps. Comme le christianisme, ou culte de l'Agneau équinoxial, succéda au culte du Taureau, théogonie du paganisme qui commença deux mille ans avant le Christ, c'est-à-dire à l'époque où la constellation du Taureau était devenue équinoxe du printemps, ces deux théogonies, le paganisme et le christianisme, seraient donc sœurs ; puisqu'à vrai dire elles auraient la même origine, le culte sabéiste des équinoxes de printemps. Chez elles le nom du dieu adoré serait seul changé ; le nom d'Agneau aurait remplacé celui de Taureau, comme la constellation de l'Agneau aurait remplacé celle du Taureau à l'équinoxe du printemps. Les cérémonies religieuses et fêtes du paganisme, ayant le même esprit, auraient ainsi persévéré dans le christianisme, comme le démontre Dupuis dans son grand ouvrage astronomique.

— La plus ancienne représentation du Dieu des chrétiens était une figure d'agneau, tantôt uni à un vase dans lequel coulait son sang, tantôt couché au pied d'une croix. Cette coutume subsista jusqu'à l'an 680, et jusqu'au pontificat d'Agathon et au règne de Constantin Pogonat. Il fut ordonné par le sixième synode de Constantinople (*canon* 82), qu'à la place de l'ancien symbole, qui était l'agneau, on représenterait un homme attaché à une croix; ce qui fut confirmé par le pape Adrien Ier. C'est ainsi que, par l'ignorance stupide et par le désir de changement qui pousse toujours les hommes qui exécutent machinalement un culte sans en connaître l'esprit et la base scientifique, se perdirent insensiblement les savantes traditions historiques sur lesquelles s'appuièrent toutes les théogonies de l'antiquité ; desquelles sont sorties, comme des filles bâtardes et idiotes, les religions indoustanne, christo-platonicienne et mahométanne, qui se disputèrent si longtemps les peuples, comme une proie à laquelle chacune prétendait avoir le droit exclusif.

—Tout ce que vous venez de me dire est brûlant d'intérêt historique; et la philosophie astrologique, jusqu'alors si mystérieuse, se montre à moi dans tout son jour.

— Mais permettez que je ne continue pas ici cette thèse; car c'est une narration trop longue que celle qui traite de l'histoire de la terre.

—Vous avez tort, car je me sentais déjà ébranlé dans ma crédulité sur l'épisode d'Adam, que j'avais toujours considéré comme une fable insipide; et je commence à croire aux bases scientifiques du christianisme.

— Je vous tiens pour un savant chrétien, *à ma mode*; vous ne tarderez pas à être convaincu aussi, avec moi, de la grande vérité qui repose sur la chute d'Adam, *l'homme fait de terre rouge*, père de cette race rouge jadis si puissante, et qui semble depuis si longtemps maudite pour toujours dans l'humanité.

18

» Du déchirement général de la terre par son satellite, qui, lancé des profondeurs du ciel, tomba sur elle et la brisa sur son centre de gravité, ainsi qu'aurait pu faire un marteau impitoyable, se produisit un incendie immense de l'atmosphère de la terre; incendie qui, combinant une grande partie de l'oxygène atmosphérique avec l'hydrogène sorti de la combustion des végétaux et des entrailles déchirées de la terre, enfanta ces nappes énormes d'eau, les mers, jusqu'alors inconnues, et qui, vu leur légèreté, en comparaison de celles des substances solides, couvrirent pour toujours les trois quarts de la surface nouvelle de la terre.

» La formation de ces immenses masses d'eau ne put avoir lieu qu'au détriment de l'oxigène atmosphérique de notre planète, de cet élément de la vie animale, et qui est en même temps l'agent moteur de toute production organique et ainsi de la fécondité de la terre. Comme le disait la symbolique Égypte : Typhon, après la mutilation d'Osiris, avait jeté ses testicules dans la mer; aussi la mer était pour les Egyptiens, ce qu'ils avaient le plus en horreur avec les poissons. Mais ce n'est pas à cette seule cause, qui priva l'atmosphère d'une grande portion de l'élément de la fécondité (de son oxygène) pour produire les mers, qu'il faut attribuer la perte de la puissante fécondité que possédait primitivement notre planète.

» Notre globe, en se condensant sur son centre de gravité d'un tiers de plus, serrait d'un tiers de plus les pores des terres ; l'oxygène ne pénétra plus qu'avec difficulté dans les pores de ces terres, pour enfanter ses innombrables combinaisons animales et végétales. Les animaux diminuèrent leur stature, c'est-à-dire subirent une dégradation; et il fallut que l'homme, pour donner aux végétaux de l'élément d'organisation, de l'oxygène, desserrât, par la bêche et la charrue, les pores des terres qui les contiennent. L'homme fut obligé de se faire laboureur, de retirer sa vie du travail de ses bras. Mais l'atmosphère était elle-même devenue d'autant plus avare d'oxygène que son incendie lui en avait fait plus abandonner à la formation des mers ; et maintenant elle ne l'abandonne plus qu'avec difficulté, et qu'à l'aide d'une ségrégation, que le soleil seul a le pouvoir de faire en grand, par la compression atmosphérique que son attraction produit contre la surface solide de la planète.

— Ce que vous avancez-là demande des développements.

— Je m'expliquerai plus tard. Pour le moment, sachez que, si Dieu rendait à notre atmosphère la partie d'oxygène qu'elle a perdue pour former les mers, tous les hommes deviendraient d'un caractère gai et enjoué. Plus de tristesse : contre eux s'émousseraient tous les aiguillons des événements, qui maintenant nous produisent des douleurs si vives. Il en était ainsi primitivement. L'homme n'obtenait pas seulement sa félicité de la grande fécondité de la terre, qui lui donnait des fruits sans culture et faisait de notre planète un jardin éternel ; mais il trouvait, dans le caractère que lui donnait alors la constitution atmosphérique, le pouvoir d'atteindre aux dernières limites de la félicité.

» C'était surtout aux régions de l'ancien équateur où il se dégageait le plus d'oxygène. La race d'homme qui sortit de ces régions, devait être primitivement une race puissante et très-impressionnable surtout, et ainsi très-disposée aux jouissances des sens ; car les éléments qui constituèrent cette race devaient être très chargés d'oxygène. Si c'était ici l'à-propos de vous analyser par la chimie les éléments qui forment les trois races humaines, la rouge, la noire et la blanche, je vous démontrerais que c'est dans la rouge que rentre le plus d'oxygène, ce qui d'ailleurs est la cause de sa couleur. Aussi, cette race d'hommes est-elle toute de sensations : elle semble vivre et mourir par elles. Elle ne peut résister aux chagrins, qui, plus que les travaux des mines, la décimèrent sur les continents américains.

» Cette race puissante d'intelligence et de force physique, sous les régions chaudes de l'équateur, végète et semble même, dans ses descendants les Esquimaux, avoir dégénérée dans sa taille proportionnellement à la diminution de la température que leur apporta le déplacement de l'axe de la terre. Cette race ne peut être originaire que des régions chaudes de l'ancien équateur; et c'est sur la zône qui nous reste de cet équateur que nous devons retrouver ses berceaux. Il en est ainsi. Les continents américains font entièrement partie de cette zône; aussi la race rouge en posséda seule la jouissance jusqu'à l'arrivée de Colomb, qui y introduisit la race blanche et la race noire.

» Longtemps aussi, la race d'Adam conserva la Sibérie, la Barbarie, l'intérieur de l'Asie, où elle forma, dans divers temps, de puissants empires. Mais depuis longtemps elle disparut de l'Asie occidentale et de l'Afrique, sous la marche croissante des générations blanches et noires, qui semblent devoir un jour la faire aussi disparaître totalement des continents américains et asiatique. Car une malédiction fatale paraît éternellement peser sur cette race qui, dès l'instant de la chute de l'humanité, a perdu tout l'ascendant de sa puissance ; elle est devenue l'esclave des générations d'une race cadette, la blanche, dont la constitution organique, est des trois souches humaines, celle qui pouvait perdre le moins dans le naufrage de notre monde. Mais je me hâte de mettre fin à cette étude des races, qui me jetterait dans de grands développements chimiques; elle m'écarterait trop de mon but.

» Je vous ai démontré que la terre, par l'influence de son satellite, était d'un tiers plus dense que Mercure et que Vénus, qui n'ont pas de lune. Sans l'arrivée de son satellite, la terre aurait conservé une circonférence qui serait un tiers plus grande que celle qu'elle possède maintenant. Donc, avant l'arrivée de son satellite, le rayon de l'équateur de la terre était celui actuel plus un tiers de ce même rayon. Or, le rayon de l'arc qui nous reste de l'ancien équateur de notre planète, et que nous retrouvons dans les montagnes des continents américains, asiatique et africain, formant une immense chaîne continue, doit donc être un tiers plus grand que celui de l'équateur actuel de la terre.

— Voyons, j'ai un compas.... Mais, oui, c'est cela ! c'est parfaitement exact !

— Maintenant, reprenons notre étude sur les anneaux de Saturne et d'Uranus. Vous concevez que la formation de ces anneaux provient de la condensation de leurs globes par leurs satellites, et que si la terre avait été, lors de l'arrivée de son satellite, à une distance aussi éloignée du soleil que le sont Saturne et Uranus, son antique zône équatoriale aurait fort bien pu ne pas se briser; alors elle aurait dépassé de beaucoup plus qu'elle le fait maintenant la surface de la terre. Faites successivement venir ainsi 6 à 8 satellites; cette zône solide, restant immuable lorsque la planète se condense 6 à 8 fois plus, finirait par se détacher du globe, et ferait à la terre un véritable anneau, semblable en tout à ceux que possèdent Saturne et Uranus.

» D'après ces quelques principes, nous pourrions, par le calcul, trouver la surface approximative de l'anneau d'Uranus, si nous connaissions le nombre des satellites de cette planète. Quoiqu'il en soit, nous pouvons facilement croire, en voyant la surface de sa planète 20,25 fois plus grande que celle de la terre, que la surface de l'anneau d'Uranus dépasse de beaucoup les 18 fois la surface de la terre que cet anneau doit avoir pour qu'Uranus reçut du soleil tout autant de lumière et de chaleur qu'en reçoit la terre.

— Je vois que les mondes du système solaire sont loin d'être aussi disgraciés que les calculs de Laplace voudrait nous le faire croire. Sur toutes les planètes, excepté Mars et les satellites, nous vivrions aussi à l'aise que sur la terre. Réellement vous avez donné le complément à la solution du grand problème des températures des planètes.

— Vous êtes dans l'erreur. Tous ces calculs ne sont que pour vous démontrer que, si Laplace avait comparé, comme je viens de le faire, le rapport des surfaces antérieures des planètes avec celui des carrés de leurs distances au soleil, il se serait mis à l'abri du ridicule; mais il n'aurait pas encore été dans la vérité absolue.

—Ah ! vous agissez traîtreusement avec moi. Vous faites tout pour me faire croire à une chose ; vous ne poussez même à l'admiration pour un système qui me paraît riche de vérités ; puis, lorsque vous me voyez entièrement persuadé, vous me dites d'un air goguenard : tout cela n'est pas réel.

— Je ne vous ai jamais affirmé que ce rapport de la surface et du carré de la distance des planètes au soleil devait donner le chiffre réel de la température de ces globes, quoiqu'il donna celui de leur lumière; je vous ai seulement dit que Laplace aurait dû s'en servir pour échapper, par une apparence de vérité, au ridicule dont il se couvrit en ne prenant, pour la température et la lumière, que le rapport des carrés des distances. Je crois, il est vrai, que les planètes peuvent recevoir du soleil une certaine portion de lumière par le mode d'émission dont je viens de vous donner le mécanisme optique et les calculs; mais je suis assuré aussi qu'elles sont loin d'en recevoir toute leur chaleur solaire; car celle-ci doit venir d'une toute autre cause que de celle d'une émanation de la surface solaire du soleil.

» La lumière d'une lampe se propage bien à une fort grande distance, sans qu'elle puisse, même à une très-petite distance, par tous les moyens qui réunissent le plus grand nombre possible de ses rayons, donner la sensation d'un degré de chaleur, quoiqu'elle produise au foyer de ses rayons une intensité de lumière considérable. Or, il en est de même de la lumière du soleil sur les globes planétaires. Les calculs et les lois d'optique que j'ai appliqués à l'introduction de ce fluide dans l'atmosphère des planètes, ne peuvent s'entendre que pour le principe lumineux de ce fluide émis et non pour son principe calorifique. Ainsi, Mercure et Vénus reçoivent du soleil tout autant de lumière que la terre : Mars, 5,27 fois moins ; Jupiter, 4 fois plus ; Saturne tout autant que la terre, lorsqu'on ne fait pas entrer son anneau dans le calcul, et 9 fois plus lorsqu'on l'y fait rentrer ; et Uranus sans son anneau, 18 fois moins que la terre. Ce degré de lumière reçu du soleil par chacune de ces planètes correspond parfaitement avec l'éclat plus ou moins grand sous lequel ces globes nous apparaissent.

» Si le soleil, ainsi que tout corps lumineux, peut envoyer de la lumière aux planètes, il lui est, toutefois, impossible de leur donner du calorique de sa surface ; car cette substance, qui tient toujours à se mettre en équilibre, en se combinant avec le milieu de l'espace qu'elle pénètre, ne pourrait jamais parvenir jusqu'aux planètes. D'ailleurs, les milieux atmosphériques sont, de toutes les substances, les plus mauvais conducteurs qu'on puisse trouver du calorique, et ils sont encore d'autant plus mauvais conducteurs qu'ils sont moins denses. Ainsi, comme les milieux atmosphériques des planètes sont d'abord les plus mauvais conducteurs que le calorique puisse trouver, et qu'en suite leur densité diminue comme le carré de leur profondeur augmente, vous comprenez que leur non-conductibilité du calorique doit augmenter dans le même rapport. Vous voyez que, quelque masse embrasée qu'on fasse du soleil, il est matériellement impossible que le calorique qui s'en émanerait puisse même affecter Mercure, la planète la plus proche du soleil ; car ce calorique serait complétement absorbé et arrêté par le milieu qui sépare le soleil de Mercure, bien avant de pouvoir arriver jusqu'à cette planète.

» D'ailleurs, à l'aide de son puissant télescope, Herschell nous démontra que le soleil, loin d'être un globe de feu ou une masse embrasée, est tout simplement une masse solide comme tous les autres globes du firmament, mais qu'une atmosphère lumineuse l'enveloppe ; laquelle s'ouvre même assez souvent pour laisser voir la masse obscure et opaque du noyau. Un tel globe, dont la température n'est peut-être pas plus grande que celle de notre planète, ne peut produire, par l'émission de son calorique dont il n'a pas de trop, la température des planètes. Il faut donc chercher à la chaleur solaire des globes planétaires une toute autre cause que celle qu'on a cru jusqu'ici être l'émission de rayons solaires tout à la fois lumineux et calorifiques.

— Mais alors, comment le soleil produit-il le calorique que nous voyons chaque jour engendré par lui dans notre atmosphère ?

— Par une cause des plus simples, et qui n'est aussi qu'un résultat de la différence des deux forces planétaires, l'attraction et la répulsion expliquées par mon système. La terre, ainsi que toutes les autres planètes, est enveloppée d'une atmosphère dont l'adhérence à la surface, produite par son affinité avec les substances qui composent cette surface, est si grande, qu'il n'est pas de puissance en dehors de la planète qui puisse lui ravir un seul de ses atomes, et même la déplacer des points de la surface sur lesquels elle repose. La masse solaire, en attirant une planète vers elle, ne produit rien autre chose que de faire refouler et ainsi comprimer, par le milieu qui sépare les deux globes, l'atmosphère de chacun d'eux sur leur propre surface solide et résistante; compression qui engendre, par la résistance des globes, tous les mouvements planétaires.

» L'atmosphère du soleil, ainsi que celles des planètes, est un composé; or, comme il n'y a pas de composé sans oxygène (qui est le principe unique de toute combinaison), l'oxygène est donc un des éléments fondamentaux de la constitution des atmosphères des globes du firmament. Ces atmosphères se trouvent constamment sous une prodigieuse compression sidérale qui, vu la sphéricité des globes, va en décroissant sur la surface comme augmente la distance d'un point de cette surface au point où tombe la verticale qui joint les centres de deux globes en attraction. Dans toutes les atmosphères des globes, l'oxygène est uni au calorique, puisqu'il est à l'état gazeux, état que le calorique peut seul lui donner en se combinant avec lui. Je vous ai déjà démontré que, dans cette combinaison de l'oxygène et du calorique, le calorique, repoussant ses propres molécules, mettait un obstacle incessant à l'affinité de l'oxygène pour lui; car l'oxygène ne peut dépenser, dans sa combinaison avec le calorique, toute la puissance de son appétence; et s'il pouvait la satisfaire, la combinaison de l'oxygène et du calorique ne serait pas un fluide, mais bien un solide.

» Dans sa combinaison avec le calorique, l'oxygène atmosphérique conserve encore beaucoup d'appétence, dont il reporte l'action sur les substances de la surface du globe. C'est à cette cause qu'il faut attribuer cette adhérence si puissante des atmosphères planétaires sur la surface de leurs globes. Quelle que soit la force centrifuge produite par la rotation des globes sur leurs axes, et quelles que grandes que soient les forces attractive et répulsive, il est impossible, à toutes ces puissances réunies, d'enlever un atome de l'atmosphère des planètes. Mais, par la raison que l'oxygène atmosphérique ne peut se combiner totalement avec son calorique, et qu'il est toujours fortement attiré par tous les éléments solides et liquides de la planète, il ne faut pas une puissance considérable pour amener, entre lui et le calorique atmosphérique une ségrégation prompte et complète, surtout dans les régions basses de l'atmosphère, où l'oxygène est en plus grande quantité sous un plus petit espace, espace augmentant comme le carré de la distance à la surface. Car le gaz oxygène, resserré dans ces régions basses où il est au *maximum* de sa densité, est fortement prédisposé à se ségréger du calorique de sa combinaison.

» Que faut-il pour que cette ségrégation s'exécute complètement ? Faire en sorte que, dans ce composé atmosphéque de calorique et d'oxygène, déjà si puissamment condensé dans les régions basses de l'atmosphère, les molécules du calorique se rapprochent sous une pression quelconque ; qu'elles se resserrent entre elles jusqu'à ce qu'elles expulsent de leurs pores les particules d'oxygène qu'ils contiennent. Cet oxygène, ainsi expulsé, se précipitera à l'instant sur les substances de la surface qu'il oxyde, et pour lesquelles son appétence augmente d'autant qu'il perd de la possibilité de rester en combinaison avec le calorique. Par ce pressurage des pores du calorique et par cet abandon momentané de son oxygène, il y a, dans l'atmosphère d'une planète, d'autant plus de calorique mis à nu qu'il y aura une plus grande surface ou portion de régions basses de l'atmosphère comprimée. Or, le calorique ne peut être ainsi mis à nu sans qu'à l'instant il produise de la lumière et une puissante chaleur ; ce qui alors proportionne l'intensité de la lumière et du calorique dégagés d'une atmosphère planétaire à l'étendue de sa surface comprimée par l'action solaire, et à la puissance de cette compression mesurée par l'attraction.

— Je me suis souvent amusé à comprimer de l'air dans un tube épais de verre ; et j'ai, en effet, toujours obtenu, sous une assez forte pression, un vif dégagement de lumière et de chaleur.

— Puisque la ségrégation de l'oxygène et du calorique, dans leur combinaison qui en fait le gaz oxygène, est si facile qu'une simple pression de la main peut l'engendrer d'une colonne de gaz renfermée dans un tube ; nous pouvons hardiment croire qu'une telle ségrégation doit arriver aux régions basses des atmosphères planétaires, dans la colonne de milieu qui sépare ces globes du soleil, par la compression de ces atmosphères planétaires sur les surfaces solides qu'elles enveloppent. Or, cette ségrégation, en mettant une quantité de calorique à nu (quantité alors rigoureusement proportionnelle à l'étendue de gaz oxygène comprimé et ainsi à l'étendue de la surface de l'hémisphère tourné vers le soleil), produit un dégagement de lumière et de chaleur exactement proportionnel à la surface antérieure des planètes et à la force attractive qui les attire vers le soleil et engendre la compression atmosphérique. En effet, cette compression planétaire est assez puissante pour engendrer ce dégagement de lumière et de chaleur des régions basses de l'atmosphère des planètes et de l'atmosphère même du soleil, puisque naissent d'elle tous les mouvements des globes du firmament : la vitesse si prodigieuse des planètes dans leurs orbites ; leur rotation sur leurs axes, et celle du soleil sur le sien.

—Cette conséquence est spécieuse. Le soleil recevrait donc sa lumière et sa température du poids total de toutes les planètes pesant sur son atmosphère par leur attraction. Ainsi chaque planète recevrait sur sa surface autant de lumière et de chaleur qu'elle-même en ferait dégager des régions basses de l'atmosphère du soleil, lequel astre se trouverait de la sorte éclairé et chauffé par la même cause, par laquelle sont éclairées et chauffées les planètes, par l'attraction qui engendre tous les mouvements planétaires? C'est très-ingénieux d'avoir trouvé cela.

— Dites plutôt que ce l'est le moins du monde; car, pour obtenir ce résultat, que je regarde comme une vérité fondamentale, il ne m'a fallu éviter qu'une seule chose, celle-là même qu'il vous semble en être la mère; il m'a fallu écarter tout travail de l'imagination. Aussi, celle-ci ne rentre pour rien dans cette solution; je n'ai fait qu'observer : voilà mon secret et mon mérite. Tout homme aussi patient que moi, aurait été aussi ingénieux par imitation. Il n'y a réellement puissance en intelligence que celle du Créateur. Vous pouvez encore ici apprécier toute la sublimité de sa divine prévoyance.

» Le Grand-Architecte créa des masses énormes, que nous appelons soleils ou étoiles, qu'il prédisposa pour être chacune le centre d'un univers et devenir l'âme de sa vie. Les quantités prodigieuses de matière qui constituent ces soleils pouvaient-elles n'être que des masses appropriées, créées seulement, ainsi que des lampes, pour éclairer et chauffer des globes, si chétifs, telles que le sont les planètes, en comparaison de ces soleils? La nature, qui toujours se montre aussi avare de matière qu'elle est féconde à lui donner des propriétés multiples, se serait montrée bien prodigue et bien faible d'intelligence à l'égard des masses solaires.

» Dans ses recherches sur la physique du soleil, l'homme, jusqu'ici, eut recours à son imagination; mais celle-ci, une des nombreuses sœurs des imperfections humaines, n'engendra jamais que des choses qui confirment l'impuissance de leur origine. Il est reconnu, en physiologie, que l'homme rattache tout à sa personne d'autant plus que la faiblesse de son intelligence est plus grande.

— Ce n'est pas flatteur pour les égoïstes du siècle !

— L'homme, fut-il même académicien, fit toujours du soleil une masse créée pour lui seul, pour l'humanité; tout est à lui. Il ne prétend même pas que d'autres planètes ou mondes que le sien puissent goûter, avec autant de profit que

notre terre, des bienfaits de cet astre vivifiant. D'après lui,
le soleil n'aurait des douceurs et de la bienveillance que pour
notre planète si petite. Quel amour désordonné du soleil!...
Ce ne pouvait pas être l'intelligence divine, mais bien la
faiblesse intellectuelle de l'homme, qui pouvait du soleil,
dont le volume est 55 fois la somme de tous les volumes des
planètes connues, faire une masse sans utilité pour elle-
même, et qui ne semblerait être créée que pour les agréments de la terre. Car, d'après les calculs de Laplace adoptés
par tous nos *grands savants*, le soleil se montrerait fort indifférent pour les autres mondes de notre univers. Oh! heureuse terre, qu'as-tu fait pour être tant aimée et si privilégiée?

» De l'absurde supposition de l'émission du calorique
solaire, naît cette autre absurdité qui fait du soleil un globe
en ignition, et, par ce, parfaitement inutile pour lui-même.
Le génie du Créateur ne pouvait-être aussi pauvre. Il ne
voulut pas que les vastes corps solaires fussent perdus pour
la vie, pour l'organisation végétale et animale; il ordonna
qu'ils reçussent tout autant de lumière et de chaleur qu'ils
en faisaient naître de tous les globes planétaires qui pèsent
sur eux, et cela, sans qu'il y ait de part et d'autre échange
de fluide. Donc, cette source de lumière et de chaleur qui vi-
vifient toutes les sphères du firmament, est intarissable,
puisqu'elle est produite par la compression entre elles des
atmosphères de ces globes. La cause de cette compression
n'est autre que l'attraction qui engendre tous les mouvements planétaires.

— Vous délivrez ainsi nos *profonds astronomes* du grand
souci qui, depuis longtemps, les tourmente : celui de savoir
combien le soleil dépense par année de fluide lumineux et
calorifique pour les planètes, afin de calculer si la source est
proche d'être épuisée.

— Il fallait bien que le soleil, dont le volume est 55 fois
la somme des volumes réunis de toutes les planètes connues, fût au centre d'une grande quantité de ces globes
secondaires, pour qu'en tournant autour de lui, ces globes

promenassent sur sa masse (ayant elle-même un actif mouvement de rotation), une immense et éternelle puissance de dégagement de calorique et de lumière dans les régions basses de son atmosphère. La masse énorme du soleil est de la sorte éclairée et chauffée ; et sur elle se développent les deux règnes de l'organisme, les végétaux et les animaux.

» Toutes les planètes du système solaire travaillent à ce soin par leur pesanteur sur le soleil ; pesanteur qui ne peut se faire sans comprimer, par la colonne de milieu qui sépare ces globes du soleil, les régions basses de l'atmosphère solaire, et ainsi sans dégager lumière et chaleur dans ces régions atmosphériques. Un dégagement semblable se produit, dans les régions basses des atmosphères des planètes, avec une intensité absolument pareille à celle que ces planètes produisent dans l'atmosphère basse du soleil.

» Ainsi, la lumière et la chaleur qui se distribuent sur la surface énorme du soleil, est la somme de lumière et de chaleur de toutes les planètes du système solaire. Comme les calculs du Divin Architecte veulent que toutes les planètes aient chacune, dans le rapport de leurs distances au soleil et celui des surfaces qu'elles lui opposent, le pouvoir de faire dégager de l'atmosphère solaire tout autant de lumière et de chaleur qu'en dégagent leurs propres atmosphères, on doit porter la somme des volumes des planètes encore à découvrir à 55 fois la somme des volumes des planètes déjà connues ; afin que nous voyons le soleil entouré d'un nombre de planètes suffisant, pour que sa masse totale reçut de ces globes une température et une lumière semblables à celles de la terre. Mais ne nous occupons pas de l'hypothétique : laissons cela aux Leverrier *qui s'en acquittent si bien.*

» Puisque la lumière et la chaleur que chacune des planètes reçoit du soleil, ne sont (ainsi que celles de cet astre) que le résultat d'une ségrégation de l'oxygène du calorique atmosphérique, ségrégation produite par la compression des atmosphères de chacune des planètes sur leurs surfaces solides, ce dégagement de chaleur et de lumière est donc proportionnel, 1° à l'intensité de la compression de leurs at-

mosphères sur ces surfaces, ainsi au rapport de la force répulsive mesurée par l'attraction, rapport représenté par la
différence des carrés des distances moyennes des planètes au
soleil; 2° à l'étendue des atmosphères comprimées, étendue
que mesure la surface sphérique antérieure des planètes
mises en comparaison.

» Donc, la pression des atmosphères de deux planètes comparées, et ainsi le rapport de la quantité de lumière et de
chaleur dégagées chez elles par l'action solaire, augmente
comme augmente le rapport de l'étendue de leurs atmosphères, c'est-à-dire comme augmente le rapport de leurs
surfaces sphériques; mais cette quantité diminue comme
augmente le carré du rapport de leurs distances moyennes.

» Le rapport géométrique de la surface sphérique de la
terre et de celle de Mercure est 6,66. Ainsi, la surface antérieure de la terre, comme je vous l'ai calculé plus haut, étant
6,66 plus grande que celle de Mercure, fait dégager de l'atmosphère de la terre 6,66 fois plus de calorique que le fait
la surface antérieure de Mercure.

» Mais le rapport géométrique des distances moyennes de
ces deux planètes étant 2,58 fois celle de Mercure, la pression que l'atmosphère de la terre retire de l'attraction du
soleil, est 6,66 ($=$ carré de 2,58) fois moindre que celle de
l'atmosphère de Mercure. Or, comme la quantité de calorique dégagée est mesurée par ce carré, et que 6,66 (rapport
des surfaces) moins 6,66 (rapport du carré des distances),
donne 0, le degré de chaleur et de lumière reçu de l'action
solaire, par ces deux planètes, est absolument le même.

» La surface de la terre est, avons-nous vu, de 0,07 plus
grande que celle de Vénus; ce qui fait plus grande de tout
ce chiffre l'étendue de son atmosphère, et de laquelle notre
planète retire son calorique et sa lumière solaires; l'intensité
de la lumière et de la chaleur de la terre est donc de 0,07
plus grande que celle de Vénus. Mais 0,07 est le carré du
rapport des distances moyennes au soleil des deux planètes
en moins pour Vénus; donc ($0,07 - 0,07 = 0$), ces deux
globes ont le même degré de lumière et de chaleur solaires.

» Le rapport géométrique de la surface de Mars et de celle de la terre est de 2,96 en plus pour cette dernière planète; et celui de leurs distances moyennes au soleil est de 1,52 en plus pour Mars; 2,31 étant le carré de ce dernier rapport, la lumière et la chaleur que la terre dégage de son atmosphère, sont donc (2,31 + 2,96 =) 5,27 fois plus considérables que la lumière et la chaleur dégagées de l'atmosphère de Mars.

» Le rapport géométrique des surfaces de Jupiter et de la terre est 134 en plus pour Jupiter; celui de leurs distances est 5,20 en plus pour cette même planète, et 27 en est le carré. Donc, la lumière et la chaleur que Jupiter dégage de son atmosphère par sa pesanteur sur le milieu résistant qui le sépare du soleil, sont (134 : 27 =) 4,96 ou 5 fois environ plus grandes que celles dégagées par la terre. Les satellites étant une cause de refroidissement, et la terre en possédant un lorsque Jupiter en a quatre, la lumière de Jupiter sera bien 5 fois plus grande que celle de notre planète (ce que prouve, en effet, le vif éclat de Jupiter); mais sa température est parfaitement semblable à celle de la terre.

» Le rapport géométrique de la surface de Saturne et de celle de la terre est de 90 en plus pour Saturne; le rapport géométrique de leurs distances au soleil étant de 9,53 en plus pour Saturne, et son carré étant 90, cette planète possède donc le même degré de lumière et de chaleur solaires que la terre. Mais Saturne a un anneau, dont le rapport géométrique de la surface à celle de la terre est 630 en plus pour Saturne. La lumière et la chaleur dégagées de son atmosphère par son anneau seront donc, pour cette planète (630 : 90 =) 7 fois celles de la terre.

» Mais Saturne ayant, dans ses 8 satellites, 8 éléments de refroidissement, sa température est, à peu de chose près, semblable à celle de la terre, quoique la lumière de Saturne soit 7 fois plus grande que celle de notre planète. Cet excès de lumière de Saturne sur la lumière de la terre, est la cause qui nous fait apercevoir Saturne à l'œil nu, quoique cette planète soit à une énorme distance de la terre, laquelle distance est plus du double de celle de Jupiter à notre planète;

et vous savez que la lumière diminue comme le carré de la distance augmente.

» Comme vous le voyez, j'ai obtenu absolument les mêmes résultats que par les calculs tirés de l'optique et fournis par le système d'émission. Mais j'ai répudié ce système d'émission pour ne pas accepter l'absurdité qu'il entraîne avec lui, en faisant supposer que le soleil (quoique cette supposition soit réfutée par les observations d'Herschell), est un globe en ignition, envoyant aux planètes des rayons de chaleur et de lumière (ainsi que le ferait l'embrasement d'une masse combustible); mais dont les rayons, par une cause inconnue et inexplicable (car elle serait en dehors de tous les faits observés dans la nature), ne produiraient de la chaleur que par leur contact avec les gaz de notre atmosphère, quoique ces derniers ne puissent pas être combustibles par combinaison chimique.

» Je suis loin, cependant, de croire qu'il ne nous vient pas des rayons lumineux du soleil, produisant, dans le milieu qu'ils pénètrent, tous les phénomènes d'optique et de réfrangibilité que je vous ai démontrés. Mais ces rayons nous viennent, comme ceux de la lune, comme ceux d'une lampe lointaine, emportant avec eux aucun principe sensiblement calorifique. Cette matière lumineuse, que le soleil nous envoie de la sorte, est le fluide lumineux propre, c'est-à-dire une combinaison particulière et presque indestructible du calorique, tant qu'il est en mouvement et qu'il est uni à une très-faible quantité d'oxygène. Cet oxygène, en raison de la petite quantité dans laquelle il rentre dans sa combinaison avec le calorique, se trouve trop fortement uni au calorique, pour abandonner cet élément et ainsi pour lui faire produire de la chaleur; car, cet excès d'affinité de l'oxygène avec le calorique ôte à ce dernier tout son principe calorifique en le retenant fortement combiné avec l'oxygène.

» Je divise ainsi les états chimiques du calorique : 1° à son état nu, il produit la lumière du jaune vif et la chaleur; 2° combiné avec un *minimum* d'oxygène, il perd sa puissance calorifique par sa grande affinité avec son élément de combinaison, l'oxygène, et il devient fluide simplement lumineux ; 3° un surplus d'oxygène absorbé lui ôte sa faculté lumineuse, et il devient fluide électrique et magnétique ; 4° et saturé d'oxygène, il passe à l'état de gaz oxygène, dont les propriétés sont latentes.

— Je prends note de ceci ; car j'entrevois l'importance immense que les sciences pourront un jour retirer de cette nouvelle théorie.

— Le calorique, à son *minimum* d'oxygénation, c'est-à-dire à son état de fluide lumineux, est aussi avide d'oxygène qu'il en contient peu ; ce qui rend sa ségrégation impossible. Ainsi, la lumière émanée du soleil est, comme celle de la lune, éminemment désoxydante et ainsi frigorifique, loin d'être calorifique ; puisqu'au lieu d'abandonner de son oxygène, abandon qui pourrait seul la rendre calorifique, elle est dans une combinaison telle, qu'elle possède, au contraire, une grande appétence pour l'oxygène. Cette lumière d'émanation est, dans sa manière de se comporter sur les corps qui l'attirent et qu'elle frappe, fort différente de la lumière née de la ségrégation complète de l'oxygène et du calorique. Cette dernière lumière, de couleur jaune vif, est seule calorifique et oxydante aux points où la ségrégation du calorique de son oxygène est immédiate ; tandis que la lumière d'émanation, de couleur blanche, est désoxydante et ainsi frigorifique au lieu d'être calorifique.

» Mais le calorique, où lumière jaune vif produite par la pression planétaire, ne tarde pas, dès qu'il est ségrégé et que la cause de sa ségrégation cesse d'agir sur lui, à se combiner avec son *minimum* d'oxygène et à passer à l'état de lumière blanche désoxydante, perdant ainsi son état calorifique. Elle s'élève alors vers les hauteurs de l'atmosphère, étant repoussée, par son excessive élasticité, de la surface de globe qui l'a produite. Elle s'étend en rayonnant dans l'espace, mue par une puissance d'émission que mesure son élasticité sous l'influence de la pression planétaire. C'est à cette lumière, qui est ainsi passée à l'état d'émission, que nous devons la sensation, c'est-à-dire la vue des globes du firmament.

— Je vois qu'il y a entre toutes les sphères du ciel un échange continuel de politesses. Ces dames s'envoyent de l'une à l'autre un échantillon de ce qu'elles peuvent produire en lumière, et il n'y a entre elles nul accaparement de ce riche élément.

— Cette propriété désoxydante et nullement calorifique de la lumière émise, engendre les phénomènes des couleurs et peint les corps de la nature. Mais je réserve pour un autre temps la démonstration de ce théorème chimique.

MÉTÉOROLOGIE.

SIXIÈME QUART.

MÉTÉOROLOGIE.

De quatre à huit heures du matin.

A l'horizon occidental, la lune, dans toute la splendeur de son éclat virginal, descendait silencieuse du ciel vers la terre. Sous sa lumière rêveuse et tremblante, la nature semblait endormie, bercée au milieu de cette douce harmonie des éléments.

Depuis longtemps nous goûtions avec tant d'égoïsme, le capitaine et moi, les charmes d'une fin de belle nuit des Tropiques, que, dans la crainte de troubler nos propres rêves, nous ne nous étions pas encore adressé la parole. Mais un petit vent frais, parti de l'Orient, murmura au travers des cordages du navire, et vint caresser nos visages.

Quelque absorbé que soit son esprit, le marin se réveille bien vite de toute apathie de l'âme, à la plus faible sensation d'un déplacement de vent.

— Brasse tribord devant! commanda brusquement le capitaine. »

Puis m'appercevant près du timonier : « Voilà, me dit-il, pendant que l'équipage exécutait la manœuvre, un petit vent qui, s'il continue, nous fera vite arriver à Montevideo.

— Je l'attendais. Mais, avant deux heures, il sera tombé.

— Et la cause, s'il vous plaît, monsieur Mathieu Laensberg?

— Parce que cette cause sera dans deux heures à 25° au-dessous de l'horizon.

— C'est donc la lune qui nous produirait ce vent?

— Elle nous occasionne bien d'autres choses. Cet astre est, depuis l'équateur jusqu'à d'assez hautes !atitudes, la principale cause des pluies. Il remplit dans l'atmosphère de la terre les fonctions de condensateur des vapeurs qu'y fait porter le soleil.

— Voilà encore du nouveau! Vous êtes une vraie plaie de découvertes scientifiques... Oh! Newton, que seriez-vous auprès de ce génie, que j'ai l'ineffable privilège de porter sur ma barque!

— Vous rirez tout à votre aise, si je suis dans l'erreur; mais si j'ai raison, j'espère que vous l'avouerez.

— Que la foudre brise mon grand mat, si nos savants d'Europe et des Amériques s'attendent à ce déluge de découvertes qui menace leurs augustes têtes!... Eh! moi, qui avais la pensée d'aller chercher, dans le sein d'une Académie, le repos de la docte béatitude!... Ah, bien oui! vous jetez l'anarchie et la tourmente jusque dans ces lieux. Avec vous, il n'y a plus rien en place : vous portez le trouble au ciel et à la terre; et, ce qu'aucun mortel n'a pu encore faire, vous chassez l'indolence des doctes assemblées, son refuge avoué... Mercure endormit Argus; c'était difficile. Mais, vous, vous réveillez les immortelles! c'est beaucoup plus; c'est le treizième des travaux herculéens!

— Le quatorzième sera de me faire écouter de vous sans interruption.

— Vous avez donc fait vœu de bouleverser la science humaine? Vous détronez jusqu'au soleil, qui, selon vous, n'est pas plus privilégié que tout autre globe du firmament. Et, sans doute par économie de ressorts, vous faites sortir tous les mouvements planétaires de la cause qui produit aux sphères célestes leur lumière et leur chaleur atmosphériques. Quel cerveau est le vôtre! Vous embrassez l'infini d'un seul regard... L'univers semble n'avoir plus de mystères pour vous. Où donc avez-vous été chercher tout cela?

— J'ai beaucoup observé, et j'ai autant réfléchi. La raison humaine est un guide qui conduit droit à Dieu.

— Sans doute que vous n'avez pas la prétention d'être l'homme le plus raisonnable?

— Que le ciel me garde d'une telle impertinence! Tout le secret de ces solutions qui vous étonnent tant, repose dans cette maxime, qui n'est pas d'hier, car elle est de saint Thomas qui l'a mis lui-même fort avantageusement en pratique : c'est que, dans la science, il faut voir avant de croire. Beaucoup de gens pensent que toute la science est dans le fait de lire les ouvrages de nos savants; et ils se donnent pour très-instruits, lorsqu'ils ont fait une grande consommation de ces livres.

» Mais à force d'entasser les idées des autres dans leurs cerveaux, il se trouve qu'il n'y a plus de place pour les leurs propres. Alors ces hommes, dont les longues études devraient en avoir fait des phénix de science, n'ont pas même le mérite de l'homme du peuple, dont le bon sens naturel est si puissant. En perdant l'usage de la réflexion, qui seule donne le génie, ils ne sont plus que des perroquets criards, dont le caquet vous étourdit et vous assomme, quand vous êtes las d'en rire.

» Je rends grâce à la Providence d'avoir rendu mon enfance trop pauvre, afin de l'empêcher d'être trop prématurément instruite, c'est-à-dire savante sans l'aide de la réflexion. J'ai grandi ainsi, devant tout à moi et rien aux autres. La marine seule aida au développement des premières impressions de mon adolescence sur la science du ciel. Je lui dois tout ce que vous appelez mes découvertes astronomiques; car, pauvre ouvrier, sans elle je serais resté à Paris, forcé de voir, comme tant d'autres, les germes de mon intelligence, resserrés dans des limites infranchissables, naitre que pour s'étioler et mourir. Mes réflexions sur les faits de la nature purent me fournir la matière première de mes travaux; mais la marine, en m'apportant la puissance des calculs, me donna l'art de la travailler.

» Croyez-vous, capitaine, qu'un simple sentiment de curiosité m'ait seul poussé à l'entreprise de travaux dont l'immensité et la fastidieuse monotonie eussent rebuté le plus intrépide! croyez-vous que je n'étais pas persuadé que je devais trouver en eux un intérêt plus haut que celui de la curiosité satisfaite!... Non; si Dieu voulut que le génie de l'homme s'éleva à l'intelligence de sa grande œuvre et des lois qui régissent les globes du firmament, c'est qu'il a placé une grande récompense, un puissant intérêt matériel à cette étude de la nature, afin que l'humanité, fût portée à s'y livrer par l'espoir du bien-être qu'elle doit en retirer.

» Ainsi, par cela seul que Dieu veut que l'homme soit initié à tous les mystères du ciel, il doit avoir, dans la connaissance de ces mystères, un haut intérêt humanitaire. Cet intérêt ne peut être que matériel, puisqu'il sort de la connaissance d'évènements éminemment matériels. De quelle connaissance l'humanité retirera-t-elle le plus grand intérêt matériel? De la connaissance des lois de la météorologie; car à elle seule est attaché le bien-être matériel de l'homme.

» La théorie astronomique la seule vraie, celle-là qui satisfera à toutes les exigences des mouvements et des phénomènes planétaires, sera aussi celle qui pourra nous démontrer les lois si mystérieuses et si utiles de la météorologie de notre globe. Je pense que ma théorie peut s'appliquer à quelques problèmes généraux de cette science, qui, quoique extrêmement compliquée par d'innombrables influences secondaires et locales, doit cependant se plier à certaines lois, à certains mouvements planétaires.

— Trouver ces lois, dit le capitaine, ce serait couronner dignement votre œuvre; et je n'hésiterais pas à vous mettre alors de parallèle avec Francklin, mon compatriote, par l'humanité couronné son bienfaiteur.

— Je ne suis donc plus un utopiste, ainsi que quelquefois vous paraissez vouloir me traiter.

— Eh! la plus grande folie a souvent des préliminaires qui lui donnent l'aspect d'une grande œuvre.

— Toujours aimable!.... Oh! je serai sans miséricorde pour vous! je vous couvrirai d'une montagne de preuves : et, dussiez-vous en ressentir un ennui qui vous donnât le spléen, je ne cesserais de vous accabler que quand vous me demanderez grâce en avouant ma victoire!... Comme le jour parait et va me permettre de vous faire des calculs, je commence à l'instant même ma vengeance.

» Chaque jour, il est avéré que le soleil est le premier moteur des phénomènes météorologiques, puisque c'est par son action sur notre planète qu'il dégage dans l'atmosphère de celle-ci sa chaleur et une partie de sa lumière. La lune n'aurait-elle pas aussi quelque influence sur notre météorologie? et quelle serait cette influence comparée à celle du soleil?

» Il est certain que, l'attraction ou poids du soleil sur la terre produisant dans l'atmosphère de cette planète une puissante ségrégation de calorique, la chaleur et une grande partie de la lumière de la terre viennent de cette pression atmosphérique. L'attraction ou pesanteur de la lune sur notre planète peut-elle produire les mêmes phénomènes? Il suffit pour cela de voir la différence des compressions atmosphériques produites par le soleil et la lune. Ces calculs sont des plus faciles. Afin d'éviter des réticences, nous supposerons que la terre est immobile, et que le soleil et la lune tournent autour d'elle.

» Le rapport du volume du soleil et de celui de la lune est (1326480, volume du soleil : 0,020, volume de la lune =) 66324000 en plus pour le soleil. Ainsi, ce dernier astre serait forcé, pour arriver à la distance où la lune est de la terre, de déplacer une masse de milieu résistant qui serait 66324000 fois plus grande que celle déplacée par la lune. Mais cette masse de milieu, diminuant comme le carré de la distance augmente, n'est plus pour le soleil que (66324000 — 165649, carré de 407, quotient des distances du soleil et de la lune à la terre, =) 66158351 fois celle déplacée par la lune.

» Or, la résistance du milieu comprimé augmentant proportionnellement à sa masse, le soleil devrait donc, à force d'attraction égale, être éloigné de la terre, non pas de 407 fois la distance de la lune à la terre, mais bien 66158351 fois cette distance. Puisqu'il n'en est pas ainsi, il faut que l'intensité attractive ou pesanteur du soleil sur la terre soit (66158351 : 407 =) 162305 fois plus grande que celle de la lune sur le même globe. Or, quoiqu'ayant, à sa distance 407 fois plus grande que celle de la lune, une attraction sur la terre de 162305 fois celle de la lune, et comme l'attraction diminue comme le carré de la distance augmente, la masse du soleil est (162305×165649, carré de 407, =) 26885660945 fois celle de la lune.

» Le soleil recevant du milieu une répulsion 66158351 fois plus grande que celle reçue par la lune, et conservant, par sa masse énorme, une attraction 162305 fois plus grande que celle de la lune sur notre terre, doit nécessairement être éloigné de notre planète de 407 fois comme l'est la lune. Ce rapport des distances calculées de ces deux globes à la terre est aussi celui de ces distances observées.

» Vu le volume du soleil, qui est 66324000 fois celui de la lune, l'action solaire embrasse tout l'ensemble de l'hémisphère de la terre tourné vers cet astre, lorsque l'action de la lune ne se produit que sur une étendue de 0,25 de la surface de ce même hémisphère. L'action lunaire est ainsi relative, et celle du soleil est absolue. L'étendue de l'action solaire sur notre planète est égale à la surface de l'hémisphère de la terre tourné vers le soleil, lorsque l'étendue de l'action lunaire ne peut embrasser ainsi que le quart de cet hémisphère.

» Nous avons vu aussi que la résistance ou répulsion que l'attraction planétaire amène entre tous les globes, ne produisait pas seulement leurs mouvements, mais qu'elle était aussi la cause qui engendrait dans leur atmosphère ce grand dégagement de calorique, d'où naissent leur chaleur atmosphérique et une grande partie de leur lumière solaire. Le soleil, et jamais la lune, a seul donc la puissance de produire un vaste dégagement de calorique dans l'atmosphère des planètes ; car sa pression sur cette atmosphère est égale à la répulsion qu'il en reçoit.

» Le soleil recevant de la terre une répulsion 66158351 fois plus grande que celle qu'en reçoit la lune, dégage de notre atmosphère une grande quantité de calorique et de lumière sur toute l'étendue de l'hémisphère de la terre tourné vers lui ; tandis que l'action du satellite sur notre atmosphère, étant non-seulement 66158351 fois moindre, mais n'agissant que sur une étendue de 90° de cet hémisphère, ne peut engendrer de sa pression sur notre atmosphère aucun dégagement de chaleur et de lumière sensible.

» La lumière qui nous vient de la lune n'est donc qu'une réflexion ou émission de celle produite par le soleil dans l'atmosphère de notre satellite, lumière qui est très-faible en comparaison de celle produite par le même astre dans l'atmosphère des planètes du premier ordre. Aussi, je regarde les satellites comme des globes dont la surface est constamment glacée. C'est à leur froide température qu'il faut attribuer l'excessive pureté de leur atmosphère ; car il ne peut jamais s'élever dans ces atmosphères des vapeurs d'eau, puisque toutes les substances qui sont liquides sur la terre et les autres planètes de premier ordre, sont des solides ou glaces sur les satellites. C'est aussi en raison de cette température glaciale de leur atmosphère que ces derniers globes sont pour leurs planètes d'aussi bons réflecteurs de lumière solaire ; car leurs surfaces glacées n'absorbent qu'une très-faible portion de cette lumière.

» Quelle est donc l'influence météorologique de notre satellite sur la terre ? Pour bien l'apprécier, considérons la lune dans les phénomènes qu'elle produit sur les élévations des eaux de l'océan. Quoique l'attraction du soleil sur la terre soit 162305 fois plus grande que celle de la lune, comme elle est absolue, le soleil doit avoir, par son excès même de puissance, moins de part aux marées que la lune ;

car l'élévation des eaux ne vient pas de la quantité absolue qui les attire, mais de la quantité relative, c'est-à-dire de la différence et du non parallélisme de ses actions.

» Ainsi, par sa trop grande puissance, l'attraction solaire ne peut produire qu'une faible élévation des eaux de l'océan vers la verticale de son centre d'action ; car elle attire toutes les parties du globe avec une puissance presqu'égale, et qui laisse une très-petite différence de son *minimum* à son *maximum*. De cette considération, il résulte que, de l'excès même de l'attraction du soleil, les marées solaires doivent être très-faibles. Puisque le soulèvement des eaux de l'océan vers les astres attracteurs ne provient pas du globe attracteur le plus puissant, c'est que l'attraction du globe qui le produit n'embrasse pas l'hémisphère entier, comme le fait le soleil, mais seulement une portion de cet hémisphère.

» L'étendue de l'influence attractive d'une sphère sur la surface d'une autre sphère est proportionnée à la grosseur de la sphère attractive ; ainsi, le rapport du volume du soleil à celui de la lune étant 66324000, l'attraction solaire embrasse donc une étendue de la surface de la terre de tout ce chiffre plus grande que celle qu'occupe l'attraction lunaire. Mais l'étendue de cette influence diminue, pour la terre, comme augmente le carré de la distance des globes attracteurs ; et le rapport des distances du soleil et de la lune à la terre étant 407, dont 165649 est le carré, l'étendue de l'influence solaire sur la surface de la terre n'est plus que (66324000, quot. des volumes : 165649, carré du quot. des distances, =) 400 fois celle de l'attraction de la lune.

» Quelque grande que soit l'étendue de l'attraction du soleil, elle est limitée par la surface de l'hémisphère de la terre tourné vers cet astre. Supposons un instant que l'étendue de l'attraction lunaire soit 1 ou 180° de la circonférence de la terre, celle de l'attraction solaire qui est 400 fois celle de la lune, et qui est toujours de 180°, ramène l'étendue de l'attraction lunaire à la moitié de l'hémisphère de la terre, c'est-à-dire à 2 fois moins l'étendue de l'attraction solaire ; car (400 : 180 =) 2, qui valent 90° de la circonférence de la terre. Ainsi, en raison du peu d'étendue de son attraction sur la surface de la terre, étendue qui est la moitié de celle de l'attraction solaire, la lune est le principal moteur des marées, et sa facilité à soulever les eaux de l'océan est deux fois plus grande que celle du soleil.

» Je conclus donc, de ce qui précède, que l'attraction de la lune sur la surface de la terre se fait par une étendue circulaire dont le diamètre est de 90° de la circonférence de la terre. La verticale qui joint les centres des deux globes est le lieu du *maximum* de l'attraction qui va en diminuant jusqu'aux 45mes degrés, valeur du rayon de la sphère d'attraction de la lune. Quoique l'influence attractive de la lune s'étende par un rayonnement qui ne dépasse pas 45° de la circonférence de la terre, les eaux, en dehors de cette sphère d'activité, ne tenteront pas moins à s'élever dans la direction du centre de la lune; car les particules des eaux qui constituent les mers, sont constamment unies entre elles par une adhérence qui ne peut permettre qu'une partie de leur masse soit sous l'impression d'un mouvement, sans que la masse entière n'obéisse à cette impression jusqu'à une distance fort prolongée.

» Ainsi, le phénomène des marées, quoique produit par une influence dont le rayonnement n'est que de 45° de la circonférence de la terre, doit encore se produire vigoureusement au-delà de cette limite; et ce ne peut guère être qu'à une distance de (45° + 28°, déclinaison la plus grande de la lune, =) 73 degrés de la verticale de la lune qu'il doit être le moins sensible. Comme, de cette verticale, l'influence attractive de la lune sur les eaux va en diminuant jusqu'à cette limite de 73° de la circonférence de la terre, la hauteur des marées est soumise à la déclinaison de la lune et à la latitude du point de la terre où elle est observée; elle doit donc être insensible au-delà des 73mes parallèles.

» En faisant toujours abstraction de l'action du soleil, la haute mer devrait avoir lieu au moment même du passage de la lune par le méridien. Cela arriverait si les eaux de l'océan ne se trouvaient pas toujours sous deux influences lunaires contraires, l'attraction et la répulsion produite par la résistance du milieu qui sépare la terre de la lune. La hauteur des marées est donc la différence de ces deux forces opposées d'effets sur les eaux. Nous avons vu, au sujet des mouvements des sphères dans leur orbite, que la force d'attraction et de répulsion se faisaient équilibre sur la surface des globes ; puisque l'excédant de la force répulsive sur l'attraction s'employait à lancer les globes dans leur orbite et à les faire tourner sur eux-mêmes.

» De cela, nous pourrions conclure que la lune attirant et repoussant tout à la fois les eaux de l'océan, le phénomène des marées ne proviendrait pas de cet astre.

» Nous aurions raison de conclure ainsi, si la terre n'avait pas un mouvement de rotation sur elle-même, et si la lune n'avait pas aussi un mouvement autour de la terre ; car alors, notre satellite restant toujours immobile et perpendiculaire sur le même point de la surface de la terre, il ne pourrait y avoir aucun mouvement, dans la disposition des eaux de l'océan, qui puisse faire présumer que ces eaux sont attirées et repoussées. Elles seraient toujours immobiles, quoiqu'étant réellement sous une grande et continuelle tension produite par l'influence lunaire.

» Rendons à la terre, ici supposée immobile, son mouvement de rotation sur elle-même, mouvement qui lui fait parcourir 466 mètres de sa circonférence en une seconde de temps ; il est certain que les eaux de l'océan ne restent pas une seconde de temps sous la même influence lunaire. Trois heures avant le passage de la lune au méridien, ces eaux commencent à s'élever vers le centre de cet astre ; et, luttant en même temps contre la répulsion atmosphérique produite de même par le satellite, une partie s'écoule à l'Occident vers le méridien inférieur pour y produire aussi une haute mer ; une autre partie, sollicitée par l'attraction, se dirige à l'Orient, vers le centre de la lune. Un phénomène semblable, mais dans lesquels la direction des eaux suit une orientation différente, se produit à l'Orient, vers le 90° de longitude du méridien d'observation.

— Trois heures avant le passage de la lune à ce méridien, il y aurait donc déjà haute mer à son 45° de longitude orientale?

— Cela serait vrai si la lune, outre son attraction sur les eaux de l'océan, n'avait pas aussi sur elles une puissante répulsion. Ce ne peut donc être que trois heures après son passage au méridien, c'est-à-dire lorsque le satellite arrive au 45° de longitude occidentale que les eaux, n'obéissant plus qu'à leur tension et au mouvement d'impulsion qu'elles viennent de recevoir par le passage de la lune sur elles, s'élèvent, en toute liberté, vers le centre de cet astre à la hauteur la plus grande qu'elles puissent atteindre. D'où il suit que la plus grande élévation des eaux ne doit pas arriver au moment du passage de la lune par le méridien, mais à peu près dans les octans, ou environ trois heures après ce passage.

» En retirant des conséquences semblables de la répulsion ou compression que produisent le soleil et la lune sur l'atmosphère de la terre contre la surface liquide de notre planète, vous aurez aussi l'explication du retard d'un jour et demi des plus hautes marées du mois, lesquelles, sans les répulsions combinées du soleil et de la lune, devraient arriver le jour même des pleines et nouvelles lunes.

» Cette longue dissertation sur les marées (fort inutile pour un marin comme vous), n'a pour but que de vous démontrer, par les influences lunaires, non-seulement une attraction qui n'est que relative et n'embrasse que le quart de notre globe, lorsque celle du soleil est absolue, mais aussi une vigoureuse répulsion de même relative et qui engendre une compression si vigoureuse de l'atmosphère de notre planète contre sa surface, que les eaux de l'océan en sont affectées comme par l'attraction de la lune.

» Je tenais de même à vous prouver que la pression atmosphérique produite par la lune, quoiqu'assez forte pour maîtriser sur un grand espace les eaux de l'océan mues par une puissante attraction, n'était pas encore assez considérable pour produire un dégagement de chaleur sensible dans notre atmosphère. Les propriétés de la lune, pour notre météorologie, sont donc fort différentes de celles du soleil.

» Toute l'influence planétaire de notre satellite est donc de faire descendre constamment des couches élevées de l'atmosphère, vers la surface de la terre, dans la proportion d'un quart de cette atmosphère. La météorologie peut-elle retirer quelques avantages de cet abaissement de couches élevées de l'atmosphère et de cette pression lunaire qui court autour de la terre avec une vitesse de 466 mètres par seconde de temps ?

» Les riches observations, retirées autant de l'æthrioscope que des voyages aériens de nos savants, nous démontrent qu'il existe dans les couches, mêmes moyennes de notre atmosphère, un froid excessif. La chaleur que le soleil engendre dans les régions basses de l'atmosphère par la ségrégation de l'oxygène et du calorique que sa pression produit, a bien la propriété de se mettre en équilibre dans tous les corps; mais les gaz atmosphériques sont pour elle de très-mauvais conducteurs; elle se concentre donc dans les régions basses de l'atmosphère, et s'y maintient avec toutes les exhalaisons que portent avec elles, en s'évaporant, les eaux qui sont si abondantes sur la surface de notre planète, depuis que celle-ci possède un satellite.

» Notre terre serait donc un séjour de peste continuelle, si la Providence ne lui avait pas donné en même temps qu'elle se couvrait des masses d'eau, causes de ces grandes évaporations pestilentielles, un astre dont la puissance puisse résoudre ces éléments de mort, aussitôt qu'ils s'accumulent par trop dans l'atmosphère de la terre. Cet astre est celui-là même qui engendra les mers : c'est notre satellite, dont la mission est de réparer continuellement le mal qu'il fit à la terre en venant s'unir à ses destinées.

» La lune, en faisant par son poids sur l'atmosphère de la terre descendre les couches élevées de cette atmosphère vers la surface de notre planète, force ces couches élevées et essentiellement frigorifiques à se mettre en contact avec les couches chaudes et basses, et à leur enlever une grande partie de leur chaleur. La lune, ainsi que tous les satellites des autres planètes, a donc, en météorologie, une influence essentiellement frigorifique, et qui est assez considérable pour entrer en considération dans les calculs de la température de la terre. Mais cette influence frigorifique ne peut exister sans être en même temps une cause puissante de formation de pluie.

» Le calorique atmosphérique ou chaleur, dès sa ségrégation du gaz oxygène par la pression solaire, tend à se mettre en équilibre avec toutes les substances de la surface de la terre, et n'abandonne à l'atmosphère que l'excédant dont l'état chimique de ces substances ne leur permet pas d'absorber, et que ces substances réfléchissent dans l'atmosphère. Mais la combinaison du calorique avec les liquides et l'eau principalement fait passer ces derniers à l'état de vapeurs, qui, vu leur force expansive et leur légèreté sous cette forme, s'étendent de toutes parts, et s'élèvent d'autant plus haut dans l'amosphère que les couches de celle-ci sont plus chaudes.

» Ces vapeurs cessent leur mouvement d'ascension dès qu'elles ont déplacé une masse d'air dont le poids fait équilibre au leur. Mais si ces vapeurs, ainsi arrêtées dans leur mouvement d'ascension, se trouvent encore dans un milieu atmosphérique trop chaud pour les condenser et les réduire en masse compacte ou nuage, elles continuent à nous être invisibles; ainsi que cela arrive dans les régions atmosphériques intertropicales, où l'atmosphère présente toujours un ciel des moins nuageux et des plus sereins du globe, quoique ces régions atmosphériques soient de toutes celles de la terre les plus saturées de vapeurs d'eau.

» Les régions intertropicales, loin d'être d'une végétation aussi puissante que celle que nous leur voyons, devraient être arides et brûlées par le soleil; car le bienfait des pluies rafraîchissantes et fécondantes leur serait inconnu. Il est loin d'en être ainsi. Quoiqu'étant de toutes les régions de la terre celles où la pluie dure le moins longtemps, elles sont celles aussi où il en tombe davantage. Chez elles, souvent il tombe autant de pluie dans un seul jour qu'il en tombe à des latitudes élevées pendant le cours de plusieurs mois et même d'une année entière ; et, pour les régions torrides, l'abondance des pluies est toujours proportionnée à la quantité de calorique dégagé de l'atmosphère par le soleil, et ainsi à la diminution de la distance de la verticale du soleil au point d'observation.

» Cette divine harmonie est cependant contraire à la théorie que nous ont donnée jusqu'ici les sciences ; car il est observé que, plus la surface d'une région est échauffée, plus la vapeur d'eau s'élève dans l'atmosphère, et moins s'opère sa condensation entière, c'est-à-dire sa réduction en pluie. Ainsi, dans les contrées sablonneuses, il ne pleut pas, parce que leur sable s'échauffe fortement, et réfléchit dans l'atmosphère presque toute sa chaleur acquise, laquelle met obstacle à la réduction des vapeurs d'eau qui peuvent s'y trouver. Comme sans pluie il ne peut y avoir maintenant sur notre globe de développement organique dans la végétation, les régions intertropicales seraient aussi arides et brûlées que les déserts sablonneux. Mais le génie du Créateur plaça, dans sa divine prévoyance, directement au-dessus de ces régions un astre, la lune, à qui il imposa la fonction éternelle de rafraîchir ces contrées, qui, de steppes qu'elles seraient devenues sans le satellite, sont maintenant les plus riches du globe.

» L'atmosphère des régions où la déclinaison du soleil égale leur latitude, est toujours saturée de vapeurs d'eau ; car le soleil est, pour ces régions, dans toute sa puissance calorifique. La lune, à l'horizon oriental, s'avance vers le méridien ; par son influence compressive et relative sur l'atmosphère de la terre, elle ne tarde pas à pousser, des hauteurs de l'atmosphère vers la surface de notre planète, des couches atmosphériques excessivement froides et pures et à les mettre brusquement en contact avec les couches chaudes et chargées de vapeurs d'eau des régions basses de l'atmosphère.

» Que doit-il résulter de ce contact brusque d'un milieu saturé de vapeurs d'eau et d'un autre milieu essentiellement froid et pur, contact dont la rapidité du mouvement est mesurée par la vitesse de la rotation de la terre? Les couches froides enlèvent brusquement aux vapeurs d'eau leur calorique, principe de leur fluidité, et ramènent d'autant plus vite ces vapeurs d'eau à leur liquidité, que la température des deux milieux atmosphériques mis instantanément en contact par le satellite, est plus dissemblable. Sous de certaines latitudes, ces vapeurs d'eau passent quelquefois très-brusquement à l'état solide ou grêle, et dont la chute sur la terre est d'autant plus impétueuse, que le poids de cette nouvelle combinaison de l'eau devient plus considérable.

» C'est surtout sous la zône torride que la réduction des vapeurs d'eau par le satellite doit-être la plus marquée, car là, l'action du satellite y est toujours directe; aussi la pluie paraît-elle instantanée, et dans le court espace qu'elle dure, elle est si abondante, que presque toujours elle est torrentielle. Grâce à cette quantité énorme d'eau qui tombe sous les tropiques, ces régions se désaltèrent à longs traits, et produisent la vie et une fécondité luxuriante à la végétation, qui se carboniserait sous l'action brûlante du soleil.

— Effectivement, j'ai fort souvent remarqué, sous les régions intertropicales, que la chute des eaux se faisait principalement lorsque la lune s'élevait au-dessus de l'horison, et que l'abondance de la pluie était la plus grande lorsque la hauteur du satellite approchait de 45 degrés.

— Cette influence pluviale ou frigorifique des satellites se soumet à toutes les exigences de l'analyse physique et chimique. La capacité de l'atmosphère est 1 pour les vapeurs aqueuses, et elle ne saurait en contenir plus qu'elle ne le peut; mais cette capacité est loin d'être immuable. Elle peut être tantôt fort grande et tantôt fort petite; elle est enfin soumise aux degrés de raréfaction de l'air qui, en augmentant son volume, augmente proportionnellement sa disposition à contenir plus de vapeurs d'eau. Ainsi, dans les contrées et aux époques chaudes, l'air peut se charger d'autant plus de vapeurs aqueuses qu'il est plus chaud, c'est-à-dire que sa raréfaction est plus grande. Dans les saisons froides il en contient fort peu ; car, étant fort peu raréfié, sa capacité pour les vapeurs est fort petite. Aussi cette saison est-elle la plus pluvieuse.

» Deux causes seules peuvent diminuer la raréfaction de l'air, et diminuer alors sa capacité, c'est-à-dire sa disposition à contenir des vapeurs aqueuses et à l'engager ainsi à les réduire en pluie : la première, est la pression des couches d'air ; la seconde, le contact brusque et forcé de couches froides des régions hautes de l'atmosphère avec les couches chaudes et raréfiées des régions basses, lesquelles contiennent seules des vapeurs d'eau. La lune possède donc, à un très-puissant degré, ces deux propriétés de condenser les vapeurs d'eau que contient l'atmosphère ; et, sans aucun doute, que la résolution de ces vapeurs en pluie vient en grande partie de notre satellite.

—De ces investigations, je dois donc retirer, 1° que l'influence météorologique de la lune est tout-à-fait l'opposé de celle du soleil ; 2° et que l'action de ce dernier est de produire chaleur et évaporation des eaux, lorsque celle de la lune est frigorifique et condense ces vapeurs, c'est-à-dire les ramène à leur premier état de liquidité.

— Remarquez aussi que les effets si contraires de ces deux astres ne sont cependant que le résultat d'un même mode d'action : de la pression de l'atmosphère de la terre par le poids des deux globes attracteurs. La seule différence qui existe entre les influences de ces astres, est dans le plus ou moins de pression et d'étendue d'atmosphère comprimée. Dans la simplicité de ces moteurs même, la nature ne cesse jamais d'être sublimement riche et variée dans ses faits.

— Je crois que vous jugerez prudent de vous arrêter à cet aperçu d'influence météorologique de notre satellite, et que vous ne pousserez pas la hardiesse à chercher à prédire le temps ; car un de vos compatriotes, qui, à juste titre, peut-être regardé comme le prince de la science, monsieur Arago vient de faire, de la tribune populaire qu'il s'est créée dans l'*Annuaire du Bureau des longitudes*, cette déclaration explicite : « *Que la prédiction du temps ne sera jamais une branche de l'astronomie proprement dite ; que* JAMAIS *, quelque puissent être les progrès des sciences, les savants de bonne foi et soucieux de leur réputation ne se hasarderont à prédire le temps.* »

— Comme homme privé, je suis désolé de ne pouvoir tomber d'accord sur ce point avec l'illustre membre de l'Académie française, et dont les travaux, en popularisant la science, firent plus de bien à l'humanité que cette foule de savants mystérieux, enveloppant leur savoir dans le grimoire de l'algèbre et de signes symboliques. Homme du peuple, je ne puis avoir que de la vénération pour le noble citoyen, dont tous les efforts de sa vie tendirent à initier le peuple dans les mystères de l'œuvre de Dieu, connaissance qui peut seule réhabiliter l'humanité devant la nature.

» Mais, comme homme cherchant la vérité où je crois la trouver, je ne puis m'arrêter au milieu de la carrière, parce que, avant moi, un savant, recommandable autant par ses opinions d'une glorieuse politique que par sa science, s'est trouvé sous l'impression du déplaisir de se voir journellement imposer le rôle ridicule de Nostradamus et de Mathieu Laensberg.

» L'illustre académicien aurait dû mépriser ces plaisanteries calomnieuses lancées contre lui par des envieux qui, ne pouvant que ramper aux pieds du savant, voudraient le tuer par le ridicule. Monsieur Arago s'est donc malheureusement montré plus homme que philosophe, lorsqu'il se laissa pousser, par ces calomnies scientifiques, au paroxysme du dépit, qui lui fit oublier un instant qu'il n'y a pas de limites au génie humain.

» Sans aucun doute, la météorologie est soumise à une infinité de causes accidentelles et locales qui nuisent à la découverte des lois fondamentales qui la régissent ; mais ces lois n'en existent pas moins. Or, ce sont-elles qu'il faut chercher ; et une fois leur puissance trouvée, il nous sera facile de nous rendre compte des effets locaux et perturbateurs.

» Monsieur Arago peut-il ignorer que les différentes positions de la lune à l'égard d'un lieu pris comme point d'observation, ont une influence particulière sur la marche du baromètre aussi marquée que celle produite par les positions du soleil? Ignore-t-il aussi que chaque période de neuf ans fournit la même quantité d'eau de pluie? car longtemps avant lui, et encore de nos jours, les météorologistes nous ont démontré et nous démontrent une cause immuable qui, dans cette période de neuf ans, fait tomber de l'atmosphère une même quantité d'eau.

» Voilà donc une preuve d'une loi fondamentale en météorologie, d'une loi immuable et en dehors de toutes causes secondaires et locales; car elle est constante comme le sont les mouvements planétaires. Où donc trouver cette cause si ce n'est dans un de ces mouvements? De tous les globes planétaires, la lune a seule une révolution de 9 ans; c'est le mouvement progressif de son apogée selon l'ordre des signes, mouvement qui est de plus de 3° par mois, en sorte qu'il n'achève les 360° de sa révolution autour de la terre qu'au bout de neuf ans environ.

» D'après l'influence frigorifique et pluvieuse que j'attribue à la lune, il est évident que plus cet astre est proche de la terre, plus il pèse sur son atmosphère; son influence météorologique augmente alors comme le carré de la distance de la lune diminue. Ainsi, le mouvement progressif de l'apogée portant le périgée de la lune successivement sur toutes le régions de la circonférence de la terre, il résulte que tant que le périgée se fait directement sur une contrée de la terre, cette contrée reçoit de l'influence frigorifique et pluvieuse de la lune plus que les autres régions du globe. Ce sera aussi pour cette contrée l'époque où il tombera le plus de pluie pendant une période de 9 ans, en ayant égard, toutefois, à la saison et à la position astronomique du soleil avec la lune et avec la latitude du lieu d'observation.

» Par la même raison, l'époque où il doit tomber le moins de pluie, pendant une période de 9 ans, pour une contrée quelconque, sera l'époque à laquelle se fait directement, pour cette contrée, l'apogée de la lune. Au bout de 9 ans, la révolution de l'apogée de la lune autour de la terre étant achevée, une nouvelle recommence aussitôt, et pendant laquelle la quantité de pluie tombée sera semblable à celle tombée pendant la période qui vient de s'écouler; car les phénomènes météorologiques de la première se reproduisent à la seconde.

» Les météorologistes ont observé aussi que tous les 19 ans se reproduisait assez régulièrement, pour une contrée, la même température. Ne pouvons-nous pas encore attribuer cette loi météorologique à l'influence de la lune sur la terre; car notre satellite possède effectivement un mouvement périodique de 19 ans dans la rétrogradation de ses nœuds?

» Vous savez que l'orbite de la lune est inclinée sur l'écliptique d'environ 5°; elle coupe donc ce cercle en deux points opposés qu'on appelle nœuds. Si la lune n'était attirée que par la terre, ses nœuds seraient deux points fixes et permanents; mais le soleil, par son attraction sur le satellite, l'oblige à couper l'écliptique plutôt qu'il ne ferait sans cela. La lune, ayant un mouvement périodique d'Occident en Orient, ne peut pas couper l'écliptique plutôt qu'elle ne le ferait, sans que ce point d'intercession devienne chaque mois plus occidental. C'est ce phénomène qui donne aux nœuds de l'orbite lunaire un mouvement périodique contre l'ordre des signes, d'Orient en Occident. Ce mouvement rétrograde des nœuds est d'environ 19 ans ou plus exactement de 18 ans 228 jours, et c'est cette période qu'on appelle *Cycle lunaire* ou *Nombre d'Or*.

» Il résulte de ce mouvement des nœuds de la lune que, pendant tout le cours d'une période de 19 ans, les nouvelles et pleines lunes ne peuvent pas tomber aux mêmes jours de l'année solaire auxquels elles arrivaient auparavant. Certes, si notre satellite a une influence frigorifique sur l'atmosphère de la terre, ce doit être principalement aux nouvelles et pleines lunes. A l'époque de la nouvelle lune, le satellite, passant conjointement avec le soleil sur tous les méridiens de la terre, par son influence frigorifique, diminue, aussitôt qu'elle se produit, la chaleur que le soleil dégage de l'atmosphère; il la diminue d'autant plus pour une latitude quelconque, qu'il est à son périgée et que sa distance à cette latitude est la plus petite, lorsque la distance du soleil à cette même latitude est la plus grande.

» A l'époque de la pleine lune, le satellite s'empare de l'hémisphère de la terre que le soleil vient de quitter ; il règne sur lui en souverain. Aussi, si l'atmosphère de cet hémisphère est saturée de vapeurs d'eau, il est certain qu'il les réduira d'autant plus vite à l'état de pluie, pour une latitude quelconque, qu'il est périgée et que sa distance à cette latitude est la plus petite.

» Si les nouvelles et pleines lunes tombaient toujours aux mêmes jours de l'année, la température d'un lieu de la terre pris pour un point d'observation recevrait des influences planétaires des vicissitudes toujours semblables : la température d'une année, comparée à l'année qui l'aurait précédée ou à celle qui l'aurait suivie, n'offrirait pas de dissemblances notables. C'est donc aussi bien au mouvement rétrograde des nœuds de la lune, dont la période est de 19 ans, qu'au mouvement progressif de l'apogée du même astre et dont la période est de 9 ans, qu'il faut demander raison de ces vicissitudes, jusqu'ici insaisissables, de pluie et de beau temps que nous offrent les observations météorologiques.

— Dans tout ce que vous me dites-là, il y a sans doute quelque chose de spécieux, de séduisant même. Mais, croyez-moi, quand un savant comme monsieur Arago s'est prononcé sur l'impossibilité astronomique de trouver des lois à la météorologie, c'est qu'il n'y a réellement rien à faire là-dedans pour l'astronomie.

— Lalande, illustre et non moins laborieux astronome, peut, en fait de science astronomique, être mis, je pense, en parallèle avec monsieur Arago. Or, sa croyance de prédilection touchant les influences météorologiques du satellite était fort différente de celle que son successeur nous montre dans sa boutade de l'*Annuaire de* 1846. Loin de croire que la lune n'a aucune influence météorologique, Lalande va jusqu'à prétendre qu'elle a de grandes propriétés sur l'hygiène, et qu'elle est même la cause de crises périodiques chez certains malades. Dans son *Astronomie*, ne va-t-il pas jusqu'à recommander particulièrement aux médecins d'inscrire les heures du retour de ces crises pour les confronter avec les mouvements de la lune ? D'ailleurs, voici ce que dit, dans la préface de son livre, ce consciencieux astronome au sujet des influences météorologiques sur le corps humain :

» La météorologie, c'est-à-dire la connaissance des chan-
» gements de l'air, des vents, des pluies, des sécheresses, des
» mouvements du thermomètre et du baromètre, a certaine-
» ment un rapport essentiel et bien immédiat avec la santé
» du corps humain. Il est très-probable que l'astronomie y
» serait d'une utilité sensible, si l'on était parvenu, à force
» d'observations, à trouver les influences physiques du soleil
» et de la lune sur l'atmosphère, et les révolutions qui en
» résultent.

» Hippocrate conseille l'observation des levers et des cou-
» chers des astres. Galion avertit les malades de ne pas se
» mettre entre les mains des médecins qui ne connaissent
» point le cours des astres, parce que les médicaments don-
» nés hors des temps convenables, sont inutiles ou nuisibles.
» Je ne doute pas, continue Lalande, qu'il ne voulût parler
» des principes de l'astrologie judiciaire, et des influences
» qu'on imaginait alors d'après une ignorante superstition ;
» mais en réduisant tout à sa juste valeur, il paraît que les
» attractions qui soulèvent deux fois le jour les eaux de
» l'océan, peuvent bien influer sur l'état de l'atmosphère.

» On peut consulter à ce sujet M. Hoffman et M. Mead,
» qui en ont parlé assez au long, et le mot CRISE dans *l'En-
» cyclopédie*. Je voudrais que les médecins consultassent au
» moins l'expérience à cet égard, et qu'ils examinassent si
» les crises et les paroxysmes des maladies n'ont pas quelque
» correspondance avec les situations de la lune, par rapport
» à l'équateur, aux syzigies et aux apsides ; plusieurs mé-
» decins habiles m'en ont paru persuadés. »

» Si, selon l'opinion de monsieur Arago, cette croyance aux influences lunaires est un ridicule de Lalande, ce savant a au moins le privilège de le partager avec les plus illustres célébrités scientifiques de l'antiquité comme des temps modernes. Qui se trouve ici en défaut? Est-ce les autorités scientifiques de tous les âges et que représentent l'opinion de Lalande et les croyances populaires, ou bien est-ce monsieur Arago? Ce dernier n'oserait pas lui-même se prononcer pour lui. Qu'il avoue donc qu'il a eu un moment d'erreur en osant blasphémer contre la puissance du génie de l'homme.

» Cependant, il est de toute justice de dire aussi que monsieur Arago n'a pas eu tout-à-fait tort; car, d'après la théorie de Newton et de Laplace, que notre académicien et ses confrères ont adoptée comme l'*ultima* de la science astronomique, il est réellement impossible de trouver la moindre influence météorologique dans les mouvements de la lune. Il fallait rien moins que battre en brèche cette théorie incomplète et en édifier une nouvelle, pour retrouver à la lune les pouvoirs que lui imposa le Créateur.

» En considérant la science astronomique que dans la théorie newtonienne, monsieur Arago aurait eu raison de dire que *jamais* il serait permis à l'homme de trouver, par l'astronomie actuelle, les lois météorologiques; mais il a eu tort de prétendre que, *quels que puissent être les progrès des sciences,* la météorologie sera toujours un dédale éternel.

» Monsieur Arago est un savant : personne n'en doute; mais je crois, et lui-même croit aussi, qu'il n'est pas encore arrivé aux limites extrêmes des connaissances auxquelles l'homme peut atteindre. Il doit être bien certain que, si dans un siècle Dieu lui permettait de revenir à la vie avec toutes les connaissances de ce jour, il serait forcé d'aller à l'école pour se mettre au niveau des découvertes réservées au siècle futur. Il n'y a rien de stationnaire pour l'intelligence humaine; tout en elle marche vers une progression incessante, et ce qui aujourd'hui est regardé comme une vérité ou comme une utopie, demain sera peut-être une illusion déçue ou une vérité réalisée.

» Que penserait donc de lui-même notre trop incrédule académicien de 1849, s'il pouvait voir le jour où l'homme dira : « J'ai été trouver l'aigle dans les hauteurs de l'atmosphère : je lui ai proposé le défi dans la rapidité de son vol; et je l'ai vaincu. Mes mains tiennent la foudre et la clef des cataractes du ciel. A mon gré, je peux faire tomber sur la contrée de mon choix des torrents de pluie incessante; ou, si cela me convient, je lancerais sur elle les feux du ciel qui réduiront en cendres jusqu'à ses pierres. La matière m'obéit; les éléments sont mes esclaves.

» Eh bien ! ces terribles et si puissantes destinées qui attendent l'homme et que maintenant on traite d'utopies, je les prévois : elles sont en embryons dans le sein de la science moderne, et ma main sent déjà les pulsations qui attestent de leur prochaine naissance. Encore quelques années d'incubation intellectuelle, et elles apparaîtront au monde pour armer l'homme de la puissance suprême à laquelle Dieu l'appelle depuis si longtemps.

» Vouloir limiter la marche du génie humain est aussi ridicule que vouloir arrêter les fleuves dans leurs cours vers l'océan. L'amour-propre froissé fit un instant oublier à monsieur Arago qu'avant tout le savant doit-être philosophe, et qu'il ne faut pas croire qu'une chose est impossible, parce que nous ne prévoyons pas encore comment elle peut se faire.

» Sans avoir, pas plus que nos académiciens, la prétention de vouloir partager, avec Nostradamus et Mathieu Lacusberg, *la gloire* d'une réputation de devin, j'irai cependant, à l'aide de ma théorie, à la recherche des lois secrètes de la météorologie, dans le but d'acquérir la puissance de prévoir, pour une latitude quelconque, les années sèches ou pluvieuses.

» J'ai le courage de cet aveu, quoique sachant bien qu'il m'attirera les diatribes de la nullité pédantesque. Mais l'homme qui s'est imposé pour devoir le travail au bien-être des masses, ne recule pas devant les fadaises des niais, lorsqu'il croit pouvoir rendre à l'agriculture, nourricière des peuples, les bienfaits de la prévision météorologique.

— Puisque l'influence météorologique de la lune est soumise aux mouvements de cet astre, mouvements qui sont tous si variables et si inégaux par eux-mêmes, la météorologie, certes, n'est pas une science facile, et elle ne peut-être que du domaine exclusif de l'astronome de profession.

— Si la lune restait toujours à l'équateur et à la même distance de la terre, ses forces et son influence météorologiques qui en résultent, seraient peu variables sur une latitude donnée ; elles diminueraient insensiblement de l'équateur jusqu'aux 50mes parallèles environ, points où son influence météorologique directe est à son *minimum*. Ainsi, l'influence météorologique de notre satellite sur la terre serait très-peu variable pour une latitude donnée.

» Comme vous venez de le dire, la météorologie est une science du domaine exclusif de l'astronomie ; car elle est si intimement liée aux aspects lunaires, qu'il n'y en a pas un seul qui ne vienne point y apporter son influence. Aussi doit-elle être la partie astronomique la plus complexe et la plus laborieuse. Si vous joignez à ceci, que les astronomes ont ignoré jusqu'alors quelle pouvait être l'influence de la lune sur la météorologie de notre planète, vous conviendrez que des observations séculaires et continuées scrupuleusement d'instant en instant, puis comparées aux mouvements si variables de la lune par les calculs les plus épineux de l'astronomie, auraient peut-être pu, par l'ancienne théorie, dévoiler l'influence frigorifique de notre satellite.

» Mais, à vrai dire, ce travail était impossible ; il l'était d'autant plus, qu'il ne pouvait toujours rouler que sur l'inconnu. C'est dans ce sens que monsieur Arago a voulu, sans doute, nous dire que la météorologie ne serait *jamais* une branche de l'astronomie. Par cette prétention si hasardée, le savant astronome s'est exposé au désagrément de cette réponse : puisque votre science astronomique est impuissante à trouver des effets astronomiques journaliers, c'est qu'elle n'est pas encore la science vraie.

» Effectivement, il était impossible de trouver jusqu'ici, par l'ancienne théorie astronomique, un lien qui rattachât la météorologie à l'astronomie. Il ne fallait rien moins qu'une théorie nouvelle, ou, ce qui est plus exact, il fallait donner à la théorie newtonienne tout son complément, pour trouver enfin l'influence météorologique de la lune. Cette influence une fois connue, il nous reste plus qu'à lui appliquer les calculs astronomiques. Ces calculs n'en restent pas moins fort laborieux ; mais maintenant ils ne sont plus impossibles.

» Si le mouvement rétrograde des nœuds et le mouvement progressif du périgée de notre satellite ramènent des périodes météorologiques de 19 ans par le premier mouvement, et de 9 ans par le second, que doivent être pour la météorologie de notre globe les aspects journaliers de son satellite ? Dans les calculs météorologiques, rentrent donc tout à la fois, non-seulement les deux mouvements lunaires précités, mais principalement la déclinaison, l'ascension droite, c'est-à-dire la longitude et la latitude de la lune, aussi bien que la distance de cet astre au soleil et au zénith du point de la terre pris pour lieu d'observation. Puis, après ce long travail, il faut, pour obtenir le résultat météorologique demandé, prendre la différence des effets frigorifiques calculés de la lune et des effets calorifiques calculés du soleil.

» Ainsi, les éléments des calculs astronomiques, concourrant tous aux solutions météorologiques, en font, sans doute, la tâche la plus difficile, la plus laborieuse qu'aura jamais entreprise un astronome ; mais elle n'est pas impossible. Il y a un si grand intérêt humanitaire au fond de ce labeur, que je ne doute pas qu'un grand nombre de nos astronomes l'entreprenne. Je ne puis ici que vous donner quelques notions qui, je crois, vous aideront, si un jour vous vouliez vous-même essayer quelques-unes de ces solutions météorologiques.

» Durant la période de 9 ans du mouvement progressif de son apogée, la lune, portant chaque jour l'influence météorologique de son périgée sur des contrées différentes de la surface de la terre, occasionne, à chacune de ces contrées, une variation périodique de température, dont le retour demande 9 ans, en ayant toutefois égard à la différence des mois de l'année où ces périgées ont eu lieu ; car ce déplacement de la ligne des apsides ne se fait pas dans une période exacte de 9 ans, mais bien de 8 ans 309 jours 8 heures 20'. Si le périgée tombe, par exemple, le 1er mai de cette année sur le méridien de Paris à midi, dans 8 ans 309 jours 8 heures, qu'il lui faut pour accomplir sa révolution autour de la terre, il se trouvera sur le méridien de Paris que le 6 mars, à 4 heures du matin. Or, vous concevez que la température du mois de mai, à midi, étant, en raison de l'action solaire, fort dissemblable à celle de mars, à 4 heures du matin, il faut avoir égard à cette différence de l'influence solaire, dans le calcul des effets de l'influence frigorifique de la lune périgée sur toutes les latitudes que coupent les méridiens inférieur et supérieur de Paris.

» Je dis que la lune périgée doit apporter, sur les régions sur lesquelles elle agit, un excès d'influence frigorifique ; car sa pesanteur sur l'atmosphère terrestre est proportionnée au carré de la diminution de sa distance à notre planète. Or, la distance de la lune à la terre, déduite des observations de ses parallaxes, varie depuis 64,74 jusqu'à 55,72 demi-diamètres de l'équateur terrestre ; ce qui porte à 9,2 de ces demi-diamètres le rapprochement de la lune périgée à ce qu'elle est à son apogée. L'excès de l'influence frigorifique de la lune périgée sur la lune apogée, résultant de ce grand rapprochement de cet astre à la terre, est trop considérable, (car il est près du quart de l'influence frigorifique totale de la lune), pour qu'on n'y ait pas égard dans les calculs météorologiques. Ainsi, la lune périgée est, pour chacune des contrées sur lesquelles elle agit, un surcroît de froid et de condensation de vapeurs d'eau, c'est-à-dire une cause de pluie.

» L'action du soleil modifie aussi la force centrale ou pesanteur de la lune sur la terre ; elle diminue cette pesanteur dans les syzigies et l'augmente dans les quadratures, et cela de telle sorte que, dans les syzigies, la diminution de la pesanteur de la lune est double de son augmentation dans les quadratures. Il n'y a que quatre points, dans l'orbite de la lune, où sa pesanteur sur la terre n'est point altérée par l'action du soleil. Ces points sont à la distance de 54° 44' de part et d'autre des syzigies, ou à 35° 16' des quadratures.

» Ainsi, la pesanteur de la lune étant beaucoup plus considérable aux quadratures qu'aux syzigies, il résulte que cet excès de pesanteur doit apporter à la lune en quadrature un excès d'influence frigorifique sur la lune en syzigie, qui ne manquera pas, si l'hygromètre démontre, dans l'atmosphère une saturation de vapeurs d'eau, à faire résoudre en pluie ces vapeurs à l'époque où la lune, s'avançant vers une quadrature, passe au méridien. La lune possède, dans ses mouvements, encore bien d'autres inégalités, dont il faut aussi tenir compte dans les calculs météorologiques.

» La cause qui produit le mouvement de l'apogée, fait aussi varier l'excentricité de l'orbite lunaire. Cette excentricité est augmentée dans les syzigies et diminuée dans les quadratures, mais la diminution est toujours moindre que l'augmentation. Cette variation de l'excentricité de l'orbite lunaire doit être prise en considération dans les calculs météorologiques.

» L'orbite de la lune est plus courbe et plus allongée vers les quadratures, plus plate et plus rétrécie dans les syzigies. En effet, la courbure de l'orbite est d'autant plus grande que la pesanteur agit plus longtemps et avec plus de force ; or, dans les quadratures, la pesanteur de la lune est plus grande que dans les syzigies où, loin d'être augmentée, elle est diminuée. Donc, l'inflexion de l'orbite lunaire est plus grande aux quadratures qu'aux syzigies.

» Il suit de ces principes que, lorsque la ligne des apsides, qui a un mouvement progressif selon l'ordre des signes, se trouve aux quadratures, la distance apogée de la lune est la plus grande possible, et qu'il en est de même de sa distance périgée ; au lieu que, la ligne des apsides concourrant avec celles des syzigies, la distance périgée est la plus petite possible, et la distance apogée la moindre de toutes les distances apogées, quoiqu'elle puisse être encore plus grande que la distance de la lune aux quadratures. Dans les calculs météorologiques, il est d'une assez haute importance d'avoir égard à ces variations entre les distances des périgées de la lune.

» De ces perturbations dans les mouvements du satellite, il résulte encore que la lune est plus éloignée de nous en hiver qu'en été, et que ses mois d'hiver sont plus longs que ses mois d'été; parce que l'excès de diminution de la pesanteur dans les syzigies sur son augmentation dans les quadratures est plus grand, quand la terre, pendant l'hiver, est plus près du soleil que quand elle en est plus éloignée; car, plus la terre approche du soleil, plus le rayon de l'orbite lunaire, lors des conjonctions, est comparable au rayon de l'orbite terrestre. Les carrés des temps des révolutions périodiques, étant comme les cubes des distances, sont, par conséquent, plus longs lorsque les distances sont plus grandes, et plus courts lorsque les distances sont moindres. Donc, la lune étant plus éloignée de nous pendant l'hiver que pendant l'été, ses révolutions périodiques sont plus longues dans la première saison que dans la seconde, et doivent influencer en conséquence les phénomènes météorologiques.

» Dans tout ce qui précède, j'ai supposé que l'orbite de la lune était parallèle à l'équateur de la terre. Mais il est loin d'en être ainsi; car elle est inclinée à l'écliptique de 5° 8′ 49″. La lune s'éloigne ainsi beaucoup de l'équateur de la terre, puisqu'elle peut avoir une déclinaison de 28° 3|4. Mais, à cause du mouvement de ses nœuds, il arrive aussi que, dans certaines lunaisons, la lune s'éloigne plus ou moins de l'équateur; ce qui rend ses influences météorologiques si variables pour les latitudes moyennes.

» En effet, quand le nœud ascendant est dans le Bélier; le plus grand éloignement de la lune, par rapport à l'équateur, va bien jusqu'à 28° 3|4; mais quand le nœud ascendant est dans la Balance, *neuf ans après*, la lune ne s'éloigne jamais de l'équateur que de 18° 1|4 à chaque révolution; alors son influence météorologique, pour une latitude moyenne prise pour lieu d'observation, est, dans le cours de ces lunaisons, beaucoup moindre de ce qu'elle était neuf ans avant, puisqu'elle dépend du sinus de la déclinaison de la lune.

» On conçoit aisément que l'influence frigorifique de la lune, pour une latitude donnée, doit croître comme diminue sa distance à cette latitude, c'est-à-dire comme augmente la déclinaison nord ou sud du satellite, si la latitude est nord ou sud. Cette influence frigorifique est aussi proportionnée à la distance de la lune au méridien du lieu d'observation. Je ne veux pas dire pour cela qu'il doit (dans le cas où l'atmosphère serait chargée de vapeurs d'eau), pleuvoir au moment du passage de la lune par le méridien.

» Je suis fortement porté à croire que la pluie doit généralement commencer quelques instants après le lever de la lune, et être très-abondante vers trois heures avant son passage au méridien. Il peut alors fort bien arriver, et très-souvent même, que la lune ait déjà purgé l'atmosphère de ses vapeurs d'eau ou qu'elle les ait repoussées au loin, lorsque cet astre passe au méridien. D'ailleurs, je remarque très-souvent que c'est vers trois heures avant le passage de la lune au méridien que le vent a plus d'intensité et qu'arrivent même certaines bourrasques qui nous déplaisent tant à nous marins; mais pour que ce vent soit bien sensible, il est besoin que la lune soit, à trois heures du méridien, fort peu élevée au-dessus de l'horizon.

— Dans tout ce que vous venez de me dire, je tire ces conclusions : 1° que, dans une lunaison, les quadratures sont les époques de la plus grande influence frigorifique de la lune, et ainsi celles où il y a plus de chance de pluie et de vent; 2° que cette influence frigorifique est en rapport du carré de la diminution de la distance de la lune périgée, et que les époques où les périgées de la lune sont les plus petits, sont celles où il pleut de préférence; 3° que, cette influence frigorifique étant en rapport à la diminution de la distance de la lune au lieu d'observation, la lune a d'autant plus de puissance frigorifique et pluvieuse que sa distance au zénith de ce lieu diminue.

» Si la lune est tout à la fois en quadrature, à son plus petit périgée et à sa plus petite distance d'une latitude, cette latitude, en ayant toutefois égard à l'action calorifique du soleil, sera sous la plus grande influence frigorifique qu'elle peut recevoir de la lune; et, pour peu que son atmosphère reçoive du soleil des vapeurs ou que les courants aériens lui en apportent, cette région sera à une époque froide et pluvieuse.

— Vous m'avez parfaitement compris.

— Je vois que les problèmes que votre théorie astronomique impose à la météorologie, sont, sans doute, fort difficultueux, vu qu'il faut faire coincider de nombreux effets pour obtenir un résultat; mais ils ne sont pas insolubles. C'est une mine de labeurs incessants que vous apportez à nos astronomes. Si un jour ces messieurs se trouvent forcés d'appliquer votre théorie, ils ne resteront guère oisifs; et plus d'un, je pense, vous enverra à tous les diables !

— Il me reste encore à traiter d'un mouvement de la lune, lequel est trop important en météorologie pour que je le passe sous silence. Si chaque lunaison correspondait exactement aux mêmes jours des mois de l'année solaire, les calculs météorologiques en acquerraient de grands avantages dans leur facilité et leur exactitude. Mais il n'en est pas ainsi. L'orbite de la lune, étant inclinée sur l'écliptique de 5° 8′, coupe ce cercle en deux points opposés qu'on appelle nœuds. Nous avons vu que ces nœuds ont un mouvement rétrograde qui achève sa révolution en une période de 19 ans ou 235 lunaisons. Cette période de 19 ans contenant toutes les variétés qui peuvent arriver, dans cet intervalle, aux nouvelles et pleines lunes, il arrive qu'au bout de ces 19 ans les nouvelles lunes tombent aux mêmes jours de l'année civile auxquels elles arrivaient 19 ans auparavant.

» Ainsi, tous les 19 ans, les quadratures (qui sont une cause frigorifique) arrivent aux mêmes jours des mêmes mois et presque à la même heure de ces jours où elles correspondaient 19 ans auparavant. Il devrait donc résulter, de cette cause, un retour périodique de même température pour toutes les dix-neuvièmes années solaires; car, pour chaque contrée, la lune est tous les 19 ans en quadrature le même jour et à la même heure. Cependant, afin que cette température soit exactement la même, pour une contrée, tous les dix-neuvièmes années solaires, il faudrait aussi que le périgée et la déclinaison de la lune correspondent avec ces quadratures toutes les dix-neuvièmes années. Ce n'est donc qu'à cette coincidence de toutes ces positions astronomiques du satellite, que la température d'une année, comparée à celle d'une autre, puisse être identique avec cette dernière. Cette rencontre est fort rare, mais elle a lieu.

» Supposons que ce soit cette année que se fassent à Paris, au même jour de l'année, le périgée, la quadrature et la plus grande déclinaison boréale de la lune. Comme la révolution des nœuds demande 6798 jours pour s'accomplir et que celle du périgée ne demande que 3229 jours, deux révolutions du périgée valent (3229 × 2 =) 6458 jours. Une révolution des nœuds est donc de (6798 — 6458 =) 340 jours plus longue que deux révolutions du périgée. Ainsi, ce ne sera pas tous les 19 ans que le périgée se retrouvera coincider à la même position de la lune à l'égard du soleil et à laquelle il correspond cette année; car il l'aura dépassé de 340 jours. Mais ce chiffre 340 étant contenu 20 fois par 6798 jours, révolution des nœuds de la lune, il faudra donc 20 de ces révolutions des nœuds de la lune ou (6798 : 365 =) 375 ans, pour que le périgée coincide, comme il l'est supposé pour cette année, avec la même position de la lune à l'égard du soleil, et pour qu'il arrive aux mêmes jours de l'année.

» Ainsi, tous les 375 ans, le périgée coincidant aux mêmes quadratures et ainsi aux mêmes mois et aux mêmes jours de l'année, la température de cette année doit-être semblable à celle qui existait 375 ans auparavant. La rencontre de ces positions astronomiques est, en météorologie, la plus mauvaise qu'il soit possible, surtout aux époques de l'année où la déclinaison de la lune fait la distance au zénith très-petite. En effet, cette année et ces époques doivent être très-froides et extraordinairement pluvieuses pour les moyennes latitudes. Aussi il nous reste à remercier la Providence de ce que cette année de stérilité ne se présente que tous les 375 ans.

» Telle est, selon mon opinion, la somme brute des influences météorologiques qu'on peut retirer des positions astronomiques de la lune, en appliquant ma théorie aux solutions des problèmes donnés par l'astronomie. Je laisse les détails aux astronomes de détails.

— Ainsi, connaissant pour un jour donné la distance de la lune à la terre, sa déclinaison et sa distance du soleil, on peut, en s'assurant par l'hygromètre de la quantité de vapeurs d'eau contenues dans l'atmosphère, prévoir pour un jour et même pour plusieurs à l'avance le temps du jour demandé.

— En faisant entrer, dans les calculs, l'influence calorifique du soleil (influence dont l'intensité est donnée par la distance de cet astre au zénith du lieu d'observation), je crois qu'il ne serait pas impossible d'obtenir une approximation satisfaisante de la future température de chaque mois de l'année. Des observations continues, faites pendant quelques années sur une latitude donnée, peuvent seules fournir l'affirmative absolue. Ma profession de marin, en faisant de moi un cosmopolite, me refuse de mettre moi-même ma théorie en pratique. Peut-être un jour aurais-je un lecteur qui, mu par le grand intérêt humanitaire qui les recommande, aura la gloire de résoudre ces grands problèmes météorologiques.

» Vous vous trompez si vous croyez que là s'arrête l'influence météorologique de la lune. Ce que je viens de vous dire ne se rapporte uniquement qu'à la loi primordiale; mais les effets secondaires de cette loi sont des plus nombreux. Non-seulement les phénomènes des marées, leurs retards journalier et mensuel et la production d'une grande partie des eaux pluviales viennent de l'influence météorologique de la lune; mais on peut aussi dire que le satellite est une des causes productives des vents et même des orages.

» La lune, ne dépassant que rarement et de très-peu (5° 8′) les tropiques, est toujours autant dire sur la zône torride. Or, dans ce climat brûlant, il lui faut dépenser beaucoup de sa puissance frigorifique pour pouvoir résoudre des vapeurs d'eau en pluie, à moins que l'atmosphère, étant fortement saturée de ces vapeurs, lui vienne en aide. Mais si cette atmosphère torride n'est pas encore arrivée à ce degré de saturation, la lune rend incomplète la résolution des vapeurs d'eau en pluie ; elle les condense seulement en nuages, surtout si elle est à son *minimum* d'influence frigorifique, c'est-à-dire à son apogée ou à ses syzigies. La pression sur l'atmosphère ne produit alors que des nuages que cette pression se charge elle-même de refouler, aussitôt leur formation, dans la direction des pôles ; car ces masses de vapeurs condensées possèdent encore trop d'élasticité pour ne pas fuir avec rapidité de la contrainte qu'elles éprouvent sous la pression lunaire.

» Par ce mouvement, qui est souvent très-rapide, de ces masses de nuages passant de l'équateur vers les pôles, une grande partie de l'atmosphère planétaire en est ébranlée ; car ces masses aqueuses poussent devant-elles et déplacent une quantité de milieu atmosphérique égale à la leur. Elles produisent donc, tant que dure leur mouvement, un courant atmosphérique ou vent de l'équateur aux pôles, que, dans l'hémisphère nord, nous appelons vent du midi. Ce vent, produit par le déplacement de masses de vapeurs d'eau de l'équateur vers les pôles, apporte avec lui ces vapeurs d'eau déjà à demi-condensées par la lune. Ces nuages ne tardent pas à se résoudre en pluie, dès que, passant sur des contrées froides ou couvertes de grands végétaux, ils leur abandonnent le reste de calorique qui les conservait jusqu'alors à l'état de vapeurs. Aussi, le vent du midi est-il généralement tout à la fois un vent chaud et de pluie.

» Il ne peut s'élever dans les hauteurs de l'atmosphère de grandes quantités de vapeurs d'eau, sans que les régions atmosphériques qui les acceptent dans leur sein, ne reçoivent pas une impulsion de la force expansive de ces vapeurs, qui détruisent leur équilibre en s'insérant dans les molécules de leur milieu. Cette répulsion, se répétant de particules en particules, peut s'étendre des régions torrides vers les pôles, et tenir ainsi une grande partie de l'atmosphère de la planète sous une tension considérable. Si l'agglomération de vapeurs d'eau se trouve dans l'atmosphère torride, cette répulsion sera de l'équateur aux pôles ; si, au contraire, elle est dans les hautes latitudes, la répulsion sera de ces latitudes vers l'équateur.

» Or, que la lune, ou tout autre cause condensante réduise en pluie ces vapeurs d'eau, l'atmosphère (reprenant son équilibre des pôles vers l'équateur aussi brusquement et aussi longtemps qu'est rapide et que dure dans les régions torrides cette réduction de vapeurs en pluie), engendre sur les latitudes hautes et moyennes de l'hémisphère nord un vent du nord, qui, en portant des couches d'air glacé dans l'atmosphère de ces contrées, nous paraît toujours si froid. Ce vent du nord dure tant que dure la chute des pluies dans les contrées méridionales.

» Le même phénomène de rétablissement de l'équilibre atmosphérique se produit si c'est aux hautes latitudes que se fait la réduction des vapeurs d'eau en pluie, seulement le vent vient du sud. Ainsi, tant que dure sur une contrée de l'Europe un vent du sud amenant peu ou point de pluie, on peut être certain qu'il tombe beaucoup de pluie ou de neige dans les hautes latitudes nord.

» Comme vous le voyez, les vents variables sont de tous les phénomènes météorologiques la chose la plus insaisissable. Ils viennent en grande partie de la chute brusque des pluies dans une des contrées circonvoisines du lieu d'observation. Effectivement, les vapeurs d'eau élevées par le soleil dans les régions atmosphériques occupent dans ces régions une place d'autant plus considérable qu'elles sont plus dilatées et que la température de l'atmosphère est plus chaude. Or, ces vapeurs restituent la place qu'elles occupent aux couches atmosphériques avec une vitesse en tout semblable à celle avec laquelle se fait leur transformation de vapeurs en pluie. Cette restitution ou rétablissement de l'équilibre atmosphérique ne peut se produire sans qu'il y ait agitation et ainsi production de vent dans les couches de l'air.

» Toutes les fois que cette transformation de vapeurs d'eau en pluie se fait brusquement et avec une excessive rapidité, il y a tempête, production subite d'ouragan dans la sphère

de cette transformation qui, d'un ciel pur, charge spontanément l'atmosphère de nuages immenses, noirs et des plus
puissants, sans qu'ils soient venus d'aucun point de l'horizon. La lune peut quelquefois, sous la zône torride surtout,
produire ce phénomène; mais c'est principalement les réta-
blissements de l'équilibre électrique de l'atmosphère qui le
produisent.

» L'homme, lorsque l'hygromètre démontre dans l'atmosphère la présence de vapeurs d'eau, peut, s'il le veut,
faire naître ce phénomène. Il lui suffit pour cela d'envoyer,
dans les régions moyennes de l'atmosphère un appareil qui,
sur une lieue carrée, soutire de cette atmosphère son calorique latent, calorique que ma théorie sur l'électricité vous
démontrera être identique avec le fluide électrique. Il y aura
d'abord sur cette contrée formation de nuages, puis chute de
pluie, tant que dura le soutirage du fluide; et ce fluide,
ainsi enlevé à l'atmosphère, peut, étant savamment dirigé,
servir en même temps de moteur puissant et économique
aux machines de l'industrie. Je me propose, pour plus tard,
de vous démontrer ces propositions, qui, je crois, doivent
vous paraître de véritables paradoxes.

— Eh quoi! il serait possible à l'homme de produire,
sur une assez grande étendue de terre, des pluies et des
vents factices?

— Si la Providence me le permet, j'espère bien un jour
en faire l'expérience avec vous, et produire même d'épou-
vantables orages factices. La voix du tonnerre n'est, à proprement dire, que le résultat du choc brusque entre elles des
couches atmosphériques; car ces couches se précipitent dans
le vide que viennent instantanément de produire dans leur
sein les vapeurs d'eau ramenées spontanément à un volume
de plusieurs milliers de fois moins grand, par la soudaine
soustraction qui leur est faite d'une grande partie de leur
calorique. Cette soustraction de leur calorique est quelquefois si brusque que, de vapeurs excessivement dilatées, elles
passent subitement à l'état de pluie et même souvent à celui
de grêle.

» D'après ce léger aperçu, qu'il est inutile, je présume, d'étendre plus loin, vous concevez la cause de l'excessive mobilité des vents variables, lesquels échapperont toujours aux calculs; car ils sont en dehors des influences astronomiques. Une contrée boisée attire sur elle des nuages, qui, lorsqu'ils se transforment subitement en pluie par la soustraction de leur calorique par les hautes futaies, engendrent de cette cause unique plusieurs vents variables se portant tous dans la direction de cette contrée.

» Ainsi, dans les moyennes latitudes, la météorologie n'offre pas, dans la solution de ses phénomènes, la facilité qu'on lui retrouve dans les basses latitudes; et elle est dans les premières régions la science la plus abstraite, la plus hérissée de difficultés. Un grand nombre de causes secondaires et locales viennent troubler ou modifier les influences météorologiques de la lune et du soleil sur les régions tempérées; mais les influences météorologiques de ces deux astres n'en restent pas moins les premières bases des phénomènes météorologiques; elles sont les causes plus ou moins puissantes de formation de vapeurs d'eau et de transformation de ces vapeurs en nuages ou pluie, d'après la distance plus ou moins petite du soleil et de la lune au zénith du lieu d'observation.

» Il est donc de toute rigueur, pour obtenir un résultat des plus approximatifs dans les calculs météorologiques touchant une contrée des régions tempérées, de faire entrer en considération, non-seulement l'influence des points culminants ou montagnes de la surface de cette région, et l'espèce plus ou moins grande des végétaux qui la couvrent, mais aussi ces mêmes influences produites par les régions circonvoisines. Si ce labeur est immense, l'intérêt qu'en retirera l'humanité est encore plus grand; et *Labor improbus omnia vincit* est un adage latin dont l'astronome, plus que tout autre, sait comprendre la vérité.

» Je ne suis pas le seul marin dont les observations journalières des courants atmosphériques aient fait entrevoir les grands rôles que le soleil et la lune jouent chaque jour dans les phénomènes météorologiques. Je ne puis mieux terminer cette thèse qu'en lui donnant pour complément l'opinion et les propres observations que le savant officier de la marine impériale, Du Bourguet (dont je suis, en hydrographie, l'élève posthume), rapporte dans son *Traité de navigation*, page 128 :

« ..... L'influence du soleil et de la lune, sur les mers qui
» couvrent, dit-il, une grande partie de la surface de la terre,
» doit produire des effets semblables sur la masse du fluide
» qui enveloppe toute la terre, c'est-à-dire sur l'atmosphère.
» C'est en effet ce qui a lieu, et d'une manière beaucoup
» plus prompte que relativement aux mers, parce que le
» fluide qui compose l'atmosphère est beaucoup plus subtil
» que l'eau, et par conséquent beaucoup plus susceptible
» d'obéir aux impressions des astres que la mer. On observe
» souvent que, par un beau ciel et dans un pays découvert,
» les vents suivent la marche du soleil, et que l'intensité de
» ces vents croît comme la hauteur ou l'abaissement de cet
» astre relativement à l'horizon : l'observateur attentif aper-
» çoit les mêmes phénomènes relativement à la lune ; et
» enfin on voit que dans les syzigies les vents sont plus forts.

» Mais une preuve encore plus évidente de ce que nous
» venons de dire, et qui ne peut échapper, même à l'homme
» le moins observateur, ce sont les vents qui règnent cons-
» tamment de l'Est à l'Ouest dans presque toute la zône
» torride, et qu'on appelle vents *alizés*. Il est évident que la
» cause de ces vents est la même que celle des courants que
» l'on éprouve dans cette zône, et qui ont aussi la direction
» de l'Est à l'Ouest, suivant la marche diurne du soleil et
» de la lune autour de la terre.

» Cependant l'on observe beaucoup d'exceptions à ces
» règles générales ; mais elles proviennent :
» 1° De la localité qui, ainsi que pour les marées, altère
» l'intensité et même quelquefois change la direction des
» vents, et le fait d'une manière bien plus prononcée rela-
» tivement à l'atmosphère que relativement à la mer ; parce
» que la première de ces masses fluides, se composant de
» molécules beaucoup plus déliées et plus subtiles que la

» seconde, les obstacles, tels que les montagnes, les sinuo-
» sités des terres, produisent des effets bien plus grands que
» par rapport aux eaux ;

» 2° De la sérénité du ciel : car, par un temps couvert, la
» partie de l'atmosphère qui est en dessous des nuages, étant
» moins influencée, et quelquefois l'étant très-peu, à cause
» de l'amas épais de vapeurs qui se trouve alors entre elle
» et l'influence du soleil et de la lune, s'agite en différents
» sens par plusieurs causes absolument indépendantes de
» celles que nous considérons ;

» 3° De la raréfaction de l'atmosphère par l'effet de la
» chaleur du soleil ;

» 4° De la propension des molécules de l'atmosphère à
» rétablir l'équilibre dans cette masse fluide, ce qui fait
» que, par les latitudes moyennes de 30 à 36°, c'est-à-dire
» un peu en dehors de la lisière des vents alizés, l'on éprouve
» souvent des vents d'Ouest.

» Le phénomène le plus remarquable dans les vents, est
» celui qui existe dans la partie septentrionale de la mer
» des Indes. Depuis octobre jusqu'en avril, le vent vient du
» Nord-Est ; mais ensuite, depuis avril jusqu'en octobre,
» il vient du Sud-Ouest. Cette diversité de vents s'appelle
» *moussons*. La cause de ce phénomène est, que l'air étant
» raréfié sur les sables de l'Arabie, de la Perse et de l'Inde
» pendant l'été, l'air s'y porte en abondance, et la mousson
» du Sud-Ouest y règne pendant l'été ; mais dans la partie
» australe de la mer des Indes, le vent est toute l'année au
» Sud-Est, parce que la chaleur du continent de l'Afrique
» l'attire un peu vers le Nord. »

» Je n'en finirais pas si je voulais vous rapporter tous les
passages tirés des ouvrages consciencieux de navigateurs et
d'astronomes, à qui une observation continue et sévère donna
l'intime conviction que le soleil et la lune ont sur notre
météorologie des influences certaines et puissantes.

— Je vous assure que, moi aussi, je partage l'opinion entière de ces savants observateurs, dût-il tomber sur ma tête

les foudres académiques lancées par le bras tout-puissant du grand-prêtre Arago !

— Cherchez et vous trouverez, est un conseil du Christ que nos immortels oublient toujours, avec encore plusieurs autres maximes du même.

» La philosophie du paganisme, qui avait érigé en culte la science des mouvements du ciel et l'étude de la nature, reconnaissait dans le soleil et la lune des agents météorologiques puissants. Elle professait que la Divinité suprême avait confié à ces deux astres les emplois, non-seulement d'éclairer l'univers, mais aussi de conserver l'équilibre atmosphérique. L'éruption des épidémies, qui, en effet, proviennent des mouvements météorologiques, leur était surtout attribuée. Une peste décimait-elle l'humanité? c'était Apollon (le soleil) et Diane, sa sœur (la lune), qui lançaient leurs traits pour venger une offense des mortels. La philosophie ancienne était tellement convaincue de la réalité des influences météorologiques sur la santé de l'homme, que, dans son langage symbolique et si riche de poésie, elle donna la médecine pour fille d'Apollon, en donnant Esculape pour fils du soleil.

— Puisqu'en ce moment nous traitons de la météorologie, dites-moi ce que vous pensez de ces météores qui apparaissent subitement dans notre atmosphère en globules de feu, et y font explosion en produisant très-souvent une pluie de pierres et quelquefois une pluie de poussière.

— Ce sont des aérolithes ou pierres météorologiques dont vous voulez parler?... Eh bien! je vais, avant de vous donner la mienne, vous dire les diverses opinions que les hommes jusqu'ici ont eu de ces phénomènes. C'est très-curieux, comme vous allez le voir.

» Jadis les aérolithes furent la foudre lancée par les dieux irrités. S'il en était encore ainsi, le ciel se serait montré bien sévère pour un franciscain de Milan, ou ce religieux aurait été bien coupable, puisqu'il a reçu une de ces pierres qui lui brisa le crâne. L'ancienne théologie alla jusqu'à adorer ces pierres comme des simulacres de divinités. Des prêtres, plus instruits ou plus charlatans que d'autres, exploitèrent cette superstition, qui régna même dans les plus beaux jours de la Grèce et de l'Italie. Ce culte était très-ancien; car primitivement les dieux furent représentés par de grosses pierres que l'on disait être tombées du ciel. Telles étaient, chez les Phéniciens, les pierres adorées et désignées sous le nom d'*Elagabale*, et, chez les Phrygiens, *Cybèle* ou la mère des dieux; et peut-être que le temple de Jupiter-Amenon, au milieu des déserts de la Lybie, ne fut élevé que sur une pierre semblable qui était tombée du ciel. La plus célèbre de ces pierres fut *Cybèle* ou la mère des dieux, que Scipion Nasica fut chargé, par le sénat romain, de rapporter en Italie. Les Tartares révéraient les masses de fer trouvées en Sibérie, et qu'ils dirent être tombées du ciel.

» Telle est l'opinion des peuples anciens et barbares sur les pierres météorologiques. Comme, pour ces peuples, ces pierres étaient des merveilles, parce qu'ils ne pouvaient en trouver l'origine, ils trouvèrent rien de mieux que d'en faire des dieux.

» Bien des gens de notre époque voudraient, et pour cause, faire encore croire aux peuples que l'ignorance est une des choses agréables à Dieu. Si cela était, c'est que la Divinité voudrait se donner quelquefois le plaisir de se voir considérer par l'homme sous les qualités et la forme d'une borne.

» Est-ce en raison de ce *saint désir* du Très-Haut, lequel n'aurait pas échappé, comme bien d'autres choses, à nos renards politiques, que ces derniers ne veulent que des gouvernements bornes? Car, dans la croyance d'une divinité-pierre, ils seraient à la lettre du *droit divin* : le roi (le gouvernement-borne) c'est Dieu sur la terre.

» Les savants modernes, qui sont rarement d'accord avec les modernes politiques, disent tout simplement : un chat est un chat, MM. A, B, C sont des bornes politiques, et les pierres tombées du ciel sont des pierres. Mais d'où viennent ces pierres? les pierres tombées du ciel, s'entend. Les opinions de nos hommes de science se partagent ici en deux classes.

» Les uns prétendent qu'elles se forment dans l'atmosphère de la terre par le moyen de substances très-sublimables, qui, de la terre, s'élèveraient dans l'atmosphère, où ces substances finiraient par s'agglomérer et par se condenser. D'autres prétendent que ces pierres sont engendrées en dehors de toute influence de la terre, et que c'est de l'espace qu'elles viennent tomber sur la surface de notre planète. De la critique de ces deux opinions, nous pourrons peut-être trouver l'origine réelle de ces pierres.

» Quelques chimistes se sont dit : puisque les terres ne sont que des métaux très-légers par leur saturation d'oxygène, les aérolithes pourraient bien être formés de ces terres amenées à une grande sublimation, lesquelles s'élèveraient en vapeurs vers les hauteurs de l'atmosphère, puis se con- tracteraient subitement en masses pierreuses.

» Cette hypothèse est tellement erronée qu'elle est réfutée de toute part. D'abord, les sublimations métalliques forment toujours des gaz trop lourds pour s'élever aux dernières li- mites de notre atmosphère. Ensuite, les substances qui com- posent les aérolithes ne sont point sublimables à la tempé- rature ordinaire et même à la plus élevée de l'atmosphère ; plusieurs ne se subliment qu'à une chaleur artificielle très- haute. D'ailleurs, nos gaz et nos substances très-sublimables n'existent point dans les pierres météorologiques. Ainsi, dans la supposition d'une origine aérienne, il est clair que les gaz qui formeraient ces pierres ne viendraient point de la terre.

» C'est par un temps calme et serein et par un ciel pur et sans nuages que les chutes de pierres ont presque toujours lieu ; en sorte que l'on doit être convaincu que la pluie et les états de l'atmosphère ne contribuent pas plus à leur for- mation que d'autres vapeurs ou gaz condensés par le froid ou l'électricité, vu la chaleur qu'elles manifestent lorsqu'elles sont à la terre et l'odeur sulfureuse qu'elles exhalent. De toute nécessité, il faut donc dire que les pierres météoriques sont des corps étrangers à la terre et à son atmosphère.

» Laplace et généralement tous les astronomes sérieux et les chimistes savants de notre siècle croient que les météorites sont des corps célestes qui viennent tomber dans la sphère d'attraction de la terre, mais non, comme quelques-uns le prétendent, des produits des volcans de la lune (dans la supposition peu probable encore que la lune pourrait avoir des volcans). La force expansive de ces volcans serait-elle même estimée des plus prodigieuses, ne pourrait jamais nous envoyer de ces pierres. En général, il est reçu dans le monde savant de regarder les météorites comme des planètes très-petites ou mieux comme des débris de planètes ou comètes. La conclusion est que les pierres, les fers et les poussières qui tombent du ciel sont produits par des corps célestes de nature et d'aspects différents, qui s'embrasent toujours dans l'atmosphère terrestre.

» En effet, la chute des pierres météoriques est maintenant incontestable. Ces pierres ne ressemblent en aucun cas aux pierres qui composent notre globe. Elles sont presque toujours accompagnées d'un météore lumineux, qui ne parait que pendant quelques minutes et qui disparaît après avoir fait explosion. Ce météore est remplacé par un nuage blanc. Les pierres météoriques sont des corps brûlés, qui n'ont pas subi un même degré de chaleur ; car on distingue chez elles deux genres de croûtes : l'une extérieure plus vitrifiée, plus noire et plus épaisse ; et une seconde, brune, qui enduit exactement les cassures fraîches produites par l'explosion, et qui a dû se former après coup. Le fer natif que contiennent les météorites est cellulaire.

» Les pierres météoriques sont tombées dans tous les temps, ni plus ni moins dans une période d'années que dans une autre, dans toutes les saisons, dans tous les mois, le jour et la nuit, et à toute heure. Elles sont tombées dans toutes les contrées du globe, sans en affecter aucune spécialement ; dans les plaines et sur les montagnes ; toutes, pour ainsi dire, loin de tout volcan en activité. Elles sont tombées de tous les points du ciel, sans affecter un point plutôt qu'un autre. Le météore lumineux qui les porte, n'affecte aucune direction constante. Entre le moment de l'apparition et celui de l'extinction du globe de feu, il ne se passe qu'un très-petit nombre de minutes. Pendant ce temps, son volume est presque le même.

» Le diamètre apparent de ces globes de feu, à la hauteur où nous les apercevons, étant celui de la lune (et il est même souvent de trois pieds), et le volume des pierres qu'ils rejettent étant infiniment moindre, et même dans des rapports extrêmement éloignés, on doit supposer qu'il y a dans ces globules beaucoup de matières combustibles anéanties par la combustion, et qu'ainsi il ne tombe à terre que des scories et les minéraux incombustibles.

» Ils éclatent assez près de nous, en deçà de la hauteur des nuages à pluie; quelquefois, mais très-rarement, près de la terre. Ces globes ont une *queue enflammée;* ce qui annonce un corps en feu tombant avec vitesse, et dont la flamme est repoussée en arrière par la compression de l'air. Lorsque nous les apercevons, c'est le moment où le solide ou noyau se met en feu. Ce noyau n'a pu être aériforme avant; car il aurait dû occuper un espace immense dans le ciel, par rapport au globe lui-même. Son étendue l'aurait fait apercevoir; car c'est par un ciel très-pur que se manifestent presque toujours les chutes de pierres. Puisqu'il y a inflammation, il y a combustion; le noyau contient donc des principes combustibles. Cela étant, les pierres météoriques, telles que nous les connaissons, ne doivent point ressembler à ce qu'elles étaient avant d'être dénaturées par la combustion; elles ne sont plus que des résidus de combustion.

» L'incomplète fusion des pierres météoriques annonce que leur inflammation est récente. La combustion commence subitement dans notre atmosphère, et elle est très-courte; ce qui prouve que, dans les matières combustibles, se trouvent des nitrates de chaux et de potasse mêlés à du carbone et à du soufre. Les pierres météoriques sortent d'un foyer de combustion si puissant, que non-seulement elles sont chaudes en tombant, mais qu'elles brûlent lorsqu'on les touche; elles brûlent et les herbes et les vêtements. Elles dégagent des vapeurs sulfureuses blanches et même noires.

» La présence du soufre et du carbone annonce que ces corps essentiellement combustibles existaient dans les noyaux des solides, et que c'est à leur inflammation et à leur combinaison avec l'oxygène qu'on doit rapporter en partie la formation des vapeurs qui causent l'explosion du météore, et la fumée ou nuage qui le remplace après son extinction et qui se dissipe ensuite.

» Aucune pierre météorique n'a offert de l'eau par l'analyse; il est cependant très-présumable qu'elles en contenaient avant l'inflammation, les métaux qu'elles renferment y étant souvent oxydés, et la lumière du globe de feu extrêmement vive. Cette eau travaille aussi à l'explosion. Les aérolithes sont solides au moment de leur chute, ou rarement fragiles ou friables. L'analyse chimique n'a découvert dans ces pierres, que des principes qui nous sont connus, et qui existent dans les minéraux terrestres, mais dans des combinaisons différentes.

» Les terres tombées du ciel (car il y aussi des pluies de terre), sont des substances pulvérulentes, très-fines, grises, rougeâtres ou rouges ou noires, le plus souvent semblables à de la brique finement broyée, âpres au toucher, rayant le verre lorsqu'on le frotte avec; tantôt elles sont en masse, comparée à du sang coagulé, à de la brique, à une matière visqueuse, à de la pluie rouge, parce qu'elles colorent quelquefois l'eau avec laquelle ou dans laquelle elles tombent. L'analyse des poussières rouges donne généralement : silice, 33; alumine, 15,50; fer, 14,50; carbone, 9; chaux, 11; chrôme, 1. La perte est 15. Dans ces analyses on n'a pas cherché à reconnaître la présence de la magnésie, du nickel et du soufre surtout.

» Tout ce qu'on a observé dans ces chutes de terres, nous fait présumer qu'elles ne diffèrent pas essentiellement des chutes de pierres. Quelquefois des chutes de terres ont été accompagnées de chutes de pierres, comme aussi d'un météore de feu; et ces terres contiennent à peu près les mêmes substances que les pierres météoriques. Il paraît qu'il n'y a d'autre différence que dans la plus ou moins grande rapidité avec laquelle ces amas de matière chaotique, dispersée dans l'espace de l'univers, arrivent dans notre atmosphère, de manière qu'ils subissent un plus ou moins grand changement par la combustion que la résistance de l'air développe en eux. Dans la terre rouge et noire, l'oxyde de fer est le principal élément colorant; et dans la terre noire on retrouve aussi beaucoup de carbone. Les pierres météoriques très-friables sont les intermédiaires de la terre noire aux météorites ordinaires, leur combustion n'ayant pas été suffisante pour brûler le carbone et fondre les autres substances.

» Il résulte de l'historique et de l'analyse des pierres et des terres météoriques, que les bolides qui éclatent dans notre atmosphère, sont, à vrai dire, des ébauches premières de planètes, fœtus avortés de globes célestes. Témoins irrévocables, elles prouvent l'homogénéité de la matière qui comble l'infini ; car leurs éléments sont en tout semblables à ceux de notre planète.

» S'il était possible de les arrêter dans leur course avant leur combustion dans notre atmosphère, combustion qui ne nous laisse plus de leurs composés que des détritus métalliques, nous retrouverions peut-être ces composés semblables à ceux de la terre, et formant dans leur ensemble un noyau solide, dans le sein duquel se trouveraient, comme primitivement dans les entrailles de la terre, des diminutifs de lacs souterrains comblés d'eau.

» Cette eau intérieure, amenée à l'état de vapeur par la combustion puissante des premières couches du globule, est, par sa force expansive, sans doute, une des principales cause de l'explosion de la bolide. Cette explosion, en lançant au loin les débris du corps, les éparpille dans leur chute, tout en détruisant la rapidité énorme du premier mouvement qui animait le météorite entier; d'où il résulte que la chute de ces pierres ne peut engendrer de graves sinistres sur la surface de la terre.

» La cause qui produit l'inflammation des météorolithes est jusqu'ici inconnue : tous nos savants l'avouent. On a bien imaginé (car l'homme veut toujours une explication telle qu'elle soit), que cette inflammation pouvait-être l'effet d'une commotion électrique ; mais aucun phénomène électrique ne peut justifier cette commotion et l'expliquer. D'autres ont été plus loin, ils ont supposé (ce qui tranchait la difficulté), que les météorolithes étaient sorties d'un foyer enflammé et qu'elles étaient incandescentes depuis leur départ.

» Outre que cette supposition ne dit pas quel est ce foyer, elle est encore totalement détruite par les considérations déjà rapportées. D'ailleurs, si cette hypothèse avait quelque réalité, on apercevrait de fort loin ces bolides enflammées. Ce qui est démenti par l'observation, puisqu'elles ne sont vues que quelques instants avant leur explosion, qui se fait au-dessous de la région atmosphérique des nuages à pluie, et ainsi fort près de la terre. Eh ! bien, toutes ces difficultés dont se hérissent les phénomènes des météorolithes sont, pour ma théorie astronomique, autant de preuves victorieuses qu'on ne peut réfuter.

— Ce n'est peut-être pas certain. Voyons où vous voulez en venir.

— D'après l'opinion de nos plus illustres savants, les météorolithes peuvent-être considérées comme des débris ou mieux comme d'excessives petites planètes, ébauches incomplètes de globes célestes. Les constituants de ces globules sont donc des éléments vierges, comme l'étaient ceux des grands corps planétaires dès leur origine. Or, ces bolides, comme tous les corps de la nature, ont bien une atmosphère qui leur est propre, mais qui, étant proportionnée à leur masse, est trop petite pour être prise en considération. C'est en raison de leur très-petite surface antérieure qu'elles offrent à la résistance du milieu qu'elles traversent, que les météorolithes peuvent pénétrer si profondément dans l'atmosphère de la terre ; aussi ces corps, n'obéissant autant dire qu'à la force centripète de la terre qui les attire, ont-ils une vitesse énorme dans leur chute.

» Mais, dès qu'ils sont arrivés à la région inférieure des nuages, point atmosphérique où la densité de l'atmosphère a atteint toute sa puissance et où, en raison de cette grande densité, la ségrégation du calorique de l'oxygène de ce milieu est très-facile sous une percussion brusque et puissante, ces globules, dans toute la vitesse de leur chute, éprouvent une résistance soudaine du milieu et qui équivaut à un choc considérable contre sa surface. Ce choc met instantanément à nu tout le calorique de la partie du milieu qui enveloppe le météorite, et produit autour de lui un puissant embrasement atmosphérique qui l'étreint de ses flammes, et ne tarde pas à réduire tous ses constituants à l'état de scories.

« C'est au milieu de cet embrasement atmosphérique que les éléments métallique, carbonique et sulfureux qui constituent le globule, s'enflamment eux-mêmes et se réduisent si promptement en détritus métalliques, qu'une puissante explosion, partie du centre du météorite, lance au loin et fait tomber sur la terre en pluie de pierres météoriques. Le globule ne continue pas moins le mouvement de sa chute pendant le temps que dure sa combustion. C'est alors que ce corps paraît avoir une immense queue enflammée ; car, étant en feu, il tombe avec tant de vitesse, que la compression de l'air en acquiert une grande puissance, et refoule en arrière les flammes qui dévorent la bolide.

— D'après cela, les météorolithes ne seraient que de très-petites comètes, qui ne commenceraient à devenir lumineuses que du moment où elles se trouveraient dans un milieu (l'atmosphère de la terre), duquel elles dégageraient spontanément, par la rapidité de leur chute et la résistance qu'en reçoit leur surface, une assez grande quantité de calorique pour enflammer les éléments qui les constituent, éléments qui sont encore dans leur primitif état de force virginale.

— Donnez, en imagination, à ces bolides un volume assez grand pour qu'elles ne puissent jamais pénétrer aussi profondément dans l'atmosphère de la terre, en raison de la résistance croissante du milieu dans lequel elles se trouveraient, (résistance qui est proportionnée à l'étendue des volumes de ces globes); vous verrez se produire en elles tous les phénomènes qui accompagnent les comètes, phénomènes qui, dans le fond, sont absolument les mêmes que ceux des météorites, à l'exception que les comètes n'ont pas une chute absolue, et que l'éclat qu'elles projettent est plus grandiose; car les masses cométaires, étant des millions de fois plus grandes que celles des météorites, ont à elles des atmosphères dont l'étendue et la puissance sont proportionnées à leurs masses, et qui jouent les principaux rôles dans l'embrasement des globes cométaires et dans leurs mouvements autour du soleil.

» Comme les météorolithes, les comètes viennent de tous les points du firmament, sans en affecter un plus que l'autre; et leurs mouvements sont aussi rapides que celui de la chute des météorolithes. Aussi, ces globes vagabonds ont-ils des ellipses fort allongées et même paraboliques; mais ils suivent les mêmes lois que les planètes : c'est-à-dire que les aires triangulaires, terminées par les différents arcs de leur orbite qu'ils parcourent en différents temps, et par deux lignes droites tirées des extrémités de ces arcs au centre du soleil, sont proportionnelles aux temps employés à parcourir ces arcs.

» Les comètes sont-elles des corps lumineux par eux-mêmes ou ne deviennent-elles visibles que par la lumière qu'elles reçoivent du soleil, et qu'elles renvoient vers nous ? L'ancienne théorie, qui ne pouvait concevoir que les globes célestes, si ce n'est le soleil seul, puissent être lumineux par eux-mêmes, fait des comètes des corps réflecteurs. Mais l'observation sévère de ces globes donne un formel démenti à l'ancienne théorie en confirmant la nôtre. Généralement, les comètes sont à des distances si grandes de nous qu'elles n'offrent aucune parallaxe. Comment alors pourraient-elles, étant presque toujours de petits volumes, nous apparaître, si elles ne nous étaient rendues visibles que par une lumière réfléchie ? Dans toutes les relations astronomiques sur les comètes, nous trouvons cette description : la partie la plus lumineuse d'une comète est toujours enveloppée d'une atmosphère très-dense qui jette une lumière bien moins brillante. Pour distinguer ces deux parties l'une de l'autre, on appelle la première le *noyau*, et la seconde la *chevelure*, en latin *coma*, d'où est venu le nom de comète, c'est-à-dire *astre chevelu*.

» Comment peut-on admettre qu'un corps réflecteur, c'est-à-dire recevant sa lumière en dehors de lui, puisse nous faire voir sa partie intérieure beaucoup plus brillante que sa partie supérieure ? C'est là un non-sens. Et, puisque l'éclat du noyau ou partie intérieure des comètes est considérablement plus vif que la lumière atmosphérique ou partie supérieure, c'est que ces globes ne brillent pas par lumière réfléchie, mais bien en raison d'un très-puissant dégagement de leur calorique atmosphérique, c'est-à-dire en raison d'une grande combustion d'une partie de leur atmosphère, produite par l'énorme pression de cette atmosphère contre leur noyau solide, pression née de l'excessive répulsion de l'atmosphère solaire contre la surface de ces comètes. La prodigieuse vitesse de ces globes dans leurs orbites donne la mesure de cette répulsion et ainsi de l'immense quantité de calorique mis à nu sur les surfaces cométaires.

» Or, sous l'action de leur embrasement atmosphérique (lequel existe tant que dure l'excès de la réaction de l'atmosphère solaire sur la surface cométaire), on peut affirmer que les constituants des comètes passent successivement de leurs éléments primordiaux et simples aux composés nombreux que nous retrouvons sur notre planète. Ce travail de combinaison, dont le feu et la force d'affinité d'aggrégation sont les principaux agents, est nécessaire, non-seulement à l'organisation et au prompt perfectionnement des globes cométaires, mais aussi à la production de leur atmosphère, qui doit, par ses couches gazeuses, leur donner leur force répulsive et leur servir par la suite de remparts invincibles.

» Mille indices nous prouvent que notre planète a passé par ce travail d'un feu puissant et longtemps continu, agissant conjointement avec une vigoureuse force d'affinité d'aggrégation, laquelle est produite autant par la puissance centripète du globe que par la pression de son atmosphère sur sa surface. Par analogie, nous devons croire qu'il en fût de même de toutes les planètes. Ainsi, tous les globes voyageurs,

et alors les étoiles ou soleils exceptés, ont été primitivement
des comètes.

» Lorsque, l'œil armé d'une puissante lunette, on observe
le ciel, on découvre dans les profondeurs du firmament, ré-
pandues çà et là, des masses de matière blanchâtre de forme
encore indéfinie, et qu'on appelle nébulosités. Elles sont
transparentes; car elles laissent voir les étoiles placées derrière elles. Les premiers astronomes qui découvrirent ces
lueurs blanchâtres, crurent d'abord qu'elles provenaient de
la rencontre d'une infinité de rayons lumineux des étoiles
vers les points du ciel où elles s'apercevaient.

» Mais, après quelques années d'observations minutieuses,
on reconnut que ces nébulosités, loin d'être fixes à l'égard
des étoiles (comme elles devraient l'être si elles étaient réellement des résultats de rayons de lumière agglomérés des
étoiles), s'étaient considérablement déplacées, et qu'elles
avaient des mouvements qui forçaient de les regarder comme
des phénomènes parfaitement étrangers aux étoiles.

» A cette découverte, les astronomes firent de sévères observations sur ces nébulosités; et ils ne tardèrent pas à reconnaître en elles un point central et quelquefois plusieurs
même qui étaient plus brillants que tout le reste du corps.
Sans aucun doute que ces points brillants des nébulosités
sont des commencements de noyaux planétaires. Cette opinion est celle de tous les astronomes; elle est confirmée
aussi par l'observation, qui démontre, dans une quantité de
ces nébulosités mises en comparaison, des degrés différents
de grosseur et ainsi des croissances plus ou moins avancées
chez elles. L'étude de ces corps mystérieux nous affirme
l'idée qu'à notre époque nous assistons encore au spectacle
de la formation de nouveaux mondes célestes. Telle est,
d'ailleurs, sur l'origine et le but futur des nébulosités, la
conviction intime de tous les astronomes, l'illustre Laplace
à leur tête.

» Nous pouvons donc considérer, avec la certitude d'une
vérité, les nébulosités comme les premières ébauches de
globes planétaires, et qui, dès que leurs noyaux auront assez

de puissance par leur accroissement continu, obéiront à des attractions solaires. La Voie lactée est une immense et riche agglomération d'une multitude de ces nébulosités, qui se tiennent aux dernières limites de notre système solaire et de sa sphère d'attraction; de leur ensemble, elles forment cet immense cercle de lumière blanchâtre, qui semble donner à notre soleil une couronne royale. La Voie lactée serait ainsi la vaste officine où s'engendraient et s'élaboreraient nos météorolithes et nos comètes, futures planètes ou satellites de notre système solaire.

» Effectivement les nébulosités, de leur état autant dire visqueux et gélatineux, passent insensiblement à celui de comètes ou globes planétaires imparfaits; car, dans le catalogue de ces corps observés jusqu'ici, on trouve des comètes dont les noyaux étaient encore si peu sensibles, qu'elles ne semblaient que des masses de nuages lumineux, condensés chez les unes et souvent si peu chez les autres, qu'elles laissaient voir les étoiles au travers d'elles. Ainsi, ce ne serait qu'après plusieurs révolutions autour du soleil (lequel astre condense leurs constituants en un noyau solide, tout en faisant sortir de ces éléments condensés une atmosphère semblable à celles des planètes et de laquelle sort l'organisme végétal et animal, que les comètes peuvent acquérir les propriétés astronomiques et organiques des planètes.

» Les comètes s'approchent si près du soleil, qu'on se demande comment quelques-unes peuvent résister à toute la puissance attractive de cet astre qui, à leur périhélie, est énorme sur elles. Bon nombre d'astronomes ont présumé que quelques-unes devaient s'abîmer sur la surface solaire. Je suis assez de cet avis; mais ces comètes, qui ainsi viennent se perdre sur le soleil, doivent-être celles qui, après la condensation de leurs constituants par le soleil, n'offrent plus qu'un volume si petit qu'il ne peut balancer la force attractive du soleil par la résistance qu'il offre à l'atmosphère solaire. Alors ces comètes sont en grand pour le soleil ce que sont en petit les aérolithes pour la terre; et, ainsi que ces météorolithes, elles éclatent et se brisent, dans les régions inférieures de l'atmosphère solaire, par une explosion réelle, et elles tombent sur sa surface en une multitude de pierres, en tout semblables à celles de nos pierres météoriques.

» Mais cette explosion des comètes peut quelquefois, et très-souvent même, arriver avant que ces globes aient atteint leur périhélie ou après avoir dépassé ce point, lorsque ces corps de nébulosités fixes passent à leur première révolution solaire. Effectivement, lors de cette première révolution, les constituants des comètes sont dans leur noyau et dans leur atmosphère à l'état de chaos : tous les éléments s'y trouvent confondus et avec toute la puissance de leur virginité. Si le tout d'un tel corps forme une masse fort petite, il doit nécessairement arriver que cette masse passe, ainsi que nous le voyons dans nos météorolithes, tout entière à l'incandescence, de laquelle résulte l'explosion de la comète qui lance au loin et éparpille dans l'espace les débris du globe.

» Or, supposez que cette explosion d'une comète (phénomène qui doit être assez fréquent), ait lieu dans le voisinage de la sphère d'attraction de la terre; il est certain que ces débris épars, qui, réunis en une seule masse formant la comète, obéissaient au mouvement de ce corps donné par l'attraction solaire, perdent à l'instant, en raison de leur individualité qui rend la masse de chacun trop petite, toute influence attractive du soleil. Ils obéissent alors à celle de la terre, sur la surface de laquelle ils finissent par tomber, soit en poussière, soit en pierres météoriques.

» Supposons encore, ce qui doit arriver quelquefois, que cette explosion se fasse d'une grosse comète; qu'elle se produise dans une région du ciel éloignée des orbites que tracent dans le firmament les planètes de notre système solaire; et que les débris ou éclats de cette comète soient encore assez puissants pour que, malgré leur distance du soleil, ils obéissent encore à l'attraction de cet astre.

» Ces débris d'un vaste globe cométaire ne formeront-ils pas, dans leur ensemble, une agglomération de nombreux petits globes, qui, ayant chacun son atmosphère propre, s'attireront et se repousseront l'un de l'autre, en conservant toujours entre eux une distance en rapport à leurs masses et à leurs volumes? Ainsi, ils formeront un groupe d'astéroïdes planétaires, pesant comme une masse unique sur le soleil, et qui peut-être recevra, dans son tout, les mêmes phénomènes qu'en recevrait un globe formé de toutes les masses réunies de ces astéroïdes.

» C'est sans doute à de semblables explosions de comètes, se produisant dans toutes ces conditions pour produire de ces groupes d'astéroïdes de leurs nombreux débris, que nous devons la singulière et périodique apparition de cette multitude de bolides observées depuis plusieurs années sur des latitudes fort différentes, dans la nuit du 12 au 13 novembre.

—En effet, je me rappelle qu'en 1833, dans la nuit du 12 au 13 novembre, toutes les côtes orientales de l'Amérique, depuis le golfe du Mexique jusqu'à Halifax, furent, depuis neuf heures du soir jusqu'au lever du soleil, témoins d'un semblable passage d'une multitude de bolides qui, dans leur marche, se succédaient à de si courts intervalles, qu'on n'aurait pas pu les compter. Les évaluations les plus modérées ont porté leur nombre à des centaines de mille. Tous ces météores partaient d'un même point du ciel, situé près du *gamma* du Lion, et, cela, quelle que fut d'ailleurs, par l'effet du mouvement diurne de la terre, la position de cette étoile.

—Le retour de ces myrmidons planétaires paraît être soumis à toute l'exactitude des lois astronomiques qui régissent les grands globes planétaires; car il se fait dans une période annuelle fort exacte, ainsi que vous allez le voir. En 1799, et sous la même date de l'année, du 12 au 13 novembre, un déluge semblable de bolides planétaires avait été observé en Amérique par Humbold, et au Groenland par les frères Moraves. Sous la date du même mois, en 1831, l'Europe fut aussi témoin, comme l'Amérique en 1833, du même phénomène.

» Ces diverses observations confirment suffisamment, je pense, cette conséquence astronomique amenée par ma théorie : qu'il doit exister, dans le firmament, des zônes composée d'une grande quantité de petits corps agglomérés, formant entre eux un gouvernement planétaire régi par le système républicain ; leurs groupes tracent, de même que s'ils n'étaient que des planètes simples, des orbites autour du soleil, et ils obéissent, comme ces derniers globes, à toutes les influences de cet astre. Une de ces zônes composées d'une infinité de ces petites planètes agglomérées est peu éloignée de la terre, et son orbite rencontre le plan de l'écliptique vers le point que la terre va couper tous les ans, du 12 au 13 novembre. C'est un nouveau monde planétaire qui commence à se révéler à nous.

» Ainsi, nous devons affirmer qu'entre les grandes planètes il circule autour du soleil des milliards de petits corps, débris résultant de l'explosion intestinale de certaines comètes (les planètes astéroïdes Cérès, Pallas, Junon et Vesta sortent peut-être d'une telle origine), et dont quelques-uns ne deviennent visibles pour nous qu'au moment où ils traversent l'atmosphère de la terre, qui produit chez eux une conflagration proportionnée à l'étendue de leur volume. Ces bolides planétaires se meuvent généralement par groupes, quoiqu'il en existe cependant d'isolées.

—Ces phénomènes lumineux, aussi subtils à s'enflammer qu'ils sont prompts à s'éteindre et que l'on nomme vulgairement étoiles filantes, ne seraient donc, d'après les astronomes, que de ces bolides planétaires traversant les régions hautes de l'atmosphère de la terre? Mais ne savez-vous pas que depuis longtemps les physiciens vous disputent ces étoiles filantes, en prétendant qu'elles sont de leur domaine ; car ces messieurs veulent qu'elles ne soient que des agglomérations globuleuses de matière électrique, s'enflammant spontanément dans leurs mouvements. Ainsi, d'après ces savants, ces phénomènes appartiendraient exclusivement à la météorologie.

—Cette cause tout électrique que les physiciens ont voulu donner à la formation des étoiles filantes, n'a toujours été considérée, dans le fond, que comme une hypothèse tenant lieu d'une vérité encore inconnue ; car, en physique, il est impossible de donner une cause et une explication satisfaisante à ces agglomérations électriques et à leur inflammation subite et toujours plus fréquente, dans les temps où le ciel est le plus pur, qu'à tout autre état météorologique de l'atmosphère; ce qui devrait être le contraire pour la production de ces phénomènes électriques.

» Lorsque l'astronomie donne aux étoiles filantes une explication aussi riche et aussi complète que celle que nous venons de faire, on peut affirmer que ces phénomènes sont désormais du domaine de l'astronomie proprement dite; car, à vrai dire, ces bolides lumineuses sont des globes planétaires, diminutifs de comètes, et dont la longue traînée de lumière n'est qu'un effet d'optique résultant de l'excessive rapidité avec laquelle la bolide enflammée se meut en traversant les hauteurs de notre atmosphère.

» Cependant, on s'égarerait si, de cette conclusion, on allait présumer que les queues des grosses comètes du firmament ne sont aussi que de ces effets d'optique. Pour ces derniers globes, cette longue traînée de lumière, qui toujours est opposée au soleil et est lumineuse par elle-même, provient de l'énorme refoulement, vers le côté du globe où cette queue se trouve, de toute l'économie des gaz atmosphériques de la comète.

» Deux causes puissantes produisent ce refoulement : 1° la réaction du milieu de l'atmosphère solaire contre la surface de l'hémisphère de la comète tourné vers le soleil; 2° et l'excessive rapidité de la comète dans son orbite, rapidité qui fait refouler, par la masse du milieu que ce globe déplace brusquement, toute l'économie des gaz atmosphériques de la comète vers le point où se trouve la queue lumineuse que forme cette accumulation de gaz comprimés.

» Ainsi, on doit dire que, tant que le noyau d'une comète est incandescent (incandescence qui prouve l'énorme compression de l'atmosphère de la comète sur sa surface par l'attraction solaire), toute l'économie de cette atmosphère est repoussée à l'Occident de la comète, à 90 degrés de la verticale qui joint les centres des deux astres.

» Or, toute cette économie des gaz de la comète étant puissamment refoulée vers un même point, et sa compression, étant égale de toutes parts (car cette compression est le résultat de deux forces contraires se réagissant toutes deux, à direction opposée, contre la surface du globe, et qui se contre-balancent à 180 degrés de l'une de l'autre, comme je vous l'ai démontré dans l'explication des mouvements orbiculaires), doit offrir, dans son ensemble, l'aspect d'une longue colonne atmosphérique, qui ne cessera d'être lumineuse tant qu'elle durera; et cette colonne lumineuse durera tant qu'aura lieu l'incandescence du noyau, c'est-à-dire tant qu'existera l'excès des deux réactions contraires du milieu contre la surface de la comète.

» Cette colonne atmosphérique, en raison des causes puissantes de répulsion qui la produisent, doit offrir le même phénomène lumineux que nous présente une colonne d'air renfermée dans un cylindre de verre, et qu'on rend et qui reste lumineuse tant qu'on la soumet, dans ce cyclindre, sous une puissante compression.

» Voici, je crois, comment on peut se rendre compte de la cause de ces longues traînées lumineuses ou queues des comètes; lesquelles queues, en raison de la grande rapidité des mouvements orbiculaires et de rotation qui animent leurs globes, ont une sorte de courbure, dont la convexité est, pour cette cause de résistance du milieu que déplace la comète, toujours tournée du côté vers lequel la comète se meut.

» Il peut arriver que le mouvement d'une comète soit si considérable à son périhélie, que les deux forces répulsives réagissant contre sa surface produisent une nouvelle queue avant que l'ancienne ait pu changer sa direction. Dans ce cas, on observe deux queues semblables à celles qu'offrait la comète de 1744, lorsqu'elle était à son périhélie. Ces divers phénomènes astronomiques, tous affirmés par des observations authentiques, confirment notre système de répulsion produite par la résistance des milieux existant dans l'espace, et ils doivent anéantir pour toujours cette fausse opinion sur l'existence d'une miraculeuse projection des globes planétaires dans l'espace.

— D'après ces explications que vous donnez aux phénomènes que présentent les comètes, il résulte qu'aux premiers temps de l'apparition d'une comète, sa queue doit toujours être très-courte.

— N'en est-il pas ainsi?

— Cette queue doit augmenter en approchant du soleil.

— C'est encore prouvé par l'observation.

— Immédiatement après le passage au périhélie, elle doit avoir atteint le *maximum* de sa longueur et de son éclat pour tout le temps que la comète est aperçue.

— L'observation affirme qu'il en est encore ainsi.

— Alors, la comète s'éloignant du soleil, sa queue doit diminuer proportionnellement à l'augmentation de sa distance du soleil, et ensuite disparaître en même temps que le noyau de la comète.

— Mais tout cela, dites-moi, n'a-t-il pas été confirmé par les cents observations faites sur les comètes?

— C'est très-bien. Votre théorie astronomique s'applique parfaitement à tous les mouvements des globes célestes; je le reconnais. Mais tout votre système n'est qu'un immense échafaudage bâti sur un sable mouvant, et que va faire crouler une simple question, que je me suis bien gardé jusqu'ici de vous faire, afin de voir jusqu'où iraient vos utopies scientifiques.

— Parlez, parlez vite! Vous me feriez trembler, si je n'étais pas marin.

— En réfléchissant à tout le mal que vous vous êtes donné pour me démontrer avec tant de bonne foi les preuves mathématiques de votre prétendu système, il y aurait peut-être peu de générosité de ma part à vous ôter votre illusion.

— Votre scrupule est bien tardif, lorsque vous avez eu la *générosité* de me laisser sciemment, pendant tant de jours, dans des erreurs continuelles, comme vous prétendez que je viens de le faire; car, au fait, tout cela n'est qu'une *prétention* de vous.

— Oui ; mais ma *prétention* est au moins raisonnable, tandis que votre système...

— Que mon système?...

— Prouvez - moi donc, *monsieur l'astronome*, comment nous pouvons vivre dans une atmosphère telle que celle de notre planète, atmosphère qui, selon vous, serait si puissamment comprimée par le milieu séparant la terre du foyer attracteur, que la terre recevrait de la réaction de son atmosphère, non-seulement des mouvements dont la rapidité est équivalente à celle d'un boulet de canon chassé par la poudre, mais encore de la compression de cette atmosphère une si grande ségrégation de calorique, qu'il en résulterait dans cette atmosphère une immense production de lumière et de chaleur? Ne devrions-nous pas être écrasés sous cette prodigieuse pression atmosphérique?

— Voilà votre foudroyante question?... Si vous n'en avez pas d'autres à objecter à ma théorie astronomique, ma théorie vivra.

— Eh! répondez donc à la question !

— Dites-moi, *monsieur le grand critique!* lorsqu'un bassin d'un port de mer est couvert de vaisseaux chargés, comment peuvent vivre les poissons qui sont dans les eaux de ce bassin? Ne doivent-ils pas être écrasés par le poids des navires qui s'appuient, de leurs masses énormes, sur les eaux? Votre question me paraît aussi ingénue que celle-ci !

» Nous vivons aussi insouciants, aussi à l'aise dans l'atmosphère de notre planète, quelle que soit l'énormité de sa compression, que les poissons s'agitant dans les eaux d'un bassin, quelque chargées de navires que soient ces eaux.

» Dans l'un et l'autre cas, la pression n'est-elle pas toujours en proportion avec la quantité de milieu résistant ou à la quantité d'eau suffisante pour pouvoir, en résistant aux poids des navires, les tenir à flot? Si les animaux qui vivent dans ces deux milieux si puissamment comprimés, sont nullement incommodés de la pression de ces milieux, c'est que cette pression se fait simultanément par le haut, par le bas et par toutes les faces latérales, en même temps qu'une multitude de particules de ces milieux circulent dans les vaisseaux intestinaux des êtres qui vivent en eux.

— Je puis vous paraître vaincu. Mais d'autres critiques, je n'en doute pas, seront plus habiles que moi. Ils disséqueront votre système, et en mettront à nu la vanité. Aussi, je vous livre à toute la fureur des dents canines de ces messieurs!... Car je ne puis croire, morbleu! que Newton et Laplace soient dans l'erreur, lorsque vous seul seriez dans le vrai.

— Quel entêtement est le vôtre! Vous ne voulez même pas en croire vos yeux. Saint Thomas était plus raisonnable! »

Heureusement qu'à cet instant, la voix criarde de la cloche du navire se jeta brusquement au travers de notre discussion, en nous appelant au déjeuner. Nos dernières paroles avaient pris un ton de pique et d'aigreur qui laissait prévoir que bientôt l'amour-propre se serait mêlé à la partie. Ce qui aurait été mauvais; car, dès que l'amour-propre parle, la raison s'enfuit.

Ces discussions scientifiques entre le capitaine du W...... et moi, loin d'avoir été interrompues ici, continuèrent encore pendant les longs jours que nous naviguâmes ensemble. Mais avant de livrer à l'impression la totalité de mes laborieuses découvertes que traite le reste de nos entretiens, je crois prudent de faire franchement un appel à la critique de ce nouveau système planétaire.

Je suis loin de prétendre que cette théorie que j'apporte à l'astronomie soit l'*ultima* où doit parvenir cette science. Je crois seulement qu'il n'en existe pas encore une, qui, comme le fait celle-ci, explique avec autant de facilité et d'exactitude les phénomènes astronomiques; car elle donne aux plus épineux problèmes de la météorologie et de la géogonie la certitude d'une prochaine solution.

Armé de l'intelligente puissance de cette nouvelle théorie, nous pourrions dès l'instant publier les grands épisodes planétaires, et lever en entier le voile que nous avons laissé sur bien des mystères du magnétisme et de l'électricité, comme sur ceux des couleurs et de la géogonie. Mais notre but, dans ce livre, n'est que d'exposer succinctement, à la critique des hommes de science, les bases brutes de nouvelles conceptions astronomiques.

Espérant recevoir de nos savants des conseils qui nous éclaireront dans les laborieuses recherches, que nous ne cessons de faire au milieu des ténèbres épaisses de l'histoire de notre planète et des mouvements de la nature, nous ne livrerons que plus tard à la publicité, si la Providence nous le permet, le complément de nos travaux et des solutions de problèmes, dont nous n'avons, dans ce volume, fourni autant dire que les premières données.

FIN.

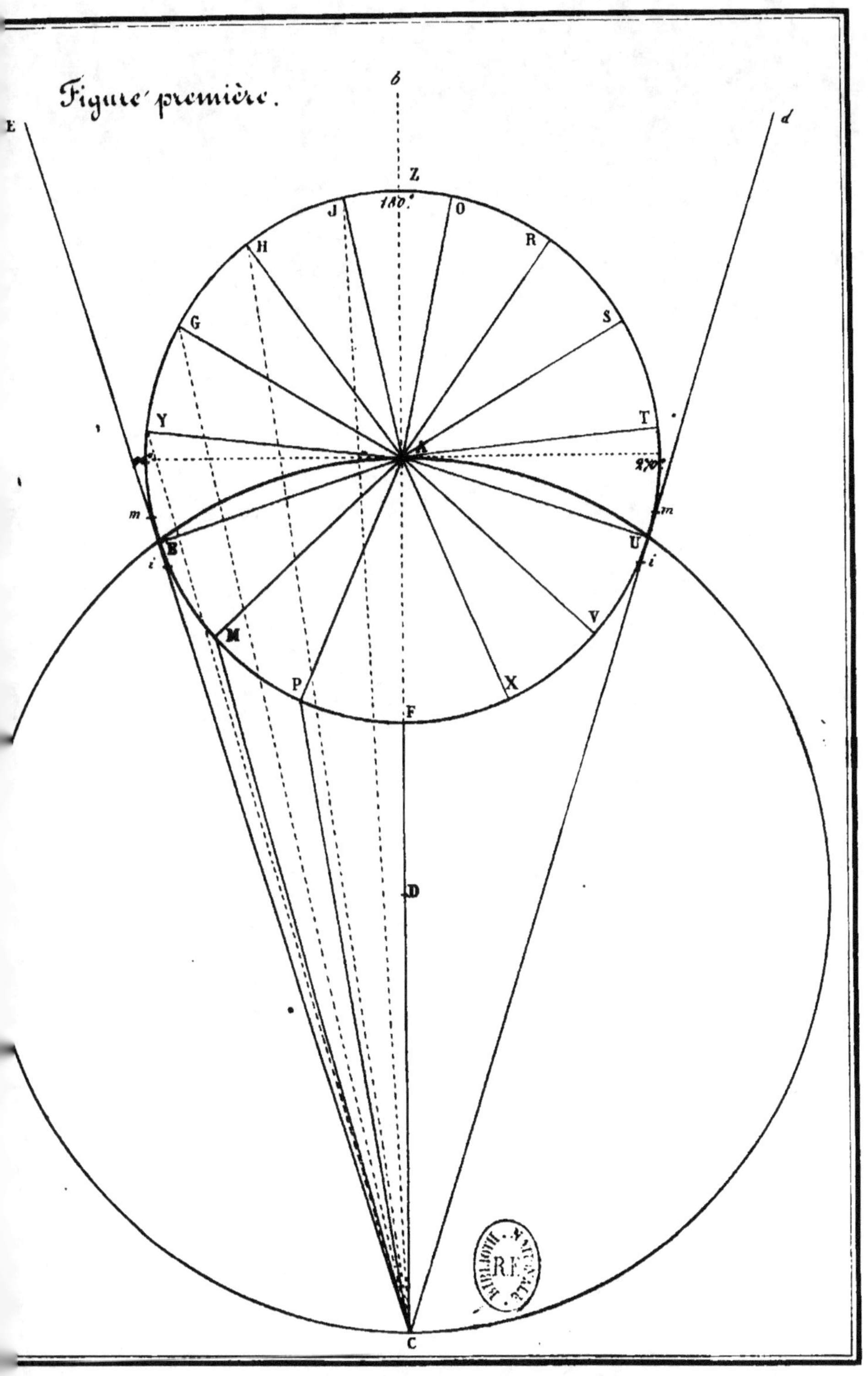
Figure première.
E
d
b
Z
J 180°
O
H
R
G
S
Y
T
270°
A
m
m
B
U
i
i
M
V
P
X
F
D
C

Mouvements, Chaleur
et lumière planétaires.

Figure quatrième.

Figure deuxième.

Figure cinquième.

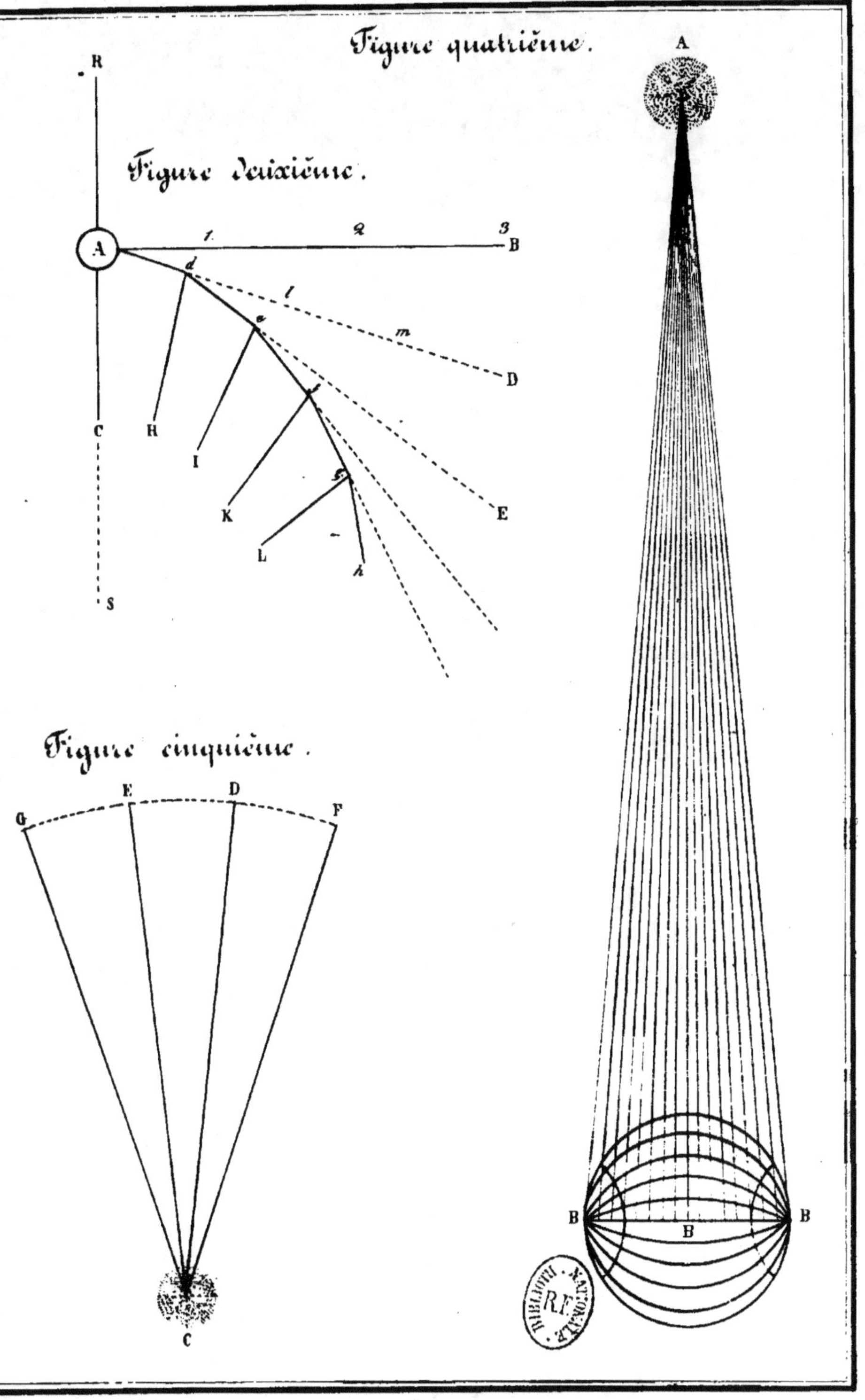

Mouvements Planétaires;
Oscillation du centre de gravité.

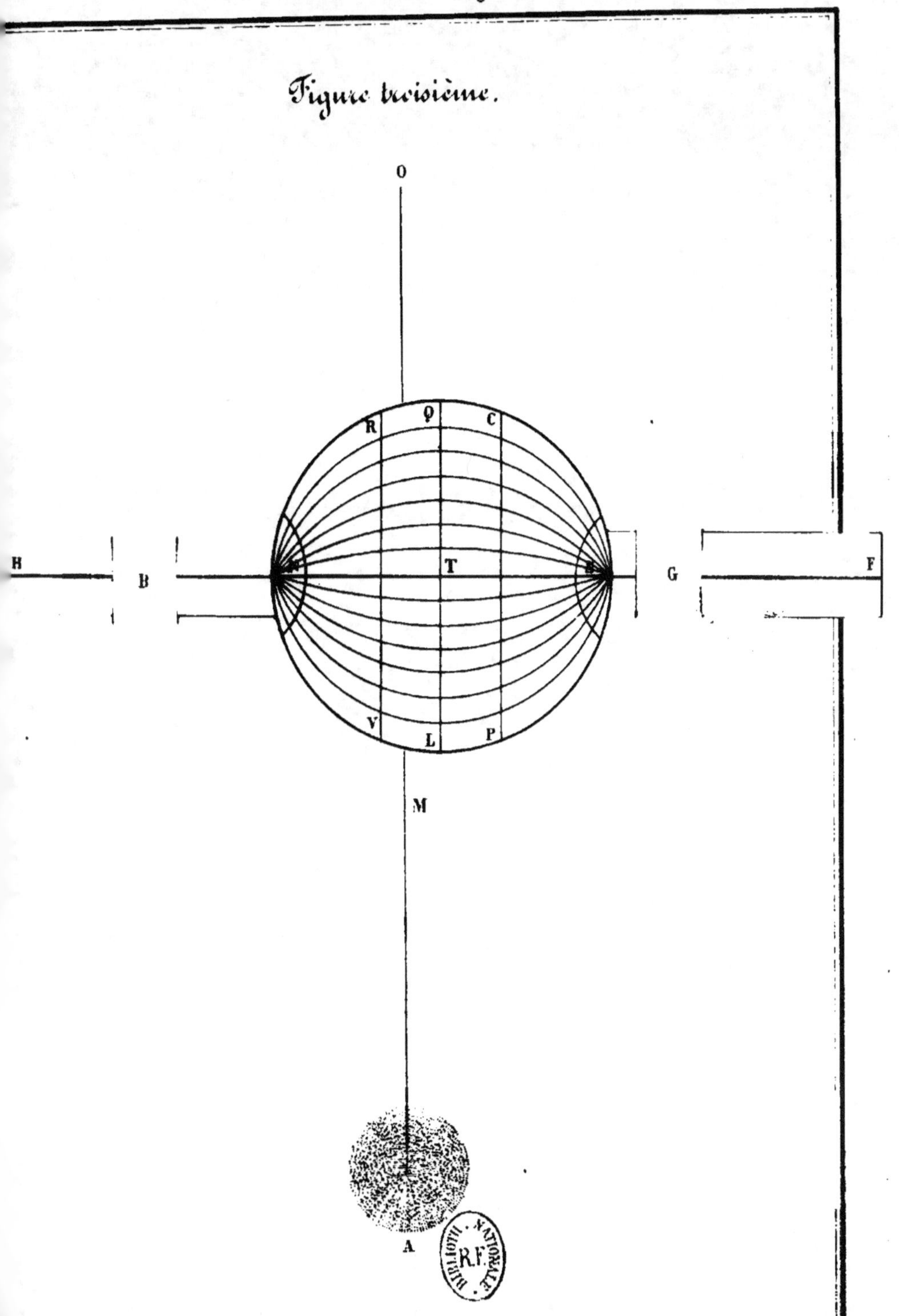

Figure sixième.

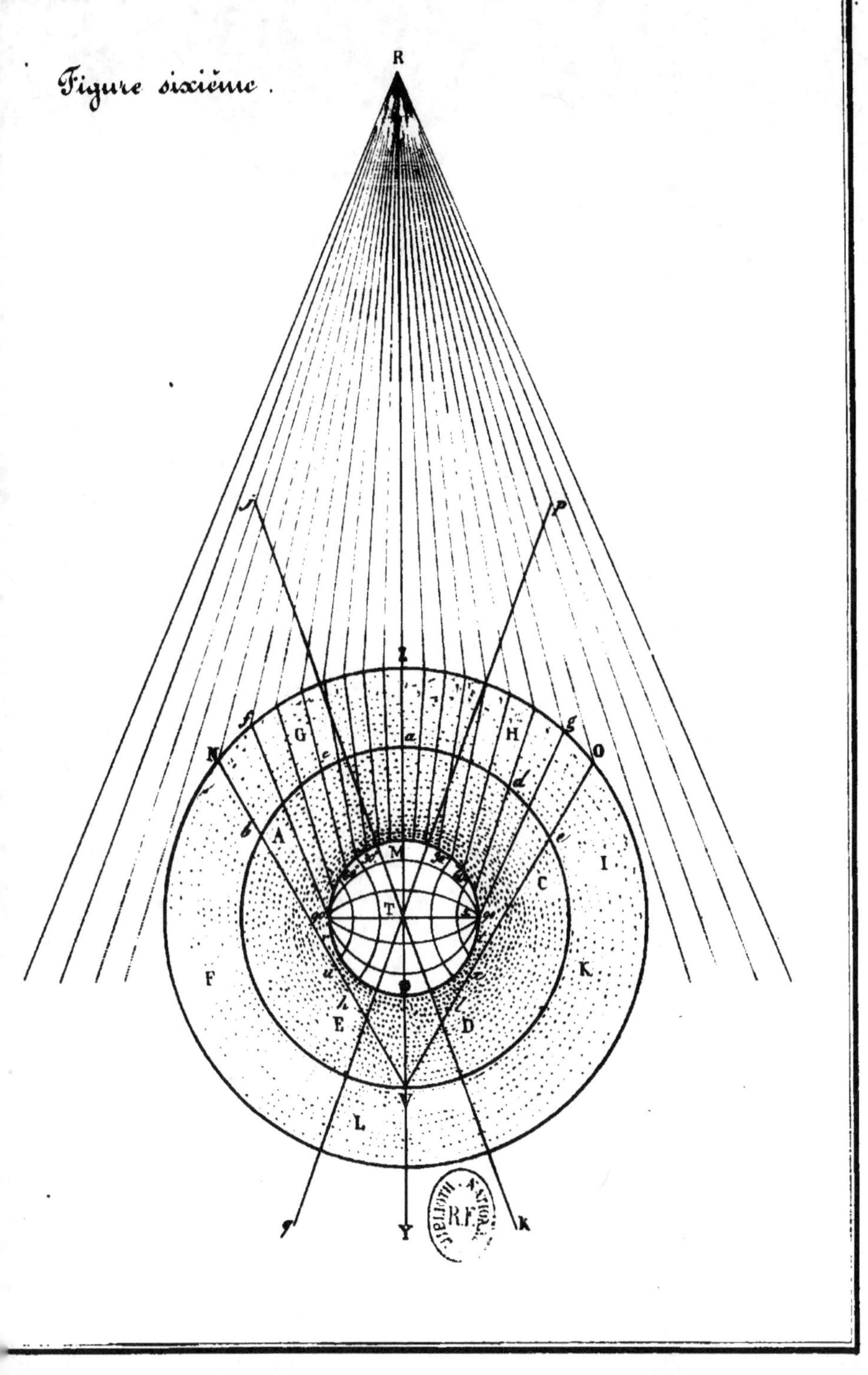

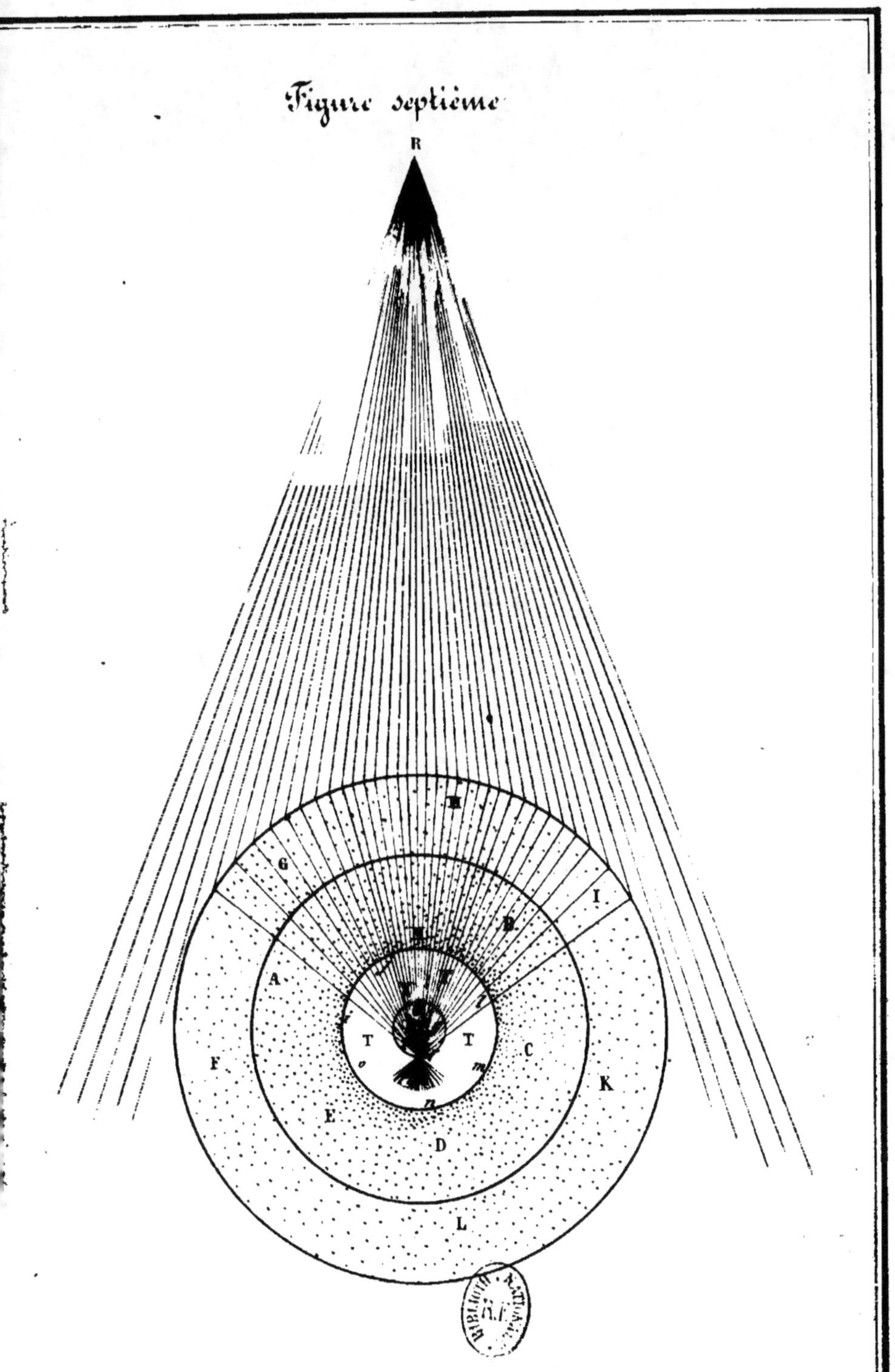

Figure septième
R
H
G
I
B
D
A
C
T T
F
o
E
D
K
L

Vicissitude des saisons.

Figure huitième.

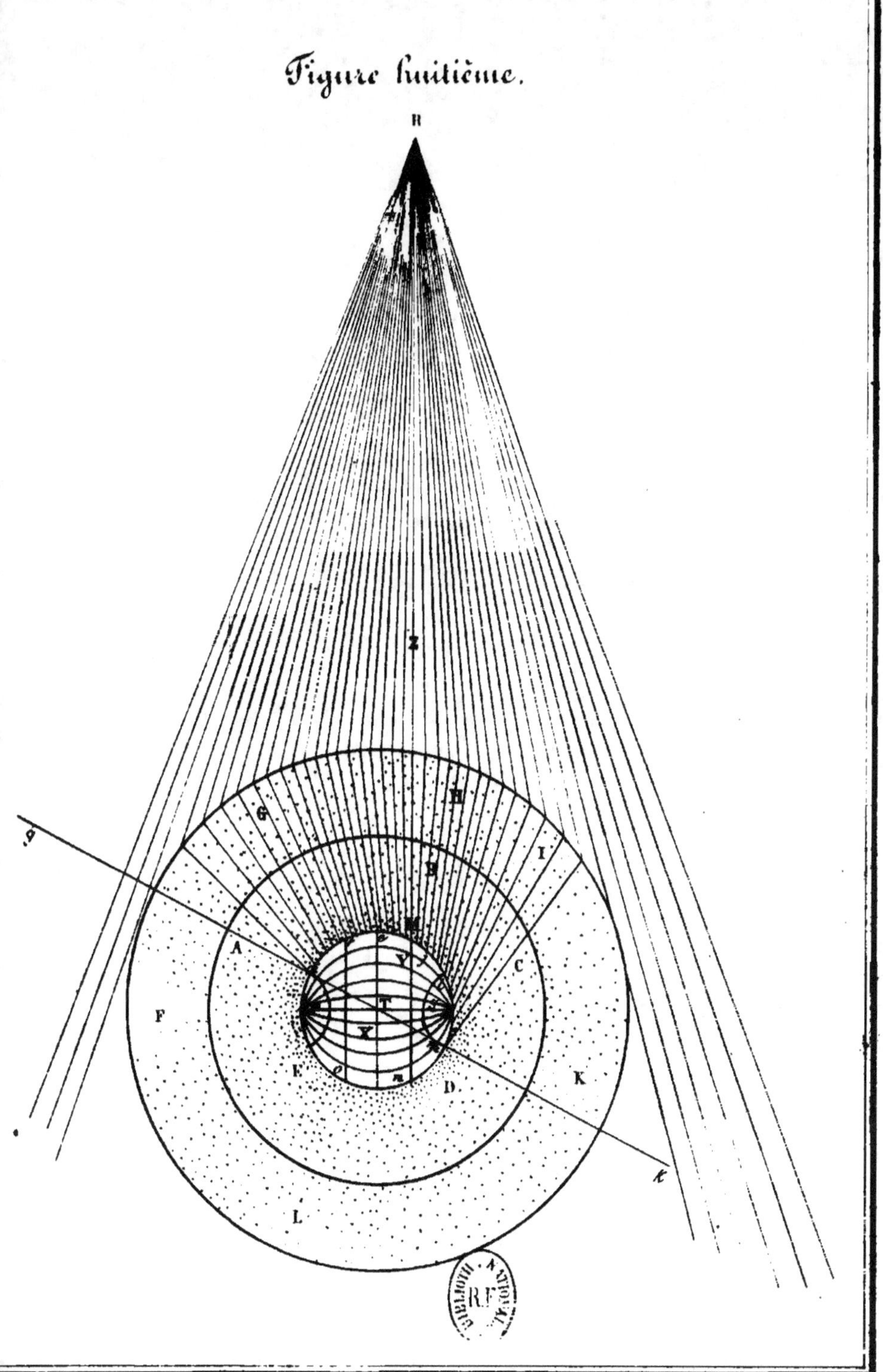